"十二五"国家重点图书出版规划项目

现代电磁无损检测学术丛书

钢管漏磁自动无损检测

康宜华　伍剑波　著

陈振茂　审

机械工业出版社

本书是现代电磁无损检测学术丛书之一。本书主要阐述漏磁检测技术在钢管自动化无损检测中的理论、方法与应用问题，主要内容包括：钢管中缺陷类型及形成原因、钢管常用无损检测方法及对比、钢管复合磁化原理与方法、钢管漏磁场拾取与信号处理方法、钢管漏磁检测的精度影响因素与高精度检测方法、高速漏磁检测中的涡流效应与磁后效形成机理、钢管自动化漏磁检测系统的组成及应用，最后介绍了漏磁检测技术的其他应用，包括在回收钻杆、井口钻杆、修复抽油杆、冷拔钢棒、汽车轮毂轴承旋压面以及轴承套圈上的实现方法与现场应用。

　　本书内容适合于钢管和油井管的生产与使用部门的技术和管理人员参考，可作为高等院校相关专业的参考教材，也可供从事无损检测技术的研究人员和工程技术人员参考。

图书在版编目（CIP）数据

钢管漏磁自动无损检测/康宜华，伍剑波著 . —北京：机械工业出版社，2017. 3
　　（现代电磁无损检测学术丛书）
　　"十二五"国家重点图书出版规划项目
　　ISBN 978-7-111-55859-0

　　Ⅰ. ①钢…　Ⅱ. ①康…　②伍…　Ⅲ. ①钢管 – 漏磁 – 无损检验
Ⅳ. ①TG115. 28

中国版本图书馆 CIP 数据核字（2016）第 325433 号

机械工业出版社（北京市百万庄大街 22 号　邮政编码 100037）
策划编辑：薛　礼　　　　　责任编辑：李超群　郑　丹　安桂芳
责任校对：刘雅娜　樊钟英　　封面设计：鞠　杨
责任印制：李　飞
北京铭成印刷有限公司印刷
2017 年 3 月第 1 版第 1 次印刷
184mm×260mm　·14. 25 印张·2 插页·343 千字
0 001—1 500 册
标准书号：ISBN 978-7-111-55859-0
定价：138.00 元

现代电磁无损检测学术丛书编委会

序 1

　　利用大自然的赋予，人类从未停止发明创造的脚步。尤其是近代，科技发展突飞猛进，仅电磁领域，就涌现出法拉第、麦克斯韦等一批伟大的科学家，他们为人类社会的文明与进步立下了不可磨灭的功绩。

　　电磁波是宇宙物质的一种存在形式，是组成世间万物的能量之一。人类应用电磁原理，已经实现了许多梦想。电磁无损检测作为电磁原理的重要应用之一，在工业、航空航天、核能、医疗、食品安全等领域得到了广泛应用，在人类实现探月、火星探测、无痛诊疗等梦想的过程中发挥了重要作用。它还可以帮助人类实现更多的梦想。

　　我很高兴地看到，我国的无损检测领域有一个勇于探索研究的群体。他们在前人科技成果的基础上，对行业的发展进行了有益的思考和大胆预测，开展了深入的理论和应用研究，形成了这套"现代电磁无损检测学术丛书"。无论他们的这些思想能否成为原创技术的基础，他们的科学精神难能可贵，值得鼓励。我相信，只要有更多为科学无私奉献的科研人员不懈创新、拼搏，我们的国家就有希望在不久的将来屹立于世界科技文明之巅。

　　科学发现永无止境，无损检测技术发展前景光明！

中国科学院院士

程开甲

2015 年秋日

序 2

无损检测是一门在不破坏材料或构件的前提下对被检对象内部或表面损伤以及材料性质进行探测的学科，随着现代科学技术的进步，综合应用多学科及技术领域发展成果的现代无损检测发挥着越来越重要的作用，已成为衡量一个国家科技发展水平的重要标志之一。

现代电磁无损检测是近十几年来发展最快、应用最广、研究最热门的无损检测方法之一。物理学中有关电场、磁场的基本特性一旦运用到电磁无损检测实践中，由于作用边界的复杂性，从"无序"的电磁场信息中提取"有用"的检测信号，便可成为电磁无损检测技术理论和应用工作的目标。为此，本套现代电磁无损检测学术丛书的字里行间无不浸透着作者们努力的汗水，闪烁着作者们智慧的光芒，汇聚着学术性、技术性和实用性。

丛书缘起。2013 年 9 月 20—23 日，全国无损检测学会第 10 届学术年会在南昌召开。期间，在电磁检测专业委员会的工作会议上，与会专家学者通过热烈讨论，一致认为：当下科技进步日趋强劲，编织了新的知识经纬，改变了人们的时空观念，特别是互联网构建、大数据登场，既给现代科技，亦给电磁检测技术注入了全新的活力。是时，华中科技大学康宜华教授率先提出：敞开思路、总结过往、预测未来，编写一套反映现代电磁无损检测技术进步的丛书是电磁检测工作者义不容辞的崇高使命。此建议一经提出，立即得到与会专家的热烈响应和大力支持。

随后，由福建省爱德森院士专家工作站出面，邀请了两弹一星功勋科学家程开甲院士担任丛书总顾问，钱七虎院士、徐滨士院士、陈达院士、杨叔子院士、张履谦院士等为顾问委员会成员，为丛书定位、把脉，力争将国际上电磁无损检测技术、理论的研究现状和前沿写入丛书中。2013 年 12 月 7 日，丛书编委会第一次工作会议在北京未来科技城国电研究院举行，制订出 18 本丛书的撰写名录，构建了相应的写作班子。随后开展了系列活动：2014 年 8 月 8 日，编委会第二次工作会议在华中科技大学召开；2015 年 8 月 8 日，编委会第三次工作会议在国电研究院召开；2015 年 12 月 19 日，编委会第四次工作会议在西安交通大学召开；2016 年 5 月 15 日，编委会第五次工作会议在成都电子科技大学召开；2016 年 6 月 4 日，编委会第六次工作会议在爱德森驻京办召开。

　　好事多磨，本丛书的出版计划一推再推。主要因为丛书作者繁忙，常"心有意而力不逮"；再者丛书提出了"会当凌绝顶，一览众山小"高度，故其更难矣。然诸君一诺千金，知难而进，经编委会数度研究、讨论精简，如今终于成集，圆了我国电磁无损检测学术界的一个梦！

　　最终决定出版的丛书，在知识板块上，力求横不缺项，纵不断残，理论立新，实证鲜活，预测严谨。丛书共包括九个分册，分别是：《钢丝绳电磁无损检测》《电磁无损检测数值模拟方法》《钢管漏磁自动无损检测》《电磁无损检测传感与成像》《现代漏磁无损检测》《电磁无损检测集成技术及云检测/监测》《长输油气管道漏磁内检测技术》《金属磁记忆无损检测理论与技术》《电磁无损检测的工业应用》，代表了我国在电磁无损检测领域的最新研究和应用水平。

　　丛书在手，即如丰畴拾穗，金瓯一拢，灿灿然皆因心仪。从丛书作者的身上可以感受到电磁检测界人才辈出、薪火相传、生生不息的独特风景。

　　概言之，本丛书每位辛勤耕耘、不倦探索的执笔者，都是电磁检测新天地的开拓者、观念创新的实践者，余由衷地向他们致敬！

　　经编委会讨论，推举笔者为本丛书总召集人。余自知才学浅薄，诚惶诚恐，心之所系，实属难能。老子曰："夫代大匠斫者，希有不伤其手者矣"。好在前有程开甲院士屈为总顾问领航，后有业界专家学者扶掖护驾，多了几分底气，也就无从推诿，勉强受命。值此成书在即，始觉"千淘万漉虽辛苦，吹尽狂沙始到金"，限于篇幅，经芟选，终稿。

　　洋洋数百万字，仅是学海撷英。由于本丛书学术性强、信息量大、知识面宽，而笔者的水平局限，疵漏之处在所难免，望读者见谅，不吝赐教。

　　丛书的编写得到了中国无损检测学会、机械工业出版社的大力支持和帮助，在此一并致谢！

　　丛书付梓费经年，几度惶然夜不眠。

　　笔润三秋修正果，欣欣青绿满良田。

　　是为序。

现代电磁无损检测学术丛书编委会总召集人
中国无损检测学会副理事长

丙申秋

前　言

无损检测技术在材料加工、产品制造及使用过程中发挥着保证质量、保障安全、节约能源的重要作用。

漏磁无损检测技术在钢铁和石油等行业的安全高效生产中应用广泛。钢管在出厂之前必须进行100%的质量检测。目前，我国已具有世界上最先进的钢管生产工艺和最新的轧管机组，钢管最大生产速度高达960支/h，为匹配钢管的生产节奏，钢管检测设备的速度越来越快，提升钢管漏磁检测的速度与精度迫在眉睫。

本书是作者对近20年来从事钢管漏磁无损检测理论、方法与应用研究的总结。立足于理论创新和应用实践，经过作者团队的不懈努力，钢管漏磁检测方法与技术获得了突破，也发现了一些问题，并逐步得到解决，开发的钢管漏磁自动化检测设备在钢管生产和油井管检测中获得了广泛应用。本书共分为7章，系统介绍了钢管漏磁自动化无损检测的原理、方法与应用技术，包括钢管中的缺陷及成因、钢管的磁化与退磁理论、管外漏磁场的拾取原理与传感器设计、影响检测精度的因素与精度提高方法、高速漏磁检测中的新电磁现象、钢管自动化检测系统与装备，以及漏磁检测技术在其他铁磁构件质量检测中的应用。本书由康宜华统稿，第1章、第7章主要由康宜华完成，第2章至第6章主要由伍剑波完成。陈振茂负责全书的审稿工作，并提出了宝贵的修改意见。

我国的漏磁检测技术研究与应用起步较晚，一些关键技术一直被国外企业垄断，导致国内企业花费大量外汇购买钢管漏磁检测设备。随着我国钢管生产率和质量要求的不断提高，钢管漏磁检测设备需求旺盛，从而带动了相关理论和技术的研究。希望本书能够为广大理论研究、设备开发和使用人员提供参考。书中错误和不妥之处，敬请读者批评指正。

作　者

目　　录

第1章 绪 论

无损检测技术在材料加工、产品制造及使用过程中发挥着重要作用，一方面保证了产品质量，另一方面确保使用中器件的安全。其中，漏磁无损检测技术广泛应用于铁磁性构件的无损检测，尤其在钢铁和石油等行业的安全高效生产中效果显著。

我国的有缝和无缝钢管的产量已成为全球第一，随着质量要求的提升，钢管在出厂之前必须进行100%的无损检测。目前，我国已具有世界上最先进的钢管生产工艺和最新的轧管机组，热轧钢管的最大生产速度已达到8m/s、生产速度高达960支/h。为匹配钢管的生产速度，要求钢管检测设备的速度越来越快，因此提升钢管漏磁检测的速度与精度迫在眉睫。

本书着重于制管过程中的漏磁无损检测技术，论述高速、高精度漏磁无损检测过程中出现的新问题、新方法和新工艺。漏磁检测的原理和方法已有了相关的研究论述，作为全书的铺垫，本章重点论述钢管漏磁检测的基本概念、关键方法和现有技术状态。

1.1 钢管中的缺陷

钢管漏磁检测的最终目的是发现钢管中的缺陷。然而，在进行检测之前，首先需要对钢管中可能存在的缺陷及其形成原因加以预测和分析，之后才能更好地实施漏磁检测方法并准确分析检测结果，为后续的生产和使用提供参考依据。

缺陷可以定义为材料的几何形状和组织成分的变化，这种变化可能会影响钢管的力学性能和使用要求，严重时导致钢管构件发生失效。钢管中的缺陷可根据钢管生产和使用的不同阶段分为以下四类：固有的缺陷、预制工序的缺陷、后续工序的缺陷和在役的缺陷。下面对四个过程中产生缺陷的原因进行讨论。

1.1.1 固有的缺陷

钢管是由熔化金属凝固而成的钢坯制成的，在此过程中会产生固有缺陷，这些缺陷的大部分在切除头尾时会被去除，但仍有一定数量的缺陷残留在钢坯之中，随钢坯一起进入下道工序中。

表1-1介绍了钢管中常见固有缺陷的位置及成因。

表1-1 钢管中常见固有缺陷的位置及成因

缺陷	位置	形成原因
缩孔	近表面	最后凝固时熔化金属收缩孔
铸造热裂纹	内外表面	由于凝固速度不同而产生应力
气孔	表面或近表面	金属凝固时气体被残留
夹杂物	表面或近表面	铸造过程中渗入了杂质

1. 缩孔

液态金属从浇注温度凝固冷却到室温的过程中，体积会收缩。由于金属的液态收缩和凝固收缩之和远远小于固态收缩，在铸件最后凝固的区域会出现空洞集中。此时，如熔化金属不足以补充填满锭坯头部，结果便形成空腔，通常此空腔形状呈倒锥或圆柱形。假如收缩空腔在钢坯出厂前未能全部切除，则其将在成品钢管中被延伸成空隙，此空隙称为缩孔。

2. 铸造热裂纹

铸件在凝固后期，固相已基本形成骨架，并开始线收缩。如果在此过程中受到几何制约，使线收缩受阻，铸件内将产生热裂纹，并通常出现在铸件最后凝固的地方。根据热裂纹形成的位置，热裂纹可分为外热裂纹和内热裂纹。

外热裂纹特征：裂口从铸件表面开始，逐渐延伸到内部，呈表面宽内部窄，裂纹被氧化而变色。铸件表面有单条或多条裂纹，裂纹长度短、不规则、有分叉。

内热裂纹特征：内热裂纹主要产生于厚实铸件最后凝固的中心部位，或由于补缩不良，产生于缩孔尾部延伸入铸件中。内热裂纹走向无规律性，钢坯内热裂纹的周围可能硫磷偏析严重。

3. 气孔

气孔，也称气眼，是钢坯生产中的主要缺陷之一，产生于铸件内部、表面或近表面，呈大小不等的圆形、长形及不规则形，有单个的，也有聚集成片的，孔壁光滑，颜色为白色。根据形状及形成原因一般分为气孔、气泡、针孔、气疏松和气缩孔。

4. 夹杂物

在炼钢过程中，少量炉渣、耐火材料及冶炼反应产物可能进入钢液，形成非金属夹杂物。不同形态的夹杂物混杂在金属内部，破坏了金属的连续性和完整性。夹杂物会降低钢管的力学性能、特别是塑性、韧性和疲劳极限。其他促使产生非金属夹杂物的原因是：不良的浇注方法和不适当的浇注体系会使金属液在锭模中产生湍流。

非金属夹杂物的形状以及它与周围材料不连续和不相容的特点，使它所处部位的应力升高。这些夹杂物的存在，使钢管承受高冲击、静态或疲劳应力的性能降低。夹杂物对上述性能的影响，取决于自身的尺寸、形状、抗变形性，与施加有关应力的方向和材料的抗拉强度有关。许多夹杂物也可使其所在金相组织，比之基体材料和其他部段更加复杂。每种金属都具有自己特有的夹杂物。

典型情况下，钢管中的夹杂物因塑性变形而变成拉长的形状，即在纵剖面上呈带状或条状，而在横截面上则呈较圆的或扁平的形状。

1.1.2　预制工序的缺陷

预制工序的缺陷定义为：钢坯中固有的缺陷经加热或冷却仍存在者；钢管在轧制过程中新产生的特有缺陷。

表1-2介绍了预制工序中形成的缺陷的位置及成因。

表1-2　预制工序中形成的缺陷的位置及成因

缺陷	位置	形成原因
裂纹	表面	表面凹陷不连续，在轧制中被拉长
分层	表面或近表面	固有缺陷在轧制时被拉长和压扁
发纹	近表面	固有缺陷在轧制时被拉长和压扁
杯形裂纹	近表面	冷拔时内应力
冷却裂纹	表面	冷拔制品冷却不当
折叠	表面	多余材料覆盖和压入表面

1. 裂纹

钢坯加工时，如气孔、裂纹之类固有的表面缺陷，经轧制和拉拔后呈纵向分布，此时，轧制作业的材料表面便产生凹陷。由于这一缺陷的圆滑过渡不佳或尺寸过大，因此可能以此为源头，在成品和半成品钢管上产生裂纹。

2. 分层

分层是典型的、平行于钢管表面的分离，它是气孔、裂开的缩孔、非金属夹杂物或裂纹等内部不连续在轧制过程中被延伸和压扁而成。分层可以在表面或近表面，一般是扁平的，而且非常薄。

3. 发纹

发纹主要出现在钢管近表面，是由于轧制时将非金属夹杂物压扁和拉长而形成的。典型的发纹呈断续的直线状，与钢管的轴线方向平行。

4. 杯形裂纹

杯形裂纹大都发生在挤压或冷拔作业期间，是由于金属内部不能像表面一样快速形变，以致产生内应力，从而导致形成横向杯形裂纹。

5. 冷却裂纹

毛管轧制完成之后，若冷却不均匀，便因内应力而造成冷却裂纹。典型的冷却裂纹呈纵向，往往很深且很长，虽然很易与裂纹混同，但冷却裂纹表面不显示氧化现象。

6. 折叠

钢管轧制折叠是金属被重叠，即金属间被紧紧挤压在一起但仍未熔合的区域。毛管通过轧机时，挤出过多的材料，如果紧接着进行滚压，则凸瘤或翅形部位将被挤压到坯料表面上，由于表面严重氧化，故不能与轧制表面弥合，从而形成折叠。轧制折叠往往呈线性状或稍有曲折，纵向，平行于制件表面或与表面有小的夹角。

1.1.3 后续工序的缺陷

在热处理、机械加工、镀层和精加工作业中的不连续，都属于后续工序的不连续。这类不连续的代价极为昂贵，使前道工序完全作废。

后续工序中形成的缺陷位置及成因见表 1-3。

表 1-3 后续工序中形成的缺陷位置及成因

缺陷	位置	形成原因
热处理裂纹	表面	加热或者冷却不均匀产生的应力超过材料的抗拉强度
淬火裂纹	表面	高温时急冷形成
机加工撕裂	表面	不恰当的机加工实施方法
镀层裂纹	表面	残余应力释放

1. 热处理裂纹和淬火裂纹

为了使钢管获得规定的硬度和金相组织，需要对钢管进行热处理。在实施这种作业时，金属在受控条件下加热和冷却。然而，在某些情况下，当这种处理产生的应力超过材料的抗拉强度时，便形成裂纹。与此相似，若部件被加热到很高温度，然后（在空气、油或水中）急冷，则可能产生淬火裂纹。

淬火裂纹作为应力集中之处，能成为疲劳裂纹的来源和扩展点，而且也可能成为过载失效的起始点。某些淬火作业严重失误时，可使部件在处理时就爆裂。

热处理裂纹和淬火裂纹，通常易产生于截面薄的部位或材料厚度变化之处，如转角、台阶、槽，这是由于这些区域冷却较快因而首先相变。热处理或淬火作业时，材料的运动被约束，也会影响裂纹位置。热处理裂纹或淬火裂纹是典型的呈分叉状的表面指示，在试件上随机地呈任何方向。

2. 机加工撕裂

钝的机加工刀具切削钢管时，或多或少地会使钢管表面产生粗糙不平的划痕，这是由于钢管加工表面被硬化所致，而硬化度取决于切削量的大小、刀具和钢管的材料。

粗加工时过深的切削纹路和残留刀痕，具有增大应力的作用，会促使部件过早失效。机加工撕裂虽然检测较难，但必须精确、细致地加以检出和判别。

3. 镀层裂纹

镀层在钢管生产中具有广泛的用途，如装饰、防腐蚀、抗磨损和修整尺寸不足等。但是，特殊的镀层材料会产生抗拉或压缩的残余应力，如铬层、铜层和镍层产生的抗拉应力，会降低部件的疲劳强度。当镀层中渗入氢或者氢从热镀层材料渗入基体金属时，便产生镀层裂纹。

产生或引发镀层裂纹的机理是：材料硬度和残余应力高，而在施镀或酸洗作业时吸收了氢气，则更助长了裂纹的形成。

1.1.4　在役的缺陷

部件的使用寿命与工作环境（机械和化学的）、维修质量和设计有关。由于钢管构件工作环境复杂，产生缺陷的原因也不尽相同。当钢管部件使用一段时间之后，需要对其进行质量检测与评价，以预测其使用寿命，之后根据钢管检测质量可采取降级使用、维修或报废处理等措施。

铁磁性材料常见的在役过程中形成的缺陷位置及成因见表1-4。

表1-4　在役过程中形成的缺陷位置及成因

缺陷	位置	形成原因
疲劳裂纹	表面	施加周期性应力低于材料的极限抗拉强度
应力腐蚀裂纹	表面	拉伸静载荷和腐蚀介质共同作用
氢裂纹	表面或近表面	拉伸或残余应力与富氢介质共同作用
腐蚀坑	表面	腐蚀介质和交变应力的共同作用

1. 疲劳裂纹

疲劳裂纹是由周期性加载应力形成的，这种应力值虽然低于材料的极限抗拉强度，但还是足以产生裂纹或使原有的裂纹扩展。

疲劳裂纹可以从诸如机加工痕迹或刀痕处、材料表面或附近的非金属夹杂物、空隙、孔、槽等高应力区形成，甚至也会在光滑的表面上产生。

随着承受的应力强度增加，疲劳裂纹首先在裂纹尖端开始扩展，然后随每个周期应力而逐渐增大，其增量正比于应力强度，这种过程一直持续到此应力强度到达临界值而发生断裂为止。应力强度临界值也称断裂韧度，每种材料的断裂韧度不相同。

2. 应力腐蚀裂纹

应力腐蚀裂纹是一种机械断裂，是拉伸静载荷与环境腐蚀共同影响的结果。这里所述的应力，既包括实际施加的，也包括残余应力。之所以产生残余应力，其中最普遍的一个原因就是焊缝金属冷却时收缩所致。

环境腐蚀对不同材料的作用有所不同，就某些普通材料而言，能被环境腐蚀的有：暴露在咸水中的铝和奥氏体不锈钢，暴露在氨中的铜及其合金，以及暴露在氢氧化钠中的软钢。

应力腐蚀产生的脆性断裂，可以是晶间的，也可以是穿晶的，这取决于合金的种类和腐蚀环境。在大多数情况下，微细的裂纹往往透入部件的横截面，而在表面上只是显示一点腐蚀痕迹。

为了保持最小的应力强度，必须注意防止应力集中，如刀痕、电弧坑和接近表面的大型非金属夹杂物。

3. 氢裂纹

氢裂纹或氢脆是一种机械断裂，是由于部件在氢介质的腐蚀环境中使用并同时加载应力或残余应力而形成的。氢介质可通过诸如电镀、酸洗、潮湿空气中施焊或它自身溶解渗入材料等过程产生，也可能来自腐蚀，如硫化氢、氢气、水、沼气或氨等。

如果材料表面没有裂纹或不存在高应力处，则氢可以扩散进入金属，导致金属材料常在近表面处开裂，因为此处形成三维应力的空间最大。在低强度合金中，由此导致开裂的空间，称为氢气泡。

假如裂纹早已存在，则可以很容易地看到氢引起的裂纹有一个共同的特点，即在原裂纹尖端开裂扩展。

在许多实例中，氢早在部件投入使用之前就已存在于金属内部，因为材料开始凝固和施焊期间，氢很容易被熔化金属吸收渗入；在高温和在某些情况下，氢的溶解度非常之高，以致冷却时金属具有的氢已呈饱和状态。

氢裂纹沿晶界分布，很少呈分叉状。当这种裂纹由于气泡或静态载荷形成时，它总是位于部件表面之下。氢裂纹还可以出现在部件皮下或应力高的部位。

4. 腐蚀坑

应用于石油行业的钢管构件，如钻杆、套管、输油管道等，当输送石油、钻井液等流动腐蚀介质时，钢管会受到腐蚀和冲刷作用，并且部分构件所受应力复杂，容易产生腐蚀坑，使钢管管壁减薄。在某些恶劣的工作环境下，腐蚀坑进一步扩展，可能产生刺穿，从而使构件失效。

1.2　钢管无损检测方法

钢管自动无损检测方法主要包括超声、涡流、磁粉和漏磁检测等。

超声检测是一种基于声学的无损检测方法，其对表面和内部缺陷都具有较高的检测灵敏度。在实施过程中，超声检测要求钢管具有良好的表面洁净度，并且探头与被检试件之间需加耦合剂。由于超声波重复频率的限制，超声检测技术难以实现超高速检测。

涡流、磁粉与漏磁检测均属于电磁检测方法，在钢管质量无损检测中应用都较为广泛。

涡流检测是建立在电磁感应原理基础之上的一种无损检测方法，它以交变磁场作为激励，在钢管中产生感应电流，即涡流。由于钢管中的缺陷会导致感应电流的变化，利用这种现象可判知钢管缺陷的存在。涡流检测仅适用于导电材料，因趋肤效应其仅能检测表面及近表面缺陷。由于检测灵敏度的限制，涡流检测一般适用于小管径钢管的无损检测。

磁粉检测的原理是：对被检工件施加磁场使其磁化，则在工件的表面和近表面裂纹处将有磁力线逸出工件表面而形成漏磁场，有磁极的存在就能吸附施加在工件表面上的磁粉形成聚集磁痕，从而显示出裂纹的存在。磁粉检测基于人工观察、判断，工艺复杂，效率较低，因此一般仅用于钢管端部的无损检测。

漏磁检测与磁粉检测原理相同，差别在于：漏磁检测以磁场传感器代替磁粉，将缺陷漏磁场转换为电信号，之后进入计算机进行数字化处理，最终实现钢管自动化快速无损检测。漏磁检测由于采用恒定磁场磁化，穿透力强，可有效检测钢管内外部缺陷，且对试件表面质量状况要求低，无需耦合剂。

1.2.1　钢管超声检测

超声检测的基本原理是：将具有较强穿透能力的超声波导入钢管中，在遇到前后声阻抗不一致的交界面时，一部分声波会被反射回来，产生回波，系统可检测到这些回波，并进行放大处理，转换成数字信号，呈现在屏幕上。反射回来的能量大小与交界面两边介质声阻抗的差异和交界面的取向、大小有关。超声检测方法精度较高，可以检测表面及内部缺陷，实现缺陷的精确定位。不过，检测过程需要耦合剂，检测速度较慢。

根据钢管与检测探头的相对运动方式，钢管超声自动化检测系统可分为三类：钢管原地旋转，探头直线前进，如图 1-1a 所示；钢管螺旋推进，探头静止固定，如图 1-1b 所示；钢管直线推进，检测探头旋转，如图 1-1c 所示。三种检测系统主要根据检测效率、探头数量以及检测系统工艺布局来选择。第一种占地面积小，检测通道数少，效率较低，一般应用于钢管的离线检测。第二种与第三种检测效率较高，通道数较多，均需要较为复杂的输送辊道来驱动钢管运动，两种方式都广泛应用于钢管的在线检测。

a)　　　　　　　　　　b)　　　　　　　　　　c)

图 1-1　超声自动化检测系统
a）钢管原地旋转，探头直线前进　b）钢管螺旋推进，探头静止固定
c）钢管直线推进，检测探头旋转

1.2.2　钢管涡流检测

钢管涡流检测是以交流电磁线圈在金属构件表面感应产生涡流的无损检测技术，它适用于导电材料，可以检测铁磁性和非铁磁性金属构件中的缺陷。由于涡流检测在检测时不要求

线圈与构件紧密接触，也不需要耦合剂，容易实现自动化。但涡流检测仅适用于导电材料，只能检测表面或近表面层的缺陷，不便使用于形状复杂的构件。

将钢管放置在通以交流电的线圈中时，钢管表面会感生出周向电流。涡流磁场方向与外加电流的磁化方向相反，因此将抵消一部分外加电流，从而使线圈的阻抗、通过电流的大小、相位均发生变化。钢管的直径、厚度、电导率和磁导率的变化以及有缺陷存在时，均会影响线圈的阻抗。若保持其他因素不变，仅将缺陷引起阻抗的变化信号取出，经仪器放大并予检测，就能达到无损检测的目的。

按照检测线圈的使用方式，可分为绝对线圈式、标准比较线圈式和自比较式等形式。只用一个检测线圈的称为绝对线圈式。用两个检测线圈接成差动形式，称为标准比较线圈式。采用两个线圈放于同一被检构件的不同部位，作为比较标准线圈，称为自比较式，是标准比较线圈式的特例。基本电路由振荡器、检测线圈信号输出电路、放大器、信号处理器、显示器和电源等部分组成。

为使无缝钢管和焊接钢管在整个圆周面上都能进行无损检测，可使用穿过式线圈涡流检测技术，或者使用扁平式线圈检测技术。当使用穿过式线圈对钢管进行检测时，如图 1-2 所示，被检钢管的最大外径一般不超过 180mm。当使用旋转钢管扁平式线圈检测技术时，为实现对钢管表面的全覆盖检测，需要形成线圈与钢管表面之间的相对移动扫描，如图 1-3 所示。

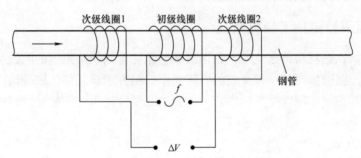

图 1-2 穿过式线圈涡流检测技术示意图

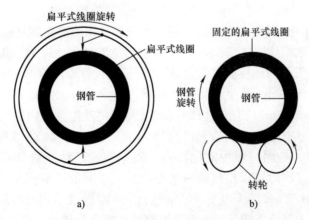

图 1-3 扁平式线圈涡流检测技术示意图

a）基于扁平式线圈旋转的涡流检测技术　b）基于钢管旋转的涡流检测技术

1.2.3 钢管磁粉检测

铁磁性材料工件被磁化后，由于不连续性的存在，工件表面和近表面的磁力线发生局部畸变而产生漏磁场，吸附喷洒在工件表面的磁粉，在合适的光照下形成目视可见的磁痕，从而显示出不连续性的位置、大小、形状和严重程度。磁粉检测只能用于检测铁磁性材料的表面或近表面的缺陷，由于不连续的磁痕堆集于被检测工件表面上，所以能直观地显示出不连续的形状、位置和尺寸，并可大致确定其性质。磁粉检测灵敏度极高，检出的不连续宽度最小可达 $0.1\mu m$。综合使用多种磁化方法，磁粉检测几乎不受工件大小和几何形状的影响，能检测出工件各个方向的缺陷。

磁粉检测是以磁粉作为显示介质对缺陷进行观察的方法。因显示直观、操作简单，故它是最常用的方法之一。如图 1-4 所示，钢管无损检测中，磁粉检测一般用于端部检测，配合其他管体检测方法，实现钢管的整体检测。究其原因，超声与漏磁自动化检测系统均无法对管端进行检测，因此需要磁粉检测方法来弥补。此外，由于钢管

图 1-4 管端磁粉自动化检测系统

端部结构对磁粉检测的实施没有任何影响，用磁粉检测钢管端部极为合适。

1.2.4 钢管漏磁检测技术研究概况

漏磁检测是指铁磁材料被磁化后，利用磁敏感元件检测缺陷附近的漏磁场进而发现缺陷的无损检测方法。漏磁检测是一种高效的电磁无损检测方法，在细长铁磁构件的无损检测中应用十分广泛，如钢管、钢丝绳等。当它与超声检测联合使用时，能对铁磁性构件提供快捷而全面的评定。

1. 漏磁检测方法

对磁现象的发现可以追溯到我国春秋时期《吕氏春秋》中关于"慈（磁）石召铁"的描述；但用于无损检测的磁学现象始于 1922 年，美国工程师霍克（W. F. Hoke）发现，装夹在磁性夹头上的钢件上存在裂纹时，其周围出现铁粉堆积现象，从而拉开了磁性检测的序幕。1923 年，美国 Sperry 博士首次提出采用 U 形电磁铁作为磁化器对铁磁性材料进行磁化，然后采用感应线圈拾取裂纹漏磁场，并于 1932 获得了专利。1947 年，美国标准石油开发公司的 Joseph F. Bayhi 发明漏磁检测"管道猪"，用于在役管道内检测，利用 U 形永磁铁和感应线圈作为励磁源和传感器，整个检测装置在钢管内壁形成螺旋扫查路径。1949 年，美国 Tuboscope 公司的 Donald Lloyd 提出了以穿过式线圈磁化器作为轴向磁化器的钢管横向缺陷检测方法。1960 年，美国机械及铸造公司的 Hubert A. Deem 采用 N–S 磁极对，产生周向磁化场来检测纵向劈缝，检测过程中磁化器和探头做旋转运动。到 1967—1969 年，美国的 Alfred E. Crouch 发明了同时可以检测横向缺陷和纵向缺陷的"管道猪"。与此同时，Tuboscope 公司的 Fenton M. Wood 等人也发现了钢管上纵、横向缺陷同时检测时周向和轴向磁化必须同时施加的关系，最终发明了基于钢管螺旋推进的钢管横纵向漏磁检测设备。2009 年，华中科技大学的康宜华和孙燕华等提出基于多维正交磁化的检测方法，在钢管直线前进和检测探头固定的情况下实现了纵、横向缺陷的检测。之后，在此基础上，他们提出了单一轴向

磁化方法，实现了纵、横向缺陷的全面检测。

上述各类钢管漏磁检测方法一直沿用至今，在具体实施钢管漏磁检测的过程中，需要根据具体检测条件来选择合适的检测方法，如钢管轧制工艺、钢管运行状态、检测灵敏度要求以及成本等。

2. 漏磁检测设备

在漏磁检测方法研究基础上，立足于漏磁检测具体需求，形成了各种类型的漏磁检测设备，与之相关的关键技术主要包括漏磁场高灵敏度拾取、高强度均匀磁化以及传感器扫查路径规划。

（1）传感器　1959 年，瑞士的 Ernt Vogt 发明了感应线圈；1970 年，美国 AMF 公司的 Noel B. Proctor 首次提出了印刷线圈，从而提高了传感器的工艺精度和一致性；1976 年，加拿大诺兰达矿业有限公司的 Krank Kitzinger 等人首次采用霍尔元件测量漏磁场绝对值；1994—1996 年，捷克的 Ripka 和瑞士的 Popovic 等人综合比较了感应线圈、霍尔元件、磁通门及磁阻的敏感特性；2002 年，法国的 Jean – Louis Robert 等人首次制作了适应高温检测环境的霍尔元件；2008 年，印度甘地原子研究中心的 W. Sharatchandra Singh 发明了巨磁阻传感器。

（2）漏磁检测设备　1980 年，日本住友金属工业株式会社发明了移动式漏磁检测设备，美国磁性分析公司、德国 NUKEM 有限公司相继研制了钢管周向加轴向复合磁化的漏磁检测设备；1994—2000 年，荷兰屯特大学、加拿大 Pipetronix 有限公司及 BJ 服务公司利用漏磁检测设备"管道猪"实施管道内检测；我国华中科技大学的康宜华等人自 1989 年报道了自行研制的首台漏磁检测设备以来，进行了大量的漏磁检测设备的开发工作，并开发了数字化磁性无损检测技术；另外，清华大学的黄松岭、沈阳工业大学的杨理践及合肥工业大学的何辅云等人对漏磁检测设备的应用也做了大量研究工作。

3. 信号后处理

漏磁检测在实施过程中将铁磁性构件磁化至饱和或者近饱和状态，此时在缺陷附近会产生漏磁场，然后利用磁敏感元件拾取试件表面磁场变化并依次转换为模拟信号和数字信号，最后根据检测信号特征对试件质量状态进行评价。因此，漏磁检测最终是以缺陷检测信号的特性来分析和判断构件质量的。

检测信号进行后续处理的研究进展：1996 年，美国爱荷华州立大学的 Mandayam 等人提出平衡式滤除算法，用于消除电磁感应现象和磁导率不均对漏磁检测信号所产生的影响；1997 年，美国的 Bubenik 等人提出内外缺陷区分的可行性；2000 年，印度巴布哈原子研究中心的 Mukhopadhyay 采用小波分析处理缺陷漏磁场信号；2005 年，美国的 Mikkola 发表了内外缺陷区分方法；2006 年，美国的 McJunkin 等人提出内部缺陷漏磁场强度小，可以采用敏感度小的检测探头来检测外部缺陷，以实现内外部缺陷评价一致性；2007 年，印度甘地原子研究中心的 R. Baskaran 将伪逆方法应用于漏磁信号图像处理中。在国内，康宜华、彭永胜、马凤铭及张勇等同样在检测信号后处理方面做了相关研究工作。

4. 漏磁检测理论

为了给漏磁检测技术的应用和推广提供理论支撑，关于漏磁场的形成机制、影响因素、信号解释与反演等相关理论得到快速发展。

缺陷漏磁场分布计算方法主要有：磁偶极法、有限元数值仿真、试验法、全息照相法。1966 年，苏联的 Zatespin 和 Shcherbinin 提出表面开口无限长缺陷的磁偶极子模型，分别用点磁偶极子、无限长磁偶极线和无限长磁偶极带来模拟工件表面的点状缺陷、浅裂纹和深裂纹。1972 年，苏联的 Shcherbinin 利用面磁偶极子模型计算了截面为矩形开口的长度有限的裂纹的 3D 漏磁场分布，从而计算位数拓展到了三维空间。1975 年，美国爱荷华州立大学（ISU）的 Hwang 等人采用有限元数值模拟法对漏磁场进行计算。1982—1986 年，德国的 Förster F 采用试验的方法对美国的 Lord 和 Hwang 所提出的有限元漏磁场分析计算进行了验证及部分修正。1986 年，英国赫尔大学的 Edwards 和 Palmer 通过拉普拉斯方程解得截面为半椭圆形的缺陷的 2D 漏磁场分布，并且在此基础上给出了有限长表面开口的 3D 表达式。2003 年，乌克兰国家科学院物理研究所的 S. Lukyanetsa 给出了线性铁磁性材料表面缺陷的漏磁场分布解析模型。

国内研究方面，1982 年孙雨施提出了永磁场的计算模型，1984 年张琪采用数学建模解析的方法研究了漏磁场分布特性，1990 年南京燃气轮机研究所的仲维畅开始对磁偶极子开展大量的研究工作；这期间，华中科技大学的杨叔子及康宜华、清华大学的李路明及军械工程学院的徐章遂及南昌航空大学的任吉林等研究团队对缺陷漏磁场分布计算也做了大量研究工作。

影响漏磁场分布的因素主要包括：检测速度、缺陷特性、构件受力状态、提离效应、激励场强度及磁导率变化等。1993 年，美国爱荷华州立大学的 YK Shin 建立了电磁感应现象对漏磁检测影响的数字有限元模型。1995 年，日本国家钢铁研究中心的 Ichizo Uetake 利用磁偶极子模型分析了两平行裂纹的漏磁场分布。1996—1998 年，加拿大女王大学的 Thomas、Mandal、Atherton 及 Weihua Mao 和 Lynann Clapham 等人分别研究了压力对漏磁检测信号的影响，分析了相邻缺陷之间或不同走向缺陷之间的漏磁检测信号关系。2000—2003 年，日本九州工业大学的 M. Katoh、K. Nishio、Y. Yamaguchi、Katoh 和 Nishio 采用有限元法计算材料属性、极靴气隙对漏磁场的影响。2004 年，韩国的 Gwan Soo Park 通过 3D 有限元数值仿真和试验法发现电磁感应现象对漏磁信号波形和幅值都会产生影响。2005 年，加拿大女王大学的 Vijay Babbar 研究了凹痕尺寸与残余应力对漏磁检测信号的影响。2006 年，英国纽卡斯尔大学的 Gui Yun Tian 和 Yong Li 等通过有限元数值仿真研究了在不同缺陷深度下涡流效应对漏磁检测的影响。国内，武汉大学的杜志叶、清华大学的黄松岭和沈阳工业大学的杨理践等也在这方面做了相应的仿真研究工作。

缺陷反演的目的是根据检测信号得出缺陷损伤程度，从而对构件质量进行有效评价，其中一个关键问题就是寻找检测信号与缺陷尺寸的对应关系。1995 年，日本京都大学的 Koichi Hanasaki 提出了一种钢丝绳缺陷反演模型。2000 年，美国爱荷华州立大学的 Kyungtae 和 Hwang 采用神经网络及小波分析方法研究了反演问题。2002 年，我国钟维畅利用磁偶极子理论进行了缺陷的反推工作；同年，德国的 Jens Haueisen 等人采用最大熵法进行了评估分析，给出了一种可根据检测信号得出缺陷的尺寸及位置的有效算法；密西根州立大学的 Ameet Vijay Joshi 结合传统反演算法，提出了一种高阶统计法。2009 年，合肥工业大学的张勇采用粒子群优化算法对缺陷进行反演，华中科技大学的刘志平及天津大学的蒋奇也做了部分缺陷反演工作。

1.3　钢管的组合检测及典型缺陷信号

上述介绍的几种钢管检测方法在使用过程中各具有优缺点，所以，在钢管的无损检测实践中，有时候需要根据钢管的实际检测要求，采用多种无损检测方法进行组合检测，以弥补单一检测方法的不足。

按照检测方法的组合方式有：涡流与超声的组合检测、漏磁与超声的组合检测。此类组合方式主要是利用电磁学与声学检测原理进行组合检测，以克服电磁方法的内部缺陷检测灵敏度问题，以及超声方法的表面缓变缺陷和薄壁检测的干扰问题。

按照检测部位的组合方式有：管体漏磁与管端超声的组合检测、管体涡流与管端磁粉的组合检测、管体超声与管端磁粉的组合检测等。由于检测原理与机械运动的限制，钢管管体自动化高速检测设备不可避免地存在管段盲区，因此需要配置专门的管端检测设备对管端进行检测，以实现钢管的整体检测。

按照检测功能的组合方式有：周向裂纹漏磁与轴向裂纹超声的组合检测、周向裂纹穿过式涡流与轴向裂纹超声的组合检测、周/轴向裂纹漏磁与超声测厚的组合检测等。针对钢管的不同检测需求，如周向裂纹检测、轴向裂纹检测、钢管壁厚测量等，分别采用更为合适的检测方法进行组合检测。

钢管中缺陷产生的原因很多。按照钢管生产和使用的不同阶段，钢管中的缺陷分为：固有的、预制工序的、后续工序的和在役的。钢管中固有的缺陷主要指钢液凝固成钢坯时产生的各种不连续，其中大部分在切除头尾时被去除，但是仍有一部分不连续随钢坯进入下道工序被压延、锻压和分割。

钢管在预制工序中如经过连轧机组、冷拔机组或矫直机组时，钢管会受到轧制或拉拔，在此过程中也会产生缺陷。进一步，钢管通过后续工序加工为成品，涉及的工序包括磨削、热处理、淬火以及表面涂层处理等，此过程中同样会产生各种缺陷。钢管作为一种重要的承压构件，广泛应用于石油、化工和电力等行业，包括钻杆、套管、输气管道、抽油杆、热交换管等各种钢管构件。钢管使用环境复杂，包括承受交变应力、腐蚀作用、直接磨损和高温环境等，因此钢管在役期间，其内部或表面易产生各种缺陷，并呈不同形态，包括裂纹、孔、刺穿和大面积腐蚀等。

对钢管进行质量无损检测主要分为三个阶段，首先，钢管出厂之前的质量检测，以保证成品钢管无质量问题；进一步，钢管通过后续工序制作成特殊结构的部件，如经过热处理和管头螺纹加工成为钻杆，之后需对其进行质量检测，以确保后续工序中无缺陷；另外，钢管构件在使用一段时间之后需要对其进行全面质量无损检测，以评价其质量状况，预测使用寿命，并据此进行分类使用或报废处理。

对于钢管无损检测而言，本质上以发现缺陷为目标。缺陷的形状、位置和尺寸等都会对漏磁检测产生影响。考虑到裂纹开口的走向，在钢管检测中，方向敏感的缺陷可分为下列几种，见表1-5。

表 1-5　方向敏感缺陷的类型及定义

缺陷	定 义
周向裂纹	沿钢管圆周方向的裂纹
轴向裂纹	平行于钢管轴线方向的裂纹
斜向裂纹	其他方向上的裂纹
内部裂纹	在管内壁上和内部的裂纹
外部裂纹	在管外壁上的裂纹

　　当然，还有很多其他类型的自然缺陷，上述这些缺陷是钢管检测实施过程中经常涉及的。新品钢管内、外壁均有可能存在缺陷，同时轧制过程中也会出现任意走向的缺陷，因而，实施全方位检测十分必要。钢管中的缺陷产生的原因有多种，仅从检测的角度来看，不论采用何种手段，能够发现钢管中的缺陷才是最为关键的。

　　为直观体现，图1-5给出了钢管检测过程中出现过的多种缺陷（裂纹、缺失）以及相应的漏磁检测信号和超声检测信号，从中能够了解自然缺陷的多样性和不同检测方法的敏感差异。

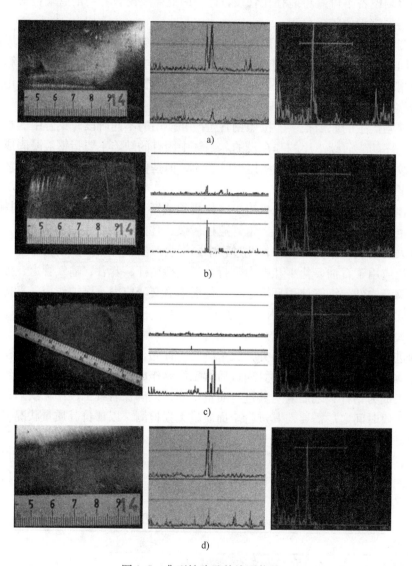

图 1-5　典型缺陷及其检测信号

a）外轴向裂纹　b）外凹坑　c）外斜裂纹　d）外圈状裂纹

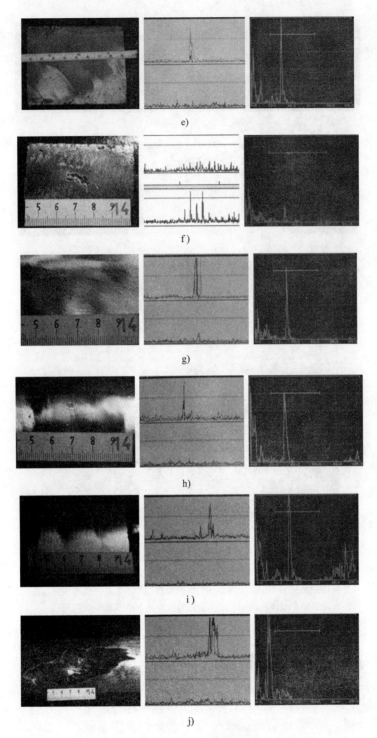

图1-5 典型缺陷及其检测信号（续）

e）外折叠 f）外轴向坑 g）轴向微裂纹 h）轴向裂纹

i）轴向发纹 j）内坑

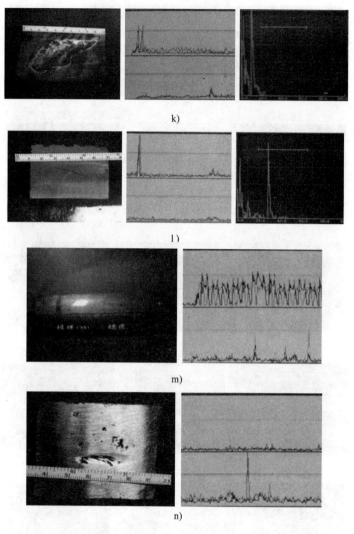

图 1-5　典型缺陷及其检测信号（续）

k）内凹坑　l）斜裂纹　m）辊痕　n）凹坑

注：1）漏磁检测信号图中，上屏曲线为纵向检测信号，下屏曲线为横向检测信号。
　　2）漏磁检测和超声检测中，给出的报警线均为 N10 标准缺陷报警线。

1.4　钢管生产工艺对漏磁检测的影响

　　不同制造工艺生产的钢管，在进行漏磁检测时灵敏度与信噪比差异较大。在选取和设计钢管漏磁检测系统时，必须以钢管的制造工艺和检测特点为基础。

　　按照生产工艺的不同，钢管可分为热轧管和冷拔管。

　　热轧无缝钢管一般在自动轧管机组上生产。实心管坯经检查并清除表面缺陷，截成所需长度，在管坯穿孔端端面上定心，然后送往加热炉加热，在穿孔机上穿孔。在穿孔时不断旋转和前进，在轧辊和顶头的作用下，管坯内部逐渐形成空腔，称为毛管，然后再送至自动轧管机上继续轧制。最后，经均整机均整壁厚，经定径机定径，达到规格要求。利用连续式轧管机组生产热轧无缝钢管是较先进的方法。

热轧是钢管成型过程中最重要的一个工序环节，通常人们将对毛管的壁厚进行的加工称为轧管。这个环节的主要任务是按照成品钢管的要求将厚壁的毛管减薄至成品钢管相适应的程度，即必须考虑到后续定径工序时钢管壁厚的变化，这个环节还要提高毛管的内外表面质量和壁厚均匀度。毛管通过轧制减壁延伸后的管子一般称为荒管。轧管减壁方法的基本特点是在毛管内穿入刚性芯棒，由外部工具对毛管的壁厚进行压缩减壁。

一般习惯根据轧管的形式来命名轧管机组。根据金属变形原理和设备特点的不同，轧管有许多种工艺方法。按轧管方式的不同分为纵轧和斜轧两种类型。纵轧类轧管机组主要有连轧管机、顶管机、自动轧管机、周期轧管机及钢管挤压机等；斜轧类轧管机组主要有三辊轧管机、迪塞尔轧管机、精密轧管机、斜轧扩管机及行星轧管机等。

冷拔钢管是钢管的一种，区别于热轧（扩）管。在毛管坯或原料管扩径的过程中通过多道次的冷拔加工而成，通常在 0.5 ~ 100T 的单链式或双链式冷拔机上进行。冷拔钢管除分为一般钢管、低中压锅炉钢管、高压锅炉钢管、合金钢管、不锈钢管、石油裂化管、机械加工管、厚壁管、小口径加内模冷拔管外，还包括碳素薄壁钢管、合金薄壁钢管、不锈薄壁钢管、异型钢管。冷拔钢管的精度以及表面质量均明显优于热轧（扩）管，但受工艺制约，其口径以及长度均受到一定限制。

经过大量漏磁检测试验发现，由于热轧钢管表面质量较差，存在的氧化皮等铁磁性物质会影响缺陷检测的信噪比，因此，与冷拔钢管相比，热轧钢管微裂纹的检出率更低。并且，纵轧钢管的横向壁厚不均匀会产生较大的背景噪声，从而影响轴向裂纹的检测信噪比；与此对应，由于斜轧钢管内部存在较多如内螺旋之类的铁磁性表面附着物，周向裂纹的信噪比也较低。然而，热轧钢管的表面铁磁性附着物以及壁厚不均匀导致的背景磁场存在一定规律性，在实施漏磁检测时，采用特殊的探头结构及其相应的信号后处理算法在一定程度上能有效消除此类背景噪声的影响，提高漏磁检测信噪比，增加缺陷信号的可识别性。

目前，几乎所有钢管生产线均配置了钢管在线漏磁检测系统，并且漏磁检测是复合检测中电磁检测方法的首选。究其原因，漏磁检测不受重复频率限制，可实现高速检测，从而能够很好地匹配钢管的快速生产速度。此外，漏磁检测穿透力强，与涡流检测相比，其对钢管内部缺陷的灵敏度更高。

1.5　表面粗糙度对裂纹漏磁检测的影响

由加工方法留下的表面痕迹的深浅、疏密、形状和纹理都有差异，生产运行中产生的表面痕迹更是千奇百怪。这些微观的和宏观的几何不平整在漏磁检测中均会引起磁场泄漏，由此带来的背景漏磁场信号将会影响微小裂纹的漏磁场测量，并进一步影响到漏磁检测的检测极限。为此，研究表面粗糙度对裂纹漏磁检测的影响具有重要意义。

1.5.1　表面粗糙度试块

采用 Q235 碳素结构钢制作试块，试块尺寸长 300mm、宽 100mm、厚 14mm。首先，将三块试块表面利用飞刀进行铣削加工，如图 1-6 所示，其表面粗糙度值从左到右依次为

$Ra3.2\mu m$、$Ra6.3\mu m$、$Ra12.5\mu m$，编号1、2、3。然后，利用立铣加工另外三块试块表面，如图1-7所示，其表面粗糙度值从左到右依次为 $Ra3.2\mu m$、$Ra6.3\mu m$、$Ra12.5\mu m$，编号4、5、6。另外，再采用平磨加工一块试块表面，此种方式获得的

图1-6　飞刀加工表面

表面质量较好，其表面粗糙度值为 $Ra0.2\mu m$，编号7。所有试块表面均刻有一组宽度为 $20\mu m$，深度不同的人工线状缺陷，尺寸如图1-8所示，从左到右深度依次为 $20\mu m$、$45\mu m$、$70\mu m$，相邻缺陷的间距为70mm。

图1-7　立铣加工表面

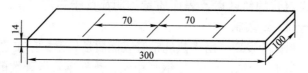

图1-8　试块缺陷示意图

1.5.2　表面粗糙度对漏磁检测信号的影响试验

　　检测装置主要由磁化器、检测探头、信号采集系统、上位机等部分组成，如图1-9所示。磁化器由两组线圈组成，检测探头安装在两组线圈中间，以保证检测探头所在的位置磁场分布均匀。探头安装在一T形支架上，T形支架固定在两组线圈上方。钢板在支撑轮的驱动下做匀速运动，在移动过程中，试块始终与探头保持紧密贴合。检测探头将磁场信息转换成电信号，并由采集卡进行 A－D 转换后进入计算机，由上位机软件进行显示。

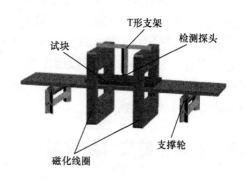

图1-9　试块漏磁检测装置示意图

1. 表面粗糙度对同一深度裂纹信噪比的影响

　　首先，利用平磨试块7进行饱和磁化下的漏磁检测试验。试块的磁化方向垂直于人工线状缺陷，试块以恒定的速度沿磁化方向运动，检测结果如图1-10所示。

　　从图中可以看出，由于平磨的表面质量较好，并未带来明显的噪声信号。另外，信号峰值与缺陷的深度成正相关规律，当缺陷深度为 $20\mu m$ 左右时，基本无法检测出缺陷信号。

　　保持试验条件不变，获得1～7号试块上 $70\mu m$ 缺陷的信噪比，如图1-11所示，信噪比

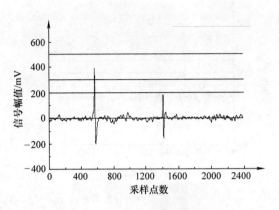

图 1-10 平磨试块 7 检测信号

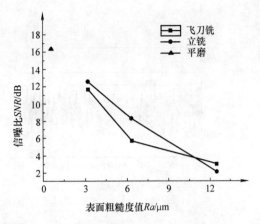

图 1-11 缺陷检测信噪比随表面粗糙度的变化曲线

公式为

$$SNR = 20\log(S/N) \tag{1-1}$$

式中，S 代表信号最大幅值；N 代表噪声最大幅值。

分析图 1-11 曲线变化规律可知，对于深度为 70μm 的缺陷，随着表面粗糙度值的不断增大，检测信号的信噪比逐渐降低。其中，在表面粗糙度值 $Ra = 12.5μm$ 的 3 号和 6 号试块上，缺陷检测信号的信噪比非常低，已经不能清晰分辨出缺陷信号。在表面粗糙度值 $Ra = 3.2μm$ 的 1 号和 4 号试块上，缺陷检测信号的信噪比较高，而平磨试块上同等深度的缺陷检测信号的信噪比最高。由此可见，对于微小缺陷的检测，表面粗糙度会直接影响检测信噪比，较大的表面粗糙度值甚至会带来漏判或误判。换言之，在表面粗糙度确定的情况下，试件上可检测缺陷的深度存在极限。

2. 表面粗糙度对不同深度裂纹信噪比的影响

保持试验条件不变，探头以相同速度扫查所有试块，对不同深度的裂纹进行漏磁检测。各试块得到的缺陷检测信号如图 1-12 所示。

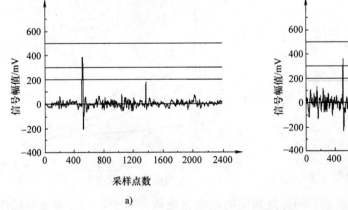

a)

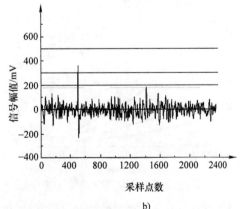

b)

图 1-12 1~6 号试块缺陷检测信号

a）1 号试块检测信号 b）2 号试块检测信号

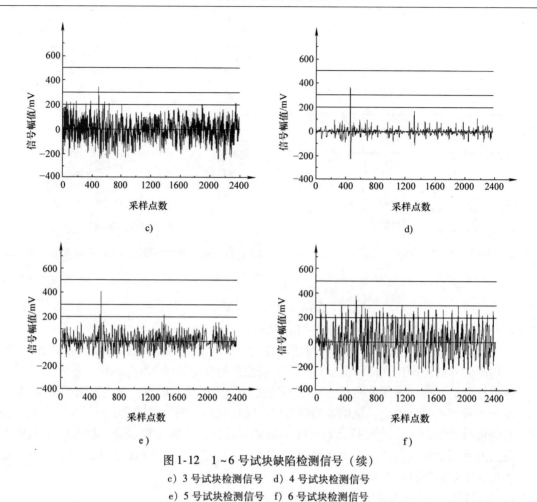

图 1-12 1~6 号试块缺陷检测信号（续）

c）3 号试块检测信号　d）4 号试块检测信号

e）5 号试块检测信号　f）6 号试块检测信号

分析检测结果，根据式（1-1）得到在不同表面粗糙度下信号信噪比关于裂纹深度的关系曲线，如图 1-13 和图 1-14 所示。

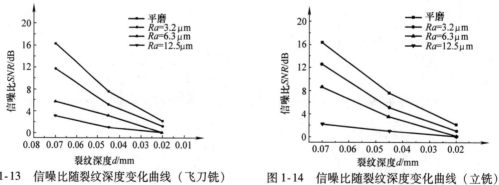

图 1-13　信噪比随裂纹深度变化曲线（飞刀铣）　图 1-14　信噪比随裂纹深度变化曲线（立铣）

分析图 1-13 所示飞刀铣表面上不同深度缺陷的信噪比曲线，对于相同的表面粗糙度，随着人工裂纹深度的减小，缺陷信号的信噪比降低。与此对应，如图 1-14 所示，从立铣试块的测试结果可以看出，在一定表面粗糙度下，裂纹深度变化引起的信噪比变化趋势与飞刀铣试块基本一致。但是，由于表面加工方式的差异，两组试块表面峰谷不平的分布规律并非完全一样，从而导致采用不同加工方式形成的相同表面粗糙度表面上的相同深度缺陷信噪比不同。

　　以上试验结果表明，在表面粗糙度确定的情况下，存在漏磁检测裂纹极限深度。如果裂纹深度小于极限深度，受信噪比的影响，漏磁检测灵敏度将降低。表面粗糙度对漏磁检测的影响机理在于，表面粗糙度引起表面微观峰谷不平轮廓，在两种不同磁导率材料的分界面上，存在磁折射现象，上凸和下凹的轮廓引起了对应表面上方磁场的不同分布。

1.5.3　粗糙表面的磁场分布

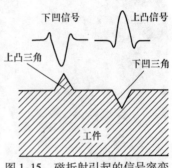

图 1-15　磁折射引起的信号突变

　　铁磁性材料的漏磁检测机理通常是基于下凹型缺陷处的磁场泄漏，而 MFL（Magnetic Flux Leakage）完整的检测机理并非传统简单的描述，如"磁场泄漏""产生漏磁信号"这样一个过程。如图 1-15 所示，从磁折射的角度考虑，漏磁检测中，缺陷附近的磁感应强度变化主要是界面两侧不同介质的磁导率差异引起的。不同的是由于界面处的磁折射现象，在凹型缺陷如裂纹或腐蚀下产生"正"的MFL 信号，而在小突起物存在的地方，代表凸状缺陷则产生"负"的 MFL 信号。基于这两种情况，前者导致上凸的信号，后者产生一个凹陷的信号。由于这种凹凸信号的存在，当感应单元沿着凹凸不平的表面进行扫查时，捕获到的信号必定影响最终检测结果。在微尺度条件下，工件表面的表面粗糙度模型中，紧密相连的"上凸"部分和"下凹"部分会产生不同的磁折射效应，故采用这种完整的漏磁检测机理。

　　无论采用哪种加工方法，受刀具与零件间的运动、摩擦，机床的振动及零件的塑性变形等因素的影响，所获得的工件表面都存在微观的不平痕迹，即为表面粗糙度，通常波距小于1mm。工件在使用过程中的磨损、腐蚀介质的侵蚀消耗也会造成表面粗糙，这种较小间距的峰谷所组成的微观几何轮廓构成表面纹理粗糙度，通常采用二维表面粗糙度评定标准即能基本满足机加工零件要求，常用评定参数优先选用轮廓算术平均偏差 Ra，能够直接反映工件表面峰谷不平的状态。Ra的定义常通过图 1-16 表示。

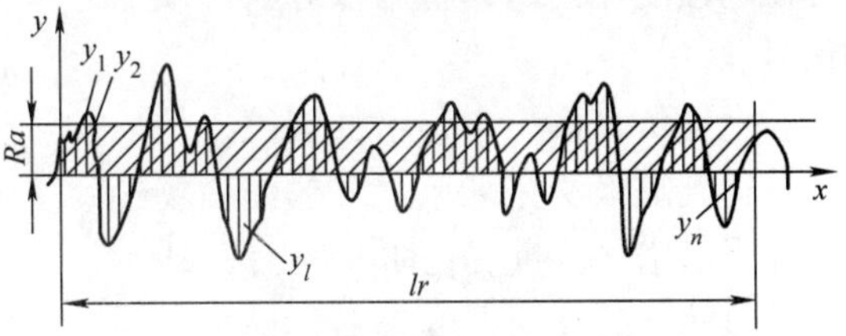

图 1-16　表面粗糙度常用参数 Ra 的定义

$$Ra = \frac{1}{lr} \int_0^{lr} |y| \, dx \qquad (1-2)$$

式中，y 为轮廓偏距；lr 为取样长度；x 轴为测量的取样基准线。

　　由 Ra 的定义可知，其主要反映工件表面这种峰谷不平的状态，在漏磁检测中，这种峰谷不平的状态会引起工件表面磁场强度的分布变化。Ra 反映的是垂直于工件表面方向的高度变化，漏磁检测中的垂直于工件表面方向对应着缺陷的深度方向，因此建立表面粗糙度元的简化模型可以分析工件粗糙表面的漏磁场分布规律。

　　通常采用规则的三角形锯齿状表面粗糙度元来建立表面粗糙度模型，模拟原本不规则的表面粗糙度元分布，便于定性和定量分析。仿真模型的特点是三角形表面粗糙度元紧密相连，其间无间隙。图 1-17 所示为仿真分析获得工件及周围的磁感应强度分布云图，表面粗糙度模型中代表峰谷的凹凸三角形造成了周围空间磁感应强度的分布变化。A 区域代表上凸三角形表面粗糙度元，其上方 C 区域的磁感应强度弱于该区域周围的磁感应强度；与此同时，紧邻下凹三角形表面粗糙度元 B 的上方也存在区域 D，该区域的磁感应强度大于其周围空间的磁感应强度。

相对于基准面，提离 0.15mm，拾取表面上方一段长度范围内磁感应强度水平分量变化曲线，如图 1-18 所示。图中仿真信号呈现出上凸下凹的变化规律，与图 1-17 中的磁感应强度变化规律一致。

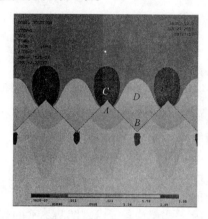

图 1-17　粗糙工件表面的磁感应强度 B 分布

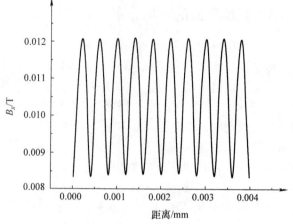

图 1-18　表面粗糙度元模型表面磁感应强度水平分量分布

当表面粗糙度元的高度与缺陷深度具有相同数量级时，表面粗糙度元引起的磁场变化不可忽略。若缺陷附近表面粗糙度元产生的漏磁场强度与缺陷产生的漏磁场强度相当时，将难以分辨出缺陷信号。

在上述仿真模型中，增加裂纹，仿真计算得到缺陷所在区域上方的漏磁场磁感应强度水平分量变化曲线如图 1-19 所示。显然，裂纹周围的表面粗糙度元产生的磁噪声信号，降低了缺陷的信噪比。当然，在实际生产过程中，可根据表面粗糙度引起的信号特征，采用合适的滤波算法去除噪声信号，以提高信噪比。

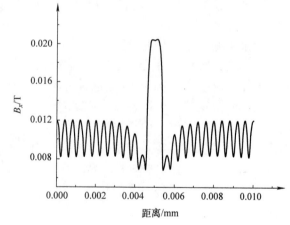

图 1-19　粗糙表面裂纹上方漏磁场磁感应强度水平分量分布

1.6　钢管漏磁检测过程中的相关术语

为了便于后面章节的论述，有必要给出相关术语的定义和说明。这些术语与漏磁检测标准中的相关术语基本一致。

1.6.1　与钢管漏磁检测方法相关的术语

1. 漏磁检测　magnetic flux leakage（MFL）testing

通过检测金属体泄漏磁场来评估构件质量的一类无损检测方法。

2. 直流漏磁检测　DC magnetic flux leakage testing

通过检测金属体泄漏的直流磁场来评估构件质量的漏磁检测方法，泄漏磁场为静磁场，不随时间变化。

3. 交流漏磁检测　AC magnetic flux leakage testing

通过检测金属体泄漏的交流磁场来评估构件质量的漏磁检测方法，泄漏磁场随时间和空间变化。

4. 脉冲漏磁检测　pulsed magnetic flux leakage testing

通过检测金属体泄漏的脉冲磁场来评估构件质量的漏磁检测方法。

5. 剩磁检测　residual magnetic flux leakage testing

通过检测金属体泄漏的剩余磁场来评估构件质量的漏磁检测方法。

6. 主磁通检测　magnetic flux testing

通过在体外检测金属体内磁通量来评估构件质量的无损检测方法。

1.6.2　与钢管磁化相关的术语

1. 技术磁化　technical magnetization

技术磁化的过程可分为三个阶段：起始磁化阶段、急剧磁化阶段、缓慢磁化并趋于磁饱和阶段。磁畴的改变包括磁畴壁的移动和磁畴内磁矩的转动。这种由外磁场引起的磁畴结构变化，在宏观上表现为强磁物质的磁化强度（或磁感应强度）随外加磁场的变化，称为技术磁化过程。

2. 局部磁化　local magnetization

在物体的局部区域形成既定方向和大小的磁化场的磁化技术。在钢管漏磁检测中，应用较多的是轴向全断面局部磁化和周向 180°圆弧面内的局部磁化。

3. 整体磁化　overall magnetization

在检测体的全体内形成既定方向和大小的磁化场的磁化技术。

4. 通电磁化　magnetization based injecting current

对金属直接通入电流形成既定方向和大小的磁化场的磁化技术。

5. 感应磁化　induction magnetization

对金属感应出电流形成既定方向和大小的磁化场的磁化技术。

6. 饱和磁化　saturated magnetization

在检测体的全体或局部形成既定方向的饱和磁化场的磁化技术。

7. 非饱和磁化　unsaturated magnetization

在检测体的全体或局部形成既定方向的小于饱和磁化场大于剩余磁场的磁化技术。

8. 组合磁化　combinational magnetization

在检测体的不同局部或同一局部的不同时刻形成多个既定方向的磁化场的磁化技术。

9. 磁化器　magnetizer

对物体磁化的部件或系统。

10. 穿过式磁化器　encircling magnetizer

检测体从中能穿过去的内空式磁化器。

11. 磁轭式磁化器　yoke type magnetizer

磁源通过导磁体与检测体导通磁路的磁化器。

12. 组合磁化器　combinational magnetizer

多磁源或多方向或多频率磁化器以及它们在时间、空间上的组合。

13. 永磁磁化器　permanent magnet magnetizer

磁源为永久磁铁的磁化器。

14. 通电线圈磁化器　electromagnet magnetizer

磁源为通电线圈的磁化器，通电分为直流、交流、脉冲电流。

15. 磁化回路　magnetic circuit

磁化器和检测体间主磁通量或磁力线经过的回路。

16. 磁化铁心　ferromagnetic core

在磁化回路上的铁磁性材料，通常为高磁导率材料。

17. 极靴　magnetic pole shoe

在磁化回路上正对检测体的磁化铁心。

18. 极靴导套　guide sleeve for magnetic pole shoe

为适应检测体尺寸和形状的变化，活动式的极靴段。

19. 磁化滞后　magnetization lag

磁化场进入检测体过程中，随相对运动速度的提高，检测体中磁化场建立滞后。高速漏磁检测中此现象明显。

20. 聚磁技术　magnetic field collection technic

将磁化场或漏磁场在局部空间中聚集的技术。

21. 聚磁器　magnetic field collector

聚集磁化场或漏磁场的部件。

1.6.3　与磁场测量相关的术语

1. 漏磁场　flux leakage field

从金属中泄漏到空气中的局部畸变磁场。

2. 漏磁场分量　component of leakage field

空气中漏磁场矢量在不同方向上的分量。

3. 漏磁检测最大磁化敏感方向　the largest sensitive magnetization direction of MFL testing

缺陷在空气中产生漏磁场最强时所对应的磁化场方向。

4. 漏磁检测最小磁化敏感方向　the smallest sensitive magnetization direction of MFL testing

缺陷在空气中产生漏磁场为零或最弱时所对应的磁化场方向。

5. 磁探头　magnetic probe

测量磁场或其变化的探头。

6. 点磁探头　point probe

测量磁敏感区域为点或相对较小范围的磁探头。

7. 直（弧）线磁探头　straight（arc）line probe

测量磁敏感区域为直线（弧线）或相对较小窄条的磁探头。

8. 零提离探头　zero lift – off probe

磁敏感点或线无空气间隙紧贴被测面的探头。

9. 零间隙探头　zero gap probe

探头接触面无空气间隙紧贴被测面的探头，此时，磁敏感点或线有提离间隔。

10. 非接触式探头　non – contact probe

不与被测面接触的探头，此时，磁敏感点或线有较大提离。

11. 探头敏感方向　sensitive direction of probe

探头获得漏磁感应强度最大时所对应的方向。

12. 探头扫查方向　scanning direction of probe

探头扫查轨迹的切线方向。

13. 探头通道组合　channel combination of probes

多个探头输出信号按照一定规则合成为一个通道输出，有绝对式、他比式、差动式、准差动式、双差动式、双叠加式、多叠加式等。

14. 多探头间重叠率　overlapping rate of probes

为防止检测时漏检，多个探头中相邻探头交界处单边覆盖区重叠长度与单探头覆盖区长度的比。

15. 多探头的灵敏度差异　sensitivity difference of array probes

多个探头中探头间灵敏度的不一致。

16. 灵敏度一致性调节　adjustment method for sensitivity stability of probes

通过增益修正使得多个探头中各个探头灵敏度相同的方法。

17. 信号随提离变化曲线　signal – liftoff curve

探头输出信号随提离值由零到一定量值的信号幅度变化曲线。

18. 信号随位姿变化曲线　the signal – probe rotation angle curve

在某一平面内，探头从最大磁化敏感方向转动到最小磁化敏感方向时输出信号幅度的变化曲线。

19. 空间滤波　spatial filtering

在空间域内实施磁场滤波的方法。

20. 空间滤波器　spatial filter

在空间域内实施磁场滤波的部件。

21. 等空间间隔采样　equal interval spatial sampling

采用等空间运动脉冲触发漏磁检测电信号的方法，采集信号序列是空间长度的函数。

22. 空频谱　spatial frequency spectrum

在空间域中，对等空间间隔采集信号序列实施频谱分析得到的谱图。

1.6.4 与钢管漏磁检测系统相关的术语

1. 探头扫查带 coverage area of a probe

探头划过检测体后覆盖了的运动轨迹。

2. 扫查重叠率 scanning track overlap rate

为防止扫查漏检，单只或多只探头扫查带在交界处单边覆盖区重叠长度与单只探头覆盖区长度的比。

3. 跟踪机构 tracking mechanism

保证探头扫查位姿、轨迹及运动稳定性的系统。

4. 周向磁化漏磁主机 transverse magnetic flux leakage host

在钢管、钢棒等漏磁检测中，用于探测周向裂纹的检测系统。

5. 轴向磁化漏磁主机 longitudinal magnetic flux leakage host

在钢管、钢棒等漏磁检测中，用于探测轴向裂纹的检测系统。

6. 刻槽与磁化方向夹角 angle between magnetization direction and notch

试件上人工刻槽（或自然裂纹）走向与磁化场方向间的夹角。

7. 刻槽与扫查方向夹角 angle between scanning direction and notch

检测过程中，人工刻槽（或自然裂纹）走向与扫查方向间的夹角。

8. 扫查方向与磁化方向夹角 angle between magnetization and scanning direction

检测过程中，扫查方向与磁化场方向间的夹角。

9. 标定器 calibrator

用于发送标准漏磁场测试多测头检测信号幅度变化的装置。

10. 标定系统 calibration system

用于调试探头灵敏度一致的系统。

11. 漏磁信号 MFL signal

磁测头输出的电信号或数字信号系列。

12. 磁图 MFL image

在空间上多个规则布置的磁测头输出的电信号阵列或数字信号阵列图像。

13. 漏磁检测通道数 number of magnetic flux leakage detection channels

漏磁检测系统中输出独立漏磁信号的通道数量，其不大于检测系统中使用的磁测头总数。

14. 内外伤区分率 discrimination rate of internal and external defect

漏磁检测系统区分出内部和外伤的概率，为正确检出内部和外伤的次数与总检测次数之比。

15. 漏磁检测灵敏度 sensitivity of MFL testing

漏磁检测系统有效探测的最小伤的大小，有多种指标，且与伤的类型和几何尺寸有关。

16. 漏磁检测失效区 failure zone of MFL testing

从漏磁原理上讲，不能实施有效探测的被测体区域。

17. 漏磁检测盲区 blind area of MFL detecting

漏磁检测系统不能达到规定的检测灵敏度指标的被测体区域，如端头盲区。

1.7 本书主要内容与框架

本书的主要章节包括：

第 1 章 绪论

首先，根据钢管生产和使用的不同阶段对缺陷进行分类：固有的缺陷、预制工序的缺陷、后续工序的缺陷和在役的缺陷，并详细介绍了各种缺陷的形成原因。在此基础上，概述了钢管常用的无损检测方法及其优缺点，包括超声检测、涡流检测、磁粉检测和漏磁检测。其中，重点阐述了漏磁检测的历史、现状和目前存在的问题。之后，探讨了不同检测方法的组合检测方式，对比分析了热轧与冷拔工艺对钢管漏磁检测的不同影响，并讨论了不同表面粗糙度表面的漏磁检测灵敏度的变化规律。最后，归纳总结了钢管漏磁检测过程中的相关术语。

第 2 章 钢管的磁化与退磁

首先，对磁性材料进行分类，并讨论了钢管饱和磁化的必要性。然后，分别介绍了钢管的多方向磁化方法：轴向磁化与周向磁化，以及相应磁化器的优化设计方法。最后，为消除剩磁对钢管后续工序的影响，讨论了铁磁构件的退磁理论与方法，并介绍了钢管自动化退磁装置。

第 3 章 管外漏磁场拾取与处理方法

首先，讨论了钢管管外漏磁场拾取原理：传感器拾取的磁场信号实质上包含了除缺陷漏磁场之外的各种背景磁场信号，包括传导电流、感应电流、不规则几何形状等产生的磁场。然后，介绍了各类磁场传感器的原理与特点，详细分析了感应线圈的磁场输出特性。进一步，详细分析了不同类型漏磁检测探头芯的结构形式与检测特性，在此基础上，针对不同类型缺陷和检测要求，提出了探头芯的设计与选用原则。最后，以实际应用为基础，讨论了探头扫查路径规划、探头阵列布置、气浮随动跟踪方法，以及检测信号处理系统。

第 4 章 漏磁检测精度的影响因素

钢管漏磁自动检测过程中，检测原理对缺陷生成信号的唯一性和检测设备对缺陷漏磁拾取信号的一致性严重影响检测的精度。本章详细分析了缺陷内外位置、钢管壁厚不均以及缺陷走向三个因素对漏磁检测精度的影响，并在此基础上提出了相应的消除方法。此外，针对阵列传感器各个通道的灵敏度差异，介绍了静态标定方法和动态标定方法。

第 5 章 高速检测中的涡流效应与磁后效

漏磁检测速度较低时，铁磁性介质的磁化过程与静态磁化区别不大。然而，随着检测速度不断提高，漏磁检测过程中将会产生电磁感应和动态磁化机理问题。一方面，分析了高速漏磁检测中涡流效应的形成机制、涡流场的分布规律，以及感生磁场对缺陷漏磁场的影响规律，并提出了管体和管端的灵敏度差异消除方法。另一方面，初步讨论了高速漏磁检测时磁后效现象的形成原因，及其对钢管磁化的影响。

第 6 章 钢管漏磁自动化检测系统

本章主要介绍了钢管漏磁自动化检测成套系统的关键技术，包括钢管漏磁自动化检测工艺与设备配置、探头检测轨迹规划、高稳定性的检测姿态与跟踪机构、缺陷定位与喷标。在此基础上，介绍了钢管漏磁自动检测设备的性能测试方法。

第 7 章 漏磁检测技术的其他应用

漏磁检测作为一种自动化电磁检测技术，广泛应用于铁磁性构件的无损检测过程中。根据作者团队的研究成果，依次介绍了漏磁自动检测技术在回收钻杆、井口钻杆、修复抽油杆、冷拔钢棒、汽车轮毂轴承旋压面以及轴承套圈上的实现方法与现场应用。

第 2 章　钢管的磁化与退磁

磁化是进行漏磁检测的第一步。在钢管漏磁检测中一般采用直流磁化，磁化场的方向和强度不随时间变化。钢管被磁化后，钢管中阻隔磁力线的缺陷将产生漏磁场。漏磁场的大小与钢管的磁化状态呈非线性相关，同时与缺陷的形态对应。磁化状态主要指磁化场的方向与强度等。由于磁场的矢量特性，在钢管的磁化方法和磁化器的设计中，特别需要关注的是磁化场的相对方向，包括磁化场与钢管轴线的夹角、磁化场与钢管表面法向的夹角、磁化场与裂纹走向的夹角等。此外，钢管经漏磁检测后需要进行退磁处理，消除剩磁对后续加工、运输和使用的影响。

2.1　磁性材料的分类

不同物质在磁场中的磁感应强度 B 值是不一样的，即它们的磁性不同。为了反映不同物质在磁场中的变化，引入磁场强度 H。它与磁感应强度的关系为

$$H = B/\mu \tag{2-1}$$

式中，μ 是物质的磁导率，是一个反映物质导磁特性的物理量。

在国际单位制中，磁场强度的单位为安/米（A/m）。不同磁介质在磁场中的磁导率是不一样的。在真空中，磁导率是一个定值，称为真空磁导率，用 μ_0 表示，其单位为亨/米（H/m），$\mu_0 = 4\pi \times 10^{-7} H/m$。为了使用方便，往往把不同磁介质的磁导率 μ 与真空磁导率 μ_0 进行比较，获得相对磁导率

$$\mu_r = \mu/\mu_0 \tag{2-2}$$

由于空气的 μ 值接近于 μ_0，在一般情况下，将空气中的磁场近似看成真空中的磁场。

磁性是物质的基本属性之一。在外磁场的作用下，各种物质呈现一定的磁性。按其磁性可分为抗磁性物质、顺磁性物质、铁磁性物质、反铁磁性物质与亚铁磁性物质等多种。抗磁性物质、顺磁性物质为弱磁性物质，表现为在外磁场作用下，物质呈现为与外磁场方向相同或者相反的成比例或不成比例的微弱磁化。铁磁性物质与亚铁磁性物质为强磁性物质，表现为在外磁场作用下呈现强烈磁化，其磁性比外磁场大若干倍，与外磁场的变化不成比例，而且还存在磁饱和现象。

工业上常用的钢铁材料属于铁磁性物质，其根据成分组织引起的磁特性参数变化规律，大致可分为四类：

第一类：磁性较软。它们包括在供货状态下，碳的质量分数小于 0.4% 的碳素钢，碳的质量分数小于 0.3% 的低合金钢，以及退火状态下的高碳钢。这类钢磁导率高，矫顽力低，剩磁较小，磁滞回线狭窄，最大磁能积也较低。

第二类：磁性中软。它们包括在供货和正火状态下，碳的质量分数大于 0.4% 的碳素钢以及同种状态下的低中合金钢、工具钢以及部分高合金钢，同时还包括此类钢在淬火后进行450℃以上温度回火者。这类钢较第一类钢的最大磁导率有所下降，矫顽力和磁能积有所提

高，磁性有所降低。但总的来说还是容易磁化，钢材剩磁也不大。

第三类：磁性中硬。此类材料为一般的淬火并进行 300～400℃ 回火的中碳钢、低中合金钢、高合金工具钢的供货状态，半马氏体和马氏体钢的正火加高温回火状态，以及大部分冷拉材料。它们的磁性较前两类为"硬"，磁化较困难，需要较大的外磁场进行磁化。同时，这类材料的剩磁较大，退磁较困难。

第四类：磁性较硬。其包括合金钢淬火后回火温度低于 300℃ 的材料，以及工具钢和马氏体不锈钢处理后硬度较大的材料。这类钢由于磁性较硬，磁化困难，需要较大的外加磁场进行磁化。同时，这类材料剩磁也较大，退磁也较困难。

值得说明的是，以上较软、中软、中硬及较硬磁性等提法是为了区别于常见的软磁及硬磁材料而言的，它们之间没有一个明显的量的差别。在实际工作中，应该根据不同材料的磁性及试验条件来选取材料磁化的最佳技术条件。

2.2　钢管的磁化要求

如图 2-1 所示，将一个对外界完全没有磁性的钢铁试件放在磁场中，它将受到磁化。如果磁场强度 H 从 0 开始逐渐增加，则试件中的磁感应强度 B 也将逐渐增加至饱和。这种反映磁材料磁感应强度 B 与磁场强度 H 变化规律的曲线 $B = f(H)$，称为材料的磁化曲线。

从图 2-1 中可以看出，当把铁磁材料置于外加磁场中时，其磁感应强度 B 将明显地增大，产生比原来磁化场大得多（$10～10^5$ 倍）的磁场。B 与 H 之间存在着非线性关系。当 H 逐渐增大时，B 也增加，但上升缓慢，说明此时磁畴刚开始中扩张，磁化缓慢，磁化很不充分。当 H 继续

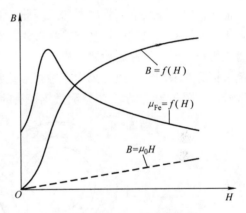

图 2-1　铁磁材料的磁化曲线
μ_0—真空磁导率　μ_{Fe}—铁磁材料磁导率

增大时，B 急骤增加，几乎呈直线上升，此时磁畴畴壁位移加速，B 值上升很快，材料得到急剧磁化。在此阶段，B 值的上升不是平滑的，而是阶梯跳跃式的，并产生称之为"巴克豪森效应"的现象。当 H 进一步增大时，B 的增加又变得缓慢，产生了一个转折，这时磁畴畴壁扩张已近尾声，代之以磁畴磁矩的转动为主。之后，H 值即使再增加，B 却几乎不再增加，此时磁畴平行排列的过程已基本结束，铁磁质的磁化过程基本结束，材料磁化已经达到饱和。因此，铁磁材料的磁化曲线是非线性的。

从图 2-1 中还可以看出，对于真空中的磁感应强度 $B = \mu_0 H$，因磁导率 μ_0 为定值，真空的磁化曲线为一斜率恒定的直线。而对于铁磁材料磁化曲线的斜率 $\mu_{Fe} = B/H$，在不同的磁化阶段是变化的。当 H 开始增加时，超初 μ_{Fe} 值增加，但到最大值后就下降。下降到一定程度时，μ_{Fe} 值变化趋缓。

钢管作为一种典型的铁磁性材料，进行漏磁检测的前提是对钢管进行有效的磁化。根据图 2-1 可知，当外激励磁场强度太小时，钢管磁感应强度太低，则缺陷不能激发出足够强度

的漏磁场；随着激励磁场强度的不断增加，磁感应强度急剧增加，缺陷漏磁场强度不断增加；当钢管被磁化至饱和状态时，缺陷漏磁场强度将基本保持不变。此时，如果继续不断增加外激励磁场的强度，由于会形成背景磁场的压缩效应，缺陷漏磁场强度将出现减小的情况，而此时噪声则不断增加，从而造成缺陷信噪比降低。因此，将钢管磁化至饱和状态是获得高灵敏度和高信噪比的最佳检测条件，过弱或过强的外激励磁场都会影响检测效果。

此外，对钢管进行局部磁化时，存在有效均匀磁化区域。有效均匀磁化区域的含义是指被检测区域的钢管必须磁化均匀，也即相同形态的缺陷在该区域内的任何位置都产生相同的漏磁场强度。因此，在设计磁化器时，需要同时满足对钢管进行饱和磁化与均匀磁化的要求。

2.3　钢管的多方向磁化方法

漏磁检测中磁化场方向要尽量与裂纹走向垂直，该裂纹才能够被激发出最大的漏磁场。按照裂纹相对于钢管的走向，裂纹缺陷主要分为：轴向裂纹和周向裂纹。轴向裂纹平行于钢管轴向，周向裂纹沿钢管的周向。因此，漏磁检测形成了钢管轴向磁化检测周向裂纹和周向磁化检测轴向裂纹的两种基本检测形式，对应的检测设备结构也分为两种：周向裂纹漏磁检测主机和轴向裂纹漏磁检测主机。

钢管的轴向磁化通常采用穿过式磁化线圈，如图 2-2a 所示，在钢管轴向局部形成磁化区域，如图 2-2b 所示。当检测敏感探头的覆盖范围大于 360°时，即可实现无漏检测。

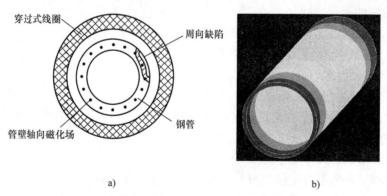

a)　　　　　　　　　　　　　　b)

图 2-2　钢管轴向磁化及其磁化场分布

a）钢管轴向磁化结构　b）钢管轴向磁感应强度分布

钢管轴向磁化检测周向裂纹的具体实施较为简单，检测时的相对扫查运动也只需要轴向直线运动方式。然而，对于钢管周向磁化检测轴向裂纹的实施则较为复杂，其磁化方式通常采用正对的周向磁化极对加以完成，如图 2-3a 所示。在两磁极正对的管壁中央区形成均匀的磁化场，对该区域内（DZ 或 DZ'）的轴向裂纹激发漏磁场。通过有限元仿真计算可以看出，在磁极正对的管壁处，形成的磁化并非均匀且磁力线方向也不一致，不可能激发出合适的漏磁场，所以该区域为轴向裂纹检测的盲区，如图 2-3b 所示。

轴向裂纹检测探头最好布置于两磁极正对的管壁中央区的轴平面上，为此，只有检测探头与钢管之间实现相对螺旋扫查才能达到无盲区检测。所以，为了完成钢管上轴/周向裂纹

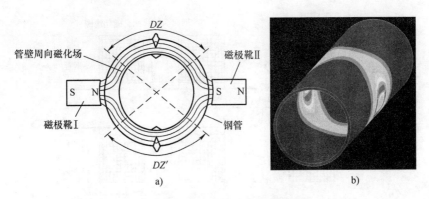

图 2-3 钢管周向磁化及其磁化场分布

a）钢管周向磁化结构 b）钢管周向磁感应强度分布

的全面检测，通常需要两种独立的检测单元：周向裂纹检测单元和轴向裂纹检测单元。检测探头与钢管之间的相对螺旋扫查运动有两种组合形式：① 探头固定，钢管做螺旋推进；② 轴向裂纹检测单元的磁化器与探头一起旋转，钢管做直线运动，分别如图 2-4a、b 所示。

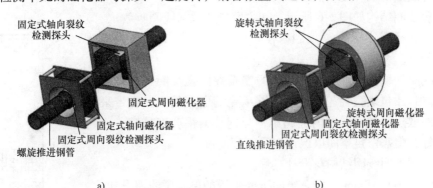

图 2-4 钢管漏磁检测方法

a）基于钢管螺旋推进的漏磁检测方法 b）基于钢管直线推进的漏磁检测方法

2.3.1 轴向磁化方法与轴向磁化器

根据垂直磁化基本理论，漏磁检测中形成了钢管轴向磁化检测周向裂纹的基本检测形式和设备结构。目前主要有两种驱动方式，一种是钢管直线前进，周向裂纹检测探头沿圆周方向包围钢管的检测方法；另一种是钢管螺旋前进，周向裂纹检测探头沿轴向覆盖钢管的检测方法。这两种检测形式的前提是相同的，即需要磁化器产生合适的轴向磁化场，以激励周向裂纹产生足够强度的漏磁场。

钢管轴向磁化通常采用穿过式线圈磁化器产生轴向磁化场，如图 2-5 所示，主要分为单线圈磁化和双线圈磁化两种形式。单线圈磁化时，检测探头一般放置在磁化线圈内部；双线圈磁化时，检测探头放置在两个线圈之间。由此可见，由于检测探头布置空间的需要，相对于单线圈而言，钢管与双线圈的耦合度更高。

1. 单线圈磁化器及特点

如图 2-5a 所示，单线圈磁化器是目前轴向磁化器的主要形式之一。此种磁化器结构简

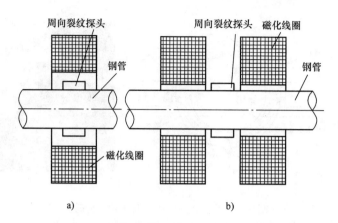

图 2-5 轴向磁化方法

a）单线圈磁化器及探头布置 b）双线圈磁化器及探头布置

单，成本相对较低。但是，因检测探头需放置在线圈内部，造成线圈内径相对钢管外径较大，钢管与线圈的耦合度较低，影响磁化效果。

单励磁线圈结构如图 2-6 所示，其主要参数包括线圈匝数 n_c、线圈电流 I_c、线圈外径 d_{c1}、线圈内径 d_{c2}、线圈厚度 T_c 以及内部漆包线直径 d_{cw}。

励磁线圈的磁化能力主要由线圈的安匝数以及线圈与钢管的耦合度决定。漆包线直径越大，其能够承受的电流越大，也带来更加严重的散热问题；线圈内径越小，与钢管的耦合度越高，磁化效果越好，但需留足空间以保证钢管顺利通过。

以下举例说明线圈结构与设计过程。

讨论壁厚 9.19mm、直径为 127mm 钢管的单励磁线圈设计，如图 2-7 所示。保持励磁线圈的安匝数和线圈内径不变，改变线

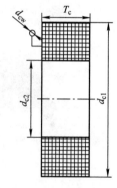

图 2-6 单励磁线圈结构

圈厚度和线圈外径，得到不同结构参数的单励磁线圈。进一步，通过仿真计算，选择磁化效果相对较好，并且线圈厚度、质量均满足实际要求的励磁线圈，具体参数选取如下。

1）线圈安匝数 $n_c I_c$：线圈安匝数主要根据钢管的磁化特性曲线，以及钢管的内外径尺寸进行选取。针对以上尺寸钢管，n_c 初步选取 2000 匝，漆包线直径 d_{cw} 取 1.7mm，单根漆包线能够承受的最大电流为 20A，实际磁化过程中取 10A。

2）线圈内径 d_{c2}：由于钢管的直线度误差，以及输送辊道的制造安装误差，钢管在前进过程中不可避免地存在多自由度摆动。为使钢管顺利通过线圈而不发生碰撞，并尽量形成最好的磁化效果，d_{c2} 初步选取 284mm。

3）线圈厚度 T_c：线圈厚度是需要优化的指标之一，线圈厚度依次取 130mm、120mm、110mm、100mm、90mm、80mm、70mm、60mm、50mm、40mm 和 30mm。

4）线圈外径 d_{c1}：保证线圈的匝数不变，在线圈厚度变化时，外径也做相应调整。对应上述的线圈厚度，线圈外径依次取 $\phi354.2$mm、$\phi360$mm、$\phi366.9$mm、$\phi375.2$mm、$\phi385.4$mm、$\phi398$mm、$\phi414$mm、$\phi436$mm、$\phi466.4$mm、$\phi512$mm 和 $\phi588$mm。

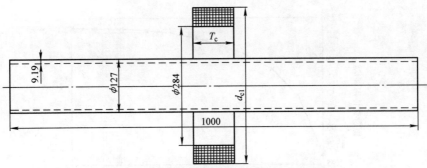

图 2-7　单励磁线圈磁化钢管管体示意图

对不同结构参数的单励磁线圈磁化效果进行量化分析，利用仿真方法对单励磁线圈磁化钢管管体的过程依次进行求解，各个线圈的具体参数如图 2-8 所示。

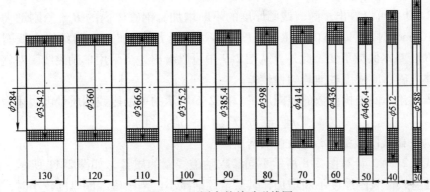

图 2-8　不同参数单励磁线圈

提取钢管管体内部轴向磁感应强度 B_z，得到图 2-9 所示曲线。从图中可以看出，不同参数单励磁线圈对钢管管体的磁化效果不同。为进一步评估各励磁线圈的磁化效果，提取不同参数单励磁线圈磁化时管体内部最大磁感应强度值，用 B_{max} 表示，得到图 2-10 所示曲线。

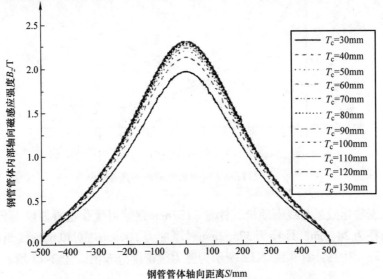

图 2-9　不同参数单励磁线圈磁化钢管管体内部轴向磁感应强度分布

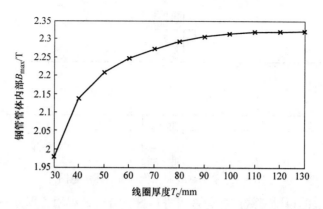

图 2-10　钢管管体内部 B_{max} 与线圈厚度 T_c 的关系曲线

从图 2-10 中可以看出，随着线圈厚度的不断增加，钢管体内的 B_{max} 急剧增大，当线圈厚度达到 100mm 时，钢管体内磁感应强度基本达到最大值。此后，继续增大线圈厚度，钢管体内的 B_{max} 基本保持不变。此外，从图 2-9 中可以看出，当采用单励磁线圈对钢管进行磁化时，管体内磁感应强度轴向均匀性较差。

进一步讨论不同结构参数的线圈质量。图 2-6 所示的单励磁线圈质量可表述为

$$m_c = \pi \rho_c T_c (d_{c1}^2 - d_{c2}^2)/4 \qquad (2-3)$$

式中，m_c 为励磁线圈质量；ρ_c 为漆包线密度。

根据式（2-3），计算图 2-8 所示不同参数励磁线圈的质量，如图 2-11 所示。从图中可以看出，随着励磁线圈厚度不断增加，其质量逐渐减小。当励磁线圈厚度较小时，随着线圈厚度增加，励磁线圈质量减少较快；当励磁线圈厚度大于 100mm 时，励磁线圈质量减少速度趋缓。

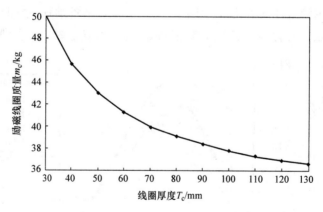

图 2-11　不同参数励磁线圈质量

综上，根据磁化效果与线圈质量，针对 ϕ127mm 钢管可优化选择厚度参数 $T_c = 100$mm，即磁化线圈内径为 284mm，外径为 375.2mm，厚度为 100mm。对该励磁线圈磁化钢管管体的过程进行有限元仿真计算，图 2-12 所示为磁力线密度分布图，图 2-13 所示为磁感应强度等值云图。

从图 2-12 中可以看出，励磁线圈产生的磁力线大部分都从钢管管体中通过，这是由于

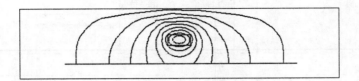

图 2-12　磁力线密度分布图

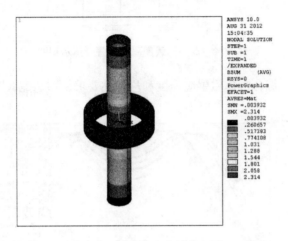

图 2-13　磁感应强度等值云图

钢管的磁导率远大于空气的磁导率。从图 2-13 中可以看出，管体内的最大磁感应强度点位于线圈中心位置，最大值为 $B_{\max} = 2.314\mathrm{T}$。另外，管体内的磁感应强度随着远离线圈中心呈现逐渐下降的趋势。

2. 双线圈磁化器及特点

双线圈磁化方式如图 2-5b 所示，检测探头放置在两个线圈之间，这样可减小线圈内径，提高磁化效率。当然，磁化器设备成本也更高。双线圈磁化器在钢管内更易形成密集均匀的轴向磁化场，有利于提高检测灵敏度和一致性。为了保证检测区域中相同形态的缺陷产生相同的漏磁信号，钢管由线圈磁化后，必须保证磁感应强度的轴向均匀性。

在钢管高速生产线上配置的周向裂纹漏磁检测设备，一般采用双励磁线圈对钢管管体进行轴向磁化。在得到单励磁线圈的具体参数之后，需要对双励磁线圈间距 L_{cc} 进行优化，以形成足够强度的轴向均匀场。如双励磁线圈间距 L_{cc} 过小，则无法满足轴向磁化均匀的要求；如间距过大，则无法满足磁化强度的要求。

双励磁线圈磁化钢管管体示意图如图 2-14 所示。为得到合理的线圈间距，计算过程中 L_{cc} 依次取 20mm、40mm、60mm、80mm、100mm、140mm、180mm、220mm、260mm、300mm、340mm、380mm、440mm 和 500mm。

提取钢管管体内部轴向磁感应强度 B_z，如图 2-15 所示。从图中可以看出，当 L_{cc} 较小时，管体内部存在一个磁感应强度极大值点，并位于两线圈的中间位置；随着 L_{cc} 不断增大，极大值点的磁感应强度逐渐减小，当 $L_{\mathrm{cc}} \geqslant 140\mathrm{mm}$ 时，管体内部则出现两个磁感应强度极大值点，并且两极大值点的距离不断增大，且两线圈中心处的磁感应强度逐渐变小。特别地，当 $L_{\mathrm{cc}} = 100\mathrm{mm}$ 时，钢管管体具有较大的磁感应强度和较好的轴向磁化均匀区域，均匀区域

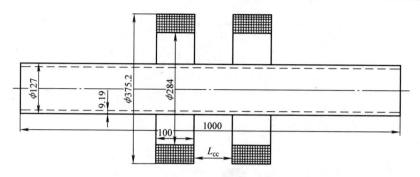

图 2-14　双励磁线圈磁化钢管管体示意图

轴向长度约为 200mm。综合考虑磁感应强度和均匀性要求，双励磁线圈间距 L_{cc} 取 100mm 较为合适。

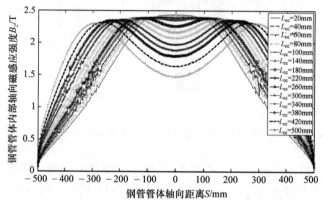

图 2-15　不同线圈间距时钢管管体内部轴向磁感应强度分布

2.3.2　周向磁化方法与周向磁化器

钢管轴向裂纹检测的基础是产生足够强度和均匀性的周向磁化场。如 2-16 所示，由于钢管圆周状的几何形态，周向磁化时磁力线难以全部沿钢管周向从管壁内通过，始终会有一部分磁通会扩散到空气中，导致在磁极处磁场最强，在两磁极正中间的钢管区域磁场最弱。磁极在钢管轴向方向的长度有限，因此，磁化场覆盖的轴向区域也是有限的。在设计磁化线圈磁化能力时，主要考虑钢管的磁化特性曲线、钢管内外径尺寸以及检测区域的轴向长度。

周向磁化场是由绕在磁极上的线圈产生的。磁极正对的管壁磁化不均匀，且管壁与极靴之间的背景磁场分布杂乱。然而，在远离两磁极的管壁中央区域，磁场分布较均匀，因此，一般将条形阵列探头布置在该区域，如 2-16 所示，并且其长度必须小于或等于均匀磁化区域的轴向长度。

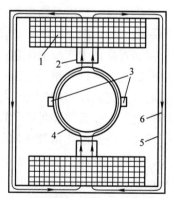

图 2-16　纵向检测系统原理图
1—直流磁化线圈　2—极靴
3—检测探头　4—待检钢管
5—磁化回路　6—磁力线

如图 2-17 所示, 为实现轴向裂纹的全覆盖检测, 一般采用探头与钢管表面之间的螺旋扫查来完成。对于双探头检测布置, 在扫查过程中需满足条件

$$2L_s \geqslant P \tag{2-4}$$

式中, L_s 为单个纵向探头的有效长度; P 为钢管表面形成的扫查螺距。

钢管直线前进的速度 v_a 与螺距 P 的关系为

$$v_a = n_t P \tag{2-5}$$

式中, n_t 为钢管旋转速度。

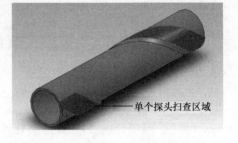

图 2-17 单个探头的扫查覆盖轨迹

由此可见, 在高速漏磁检测中可通过增大螺距 P 来提高检测速度 v_a。但是, 根据式 (2-4) 可知, 为了保证轴向裂纹的全覆盖扫查, 必须增大单个探头的轴向有效扫查范围, 此时钢管中的均匀磁化区域的轴向长度也需要相应增加。

举例分析如下。

图 2-18a 所示为常用的钢管周向磁化结构, 钢管外径为 90mm, 壁厚为 8mm, 磁极靴尺寸为 200mm(长)×40mm(宽)×50mm(高), 磁极靴底面到钢管外表面的距离为 15mm, 励磁线圈参数为 15000 安匝。仿真分析得到钢管表面磁感应强度分布云图如图 2-18b 所示, 为了便于观察, 将钢管的侧面展开成了一个平面, 从图中可以看出这种磁极形式得到的均匀磁化区域较小。

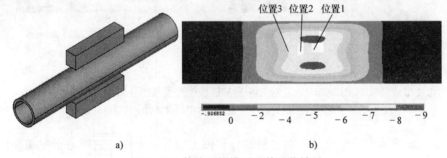

a) b)

图 2-18 传统磁极模型及其磁化效果

a) 周向磁化的传统磁极模型 b) 钢管表面磁感应强度分布云图

进一步分析磁化不均匀带来的检测不一致性问题。

在图 2-18b 中给出的三个位置处分别设置三个尺寸相同的轴向裂纹, 位置 1 为钢管侧面的正中心, 位置 2 与位置 1 之间的轴向距离为 50mm, 位置 3 与位置 1 之间的轴向距离为 100mm, 裂纹尺寸为 20mm(长)×3mm(宽)×2mm(深), 图 2-19 给出了在三个不同位置处的裂纹漏磁检测信号。

从图 2-19 中可以看出, 如果阵列探头同时扫查到了三个缺陷, 则尺寸相同的裂纹产生的漏磁检测信号幅值与基线均出现了严重的不一致, 从而无法对缺陷进行精确的定量评价, 因此, 探头长度必须小于 200mm。

为了提高检测速度, 需要使阵列探头在轴向上有足够的长度。然而钢管磁感应强度在轴向上的非均匀性限制了阵列探头沿轴向布置的有效长度, 解决这一矛盾最为关键的问题就是

如何在钢管表面建立更大范围的均匀磁场。

对此,在原有磁极的下方加上一个导磁板,将一部分磁场导入远离磁极的区域,从而可扩大磁场在轴向上的覆盖范围,如图 2-20a 所示的模型。模型中使用的导磁板尺寸为 300mm(长)×40mm(宽)×10mm(厚),保持导磁板底面到钢管外表面的距离为 15mm。增加该导磁板后,仿真获得的钢管表面的磁场分布云图如图2-20b所示。

从图 2-20b 中可以看出,与常规磁极相比,增加导磁板之后,磁场覆盖的范围有所增大,而且磁场分布也更加均匀,起到了一定的优化效果。另一方面,通过观

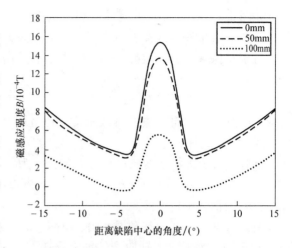

图 2-19 同一尺寸缺陷在不同位置处的漏磁场

察磁场分布云图可以发现,钢管表面中间部位的磁场要比两边稍强,所以,进一步地,需要消除或者减弱周向磁化区域的磁化场强度差异。

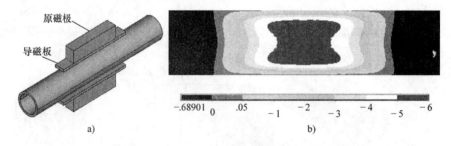

图 2-20 加上导磁板后的磁极模型及其磁化效果
a)加上导磁板后的磁极模型 b)加上导磁板后钢管表面的磁场分布云图

如图 2-21a 所示的极靴模型,在之前的导磁板上增开一个槽,这样由于中间部位磁阻增大,一部分磁通就会往两边扩散,从而达到减弱中间磁场增大两边磁场的目的。模型中,开槽尺寸为 150mm(长)×40mm(宽)×5mm(深),获得的钢管表面的磁场分布云图如图 2-21b 所示。

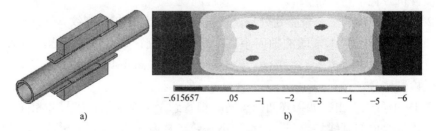

图 2-21 导磁板上开槽后的模型及其磁化效果
a)导磁板上开槽后的模型 b)导磁板上开槽后钢管表面的磁场分布云图

　　由图 2-21b 可以看出，在磁极中部开槽之后，均匀磁场的区域进一步扩大。为了更好地比较上述三种磁极的磁化效果，在探头所在位置沿钢管轴向取长度为 600mm 的路径，得到路径上各个点的磁感应强度，结果如图 2-22 所示。

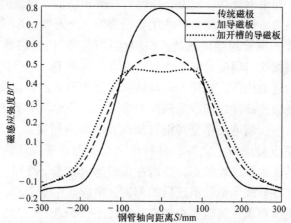

图 2-22　不同磁极作用下钢管表面磁感应强度沿钢管轴向的分布

　　从图中可以看出，传统磁极磁化下的均匀区域最小，轴向长度约为 150mm；增加导磁板后，均匀磁场区域的轴向长度增加至 180mm；如果在导磁板上开槽，均匀磁场区域的轴向长度进一步扩大为 240mm。

　　进一步在图 2-18b 所示的三个不同位置设置尺寸相同的轴向裂纹，仿真获得缺陷的漏磁检测信号，如图 2-23 所示。从图中可以看出，沿轴向距离 100mm 的两个缺陷产生的漏磁信号幅值差异仅为 0.5%，基线漂移量也基本相似。因此，图 2-21a 所示的磁化极靴形式可基本满足磁化的均匀性要求。

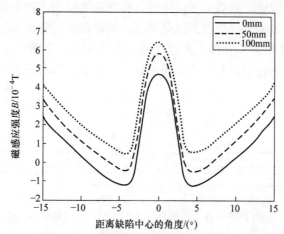

图 2-23　开槽导磁板磁极作用下的不同位置轴向裂纹检测信号

2.4　钢管退磁方法

　　退磁是将铁磁性材料的磁性去除的过程，这可通过在材料磁偶中建立或重新建立分子的无规则排列来完成。

钢管漏磁检测时需要对钢管进行磁化，检测完成之后，钢管内部会存有剩磁。此外，钢管在热处理与运输过程中也会产生剩磁。保留相当强剩磁的钢管，在下一步制造或使用过程中会产生大量的问题。如果钢管存在剩磁，在钢管端部车削加工螺纹时，剩磁会吸附铁屑或铁粉，从而破坏加工表面质量或者使刀具钝化。钢管的一个重要用途就是用于石油输送，铺地管道是通过一定长度的钢管焊接而成的。在焊接过程中，强剩磁场会使电弧偏离指定位置，这种现象称为电弧偏吹。剩磁对电子束焊接也有不利影响，它会使电子束偏离它所对准的目标。如果钢管作为运动构件，如作为轴与轴承配合使用时，它会吸附铁粉，使轴承发生严重磨损。强大的磁场会使部件之间产生额外的吸附力，产生不平衡状态并增大摩擦力。

当然，如果钢管下一步制造工序是将钢管加热到居里点温度以上，则钢管不需要退磁，因为钢介质加热到居里点温度以上之后，材料可完全退磁，变成非磁性材料。在居里点温度，钢暂时从铁磁性转变为顺磁性状态，然后在无磁感应状态下冷却，即可完全退去磁性。

钢管漏磁检测标准一般规定钢管退磁后的剩磁强度应该小于 2mT。在实际生产中，有些用户会根据需要提出更高要求，甚至要求剩磁强度低于 0.5mT。

2.4.1　钢管剩磁形成原因

钢管剩磁产生的原因主要有以下几种：

1. 感应调质后产生的剩磁

感应调质的加热过程中，电源向感应线圈通以交变电流，从而在钢管表层感生出涡流，给钢管进行加热调质处理。撤去感应磁场之后，钢管中存在剩磁。感应调质的电源频率一般为几百到几千赫兹不等，频率越低，磁场深入材料越深。

2. 起重磁吸盘产生的剩磁

起重机磁吸盘以其装载、卸载方便快捷的优势在钢管运输过程中使用广泛，由于它利用直流电磁铁吸附钢管，故钢管中会留下强剩磁场。磁吸盘吊运带来的问题就是钢管剩磁很强且极不均匀，如图 2-24 所示，剩磁以磁吸盘施力点为中心向钢管深层及两端递减，施力点位置的剩磁极强、整根钢管中的剩磁分布极不均匀、钢管头部和尾部剩磁方向不一致，这些都给后续退磁增加了难度。

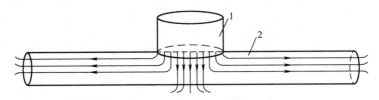

图 2-24　起重磁吸盘运送钢管时管内磁场分布

1—磁吸盘　2—钢管

3. 检测过后的剩磁

钢管在经过涡流、磁粉、漏磁等电磁无损检测系统时，由于介质磁化需要，必须对其施加偏置磁场。以漏磁检测为例，钢管通过周向裂纹检测主机时通常被施加以轴向磁化场，通过轴向裂纹检测主机时被施加以周向磁化场，检测完成之后钢管中即存在剩磁。钢管经过检测主机之后，剩磁状态和方向有一定的规律可循，为退磁提供了便利。

4. 应力相关的剩磁

钢管生产过程中，轧制、校直等工艺引入的残余拉、压应力会引起磁弹性能和畴壁能的变化，而该变化会影响技术磁化过程，并最终影响剩磁状态。此外，由于拉、压应力的存在，钢管的磁滞回线会呈现正反不对称的现象，而退磁过程的本质就是顺次反向、逐渐递减的磁场作用，磁滞回线的正反不对称会造成最终收敛点的偏移，因此这种与应力相关的剩磁一般难以去除干净。

2.4.2　钢管剩磁方向

1. 轴向剩磁场

用线圈或螺旋管磁化的钢管，有时会残留轴向剩磁场。这种剩磁场在钢管中沿轴向分布，而且在钢管两端幅值达到最大。这种磁场由磁极以及进入或离开材料的磁力线构成，剩磁的强度可用高斯计测量。钢管轴向剩磁对下一步机加工或后续使用影响较大。

2. 周向剩磁场

与轴向剩磁场不同，周向剩磁场被包含在钢管管壁中，基本不显现出来，并难以测量。钢管轴向裂纹检测时需要施加周向磁场对钢管局部进行磁化，因此钢管内部会残留有周向剩磁场。在后续加工过程中，如果在钢管表面加工轴向几何形状，如键槽或者孔洞，此时周向剩磁场将非常明显。

3. 多磁极剩磁

直流磁化过的钢管有时候会感生并保留多磁极剩磁，如磁力吸盘等。多磁极剩磁的退磁过程比较复杂。

2.4.3　退磁方法

铁磁性材料之所以不同于其他材料，就是在于它含有磁畴这一特殊结构，局部区域中的原子或分子磁矩呈平行排列。当材料未被磁化时，磁畴的取向是随机的，它们各自的磁感应强度之和在任意方向呈现为零。当材料处于磁化场中时，磁畴会发生定向的翻转和磁畴壁位移，最终全部指向与磁化场方向一致的方向，从而增强了磁场强度。当外磁场撤去时，某些磁畴保持新的取向而不能恢复到原来的随机取向，于是，材料中存在剩磁。

常见的退磁方法有居里点热处理法和电磁退磁法。

居里点热处理法：将材料加热至居里点温度，之后在无外磁场环境中均匀冷却退磁。其机理在于将磁畴状态由规则转变为随机。这种退磁方法可以完全消除工件磁性，但是时间长、成本高限制了它的应用。

电磁退磁法：实际上所有电磁退磁法都基于一个普遍的原理，即施加一个足以克服初始矫顽力的磁场，使其极性交替转换，并逐渐降至为零。因此，电磁退磁的要点在于针对工件磁化部分，顺序变换极性并逐步降低磁场强度来消除磁性。具体又可分为：

1. 交流退磁法

该方法实施较为简单，一般利用穿过式交流线圈来实现。目前，交流退磁法是最为常用的退磁方法之一，其采用的交流电频率一般为工频。由于线圈产生连续换向磁场，将工件通过交流线圈并逐渐远离，或将工件放在电流值逐步减小的交流线圈中，均满足退磁原理。对于钢管来说，配合钢管漏磁自动化检测设备，采用交流退磁法较为合适，可实现全自动退磁。由于趋肤效应，交流退磁法只能消除部件表层的剩磁，无法对大型工件实现有效退磁。

2. 直流退磁法

直流退磁法常用于直流磁化过大的大型试件，也适用于交流退磁无效的场合。直流退磁法的原理和交流退磁法相同，磁场强度或电流必须按顺序反转和逐步减小。由于直流退磁法采用的反转频率较低，穿透深度大，因而可以对厚壁工件实现有效退磁。

2.4.4 钢管退磁工艺

薄壁钢管利用交流退磁的方法即可实现退磁。针对大管径厚壁钢管，由于趋肤效应的影响，交流退磁场难以作用到钢管内部，相应的退磁工艺一直是难点，而直流退磁因其穿透深度大，在厚壁钢管退磁中广泛使用。

1. 钢管退磁的影响因素

（1）退磁电流反转频率　退磁时，受钢管和退磁线圈参数的影响，退磁磁场的分布规律较为复杂。由顺序反转电流产生的交变退磁磁场会存在趋肤效应，其强度从钢管表面到内部呈指数规律衰减，将磁场强度衰减为表面磁场强度 H_0 的 $1/e$ 时对应的深度定义为磁场渗透深度 Δh，则其计算公式为

$$\Delta h = \frac{1}{\sqrt{\pi f_m \gamma \mu}} \tag{2-6}$$

式中，f_m 为交变磁场频率；γ 与 μ 分别为钢管材料的电导率与磁导率。

对于大直径厚壁钢管，需要增加退磁磁场的渗透深度才能实现钢管的有效退磁。

（2）退磁线圈安匝数　实际退磁中，钢管从退磁线圈穿过或是停在线圈中，电流顺序反转方向并逐步减小。退磁线圈安匝数决定了退磁场强度。退磁线圈安匝数不仅与剩磁的矫顽力有关，还与钢管在线圈中的填充系数有关，设计时应该综合考虑各种影响因素，以确定合适的线圈安匝数。

（3）钢管磁化顺序　钢管漏磁检测系统由轴向磁化检测主机和周向磁化检测主机组成，它们分别需要实施轴向磁化和周向磁化。此时，不同的磁化顺序将产生不同方向的剩磁。如果先经过轴向磁化器，再经过周向磁化器，此时剩磁场主要为周向剩磁场，其包含在钢管管壁内；反之，如果先进行周向磁化，再进行轴向磁化，则主要产生轴向剩磁场。因此，在设计退磁系统时需要根据钢管的磁化顺序来制订相应的退磁工艺。

2. 钢管在线退磁

这里介绍一种针对大管径、厚壁钢管的有效退磁方法：双线圈直流退磁 – 交流退磁。钢管漏磁自动化检测过程中形成的钢管头部和尾部的剩磁场差异较大，为此，头部和尾部需采用不同幅值的退磁电流，常用的做法是采用双线圈直流退磁，也即头部和尾部分别独立使用一个退磁线圈退磁。

钢管在进入直流退磁线圈之前，如果经过漏磁或涡流等检测设备的稳定偏置磁场作用，剩磁场一般具有固定的大小和方向；如果没有，则需在进入直流退磁线圈之前进行额外励磁，使杂乱无章的剩磁场都偏向一个方向。

双线圈直流退磁方法的原理如图 2-25 所示。图 2-25a 是直流线圈磁场轴向分布图，其中 T_c 是线圈厚度，磁场在线圈厚度范围内相对均匀，超出线圈两端磁场强度急剧减小，钢

管由一端进入线圈再由另一端离开线圈，相当于施加在钢管上的退磁磁场强度由零逐渐增加，然后再逐渐减小至零。

图 2-25b 所示为单次磁场反转退磁原理图。考察钢管的磁滞回线时，需要弄清楚磁场强度的来源，它既可来自于外磁场，也可来自于工件本身的磁极。由于钢管长径比很大，因此钢管轴向退磁因子近似等于零，即由钢管两端产生的轴向退磁场几乎为零，可以认为钢管磁滞回线中涉及的磁场强度仅来自于外磁场。图 2-25b 中 j 点可看作是钢管退磁前的状态，j 点至 k 点为充磁过程（钢管逐渐接近并穿过励磁线圈或钢管穿过电磁检测设备），k 点至 m 点为钢管逐渐远离励磁线圈或电磁检测设备，$m-l-O$ 是反向退磁过程。由于磁滞现象的存在，钢管由 j 点至 k 点磁感应强度的上升幅度要大于由 k 点至 m 点磁感应强度的下降幅度，通过这一过程，可以将钢管的初始剩磁状态调整至相对更小的范围，然后再通过标定好的反向退磁过程 $m-l-O$，可保证同批次钢管退磁后剩磁在 0T 附近。

直流退磁之后，可再进行一次或数次交流退磁，将钢管表面及近表面剩磁进一步降低。

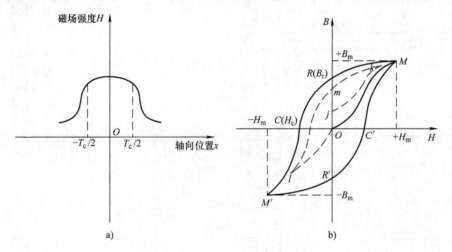

图 2-25　单次磁场反转退磁原理

a）直流线圈磁场轴向分布图　b）单次磁场反转退磁原理图

退磁工序一般都安排在涡流、磁粉、漏磁等电磁无损检测之后。漏磁检测中需要对钢管施加恒定的周向和轴向磁化，因此，钢管离开漏磁检测设备之后具有固定方向的剩磁，并且剩磁强度也在相对固定的某个范围内。

标定好退磁电流值之后，可连续进行钢管在线退磁，其退磁工艺布局如图 2-26 所示。钢管在线传输速度较快，然而系统从接收退磁指令到在线圈中建立稳定的退磁场需要一定的时间，为保证退磁的及时性，一般在退磁线圈之前布置传感器 1，传感器 1 与退磁线圈之间的距离 Δx_1 由钢管的传输速度 v 确定。为将钢管剩磁降低至最低水平，传感器 2 与退磁线圈之间的距离 Δx_2 一般应该大于退磁线圈直径的两倍；传感器 3 与退磁线圈之间的距离 Δx_3 约为钢管长度的一半。

钢管自动化退磁过程如下：

1）标定钢管头部退磁和尾部退磁电流值。

2）钢管头部到达传感器 1，系统判断为钢管即将进入退磁线圈，控制系统接通头部退磁电流，进行头部退磁。

3）钢管头部到达传感器 2，控制系统无动作。

4）钢管头部到达传感器 3，系统判断为钢管尾部即将进入退磁线圈，控制系统断开头部退磁电流，接通尾部退磁电流，进行尾部退磁。

5）钢管尾部到达传感器 2，系统判断为钢管已经退磁完毕，控制系统断开尾部退磁电流。至此，一根钢管的完整退磁流程完成，后续钢管将依照上述流程继续连续在线退磁。

在实际生产过程中，钢管还有可能不经过漏磁、涡流等电磁无损检测设备而需要退磁，或是在电磁无损检测之后又经历了其他工序再退磁。这种情况下，钢管的剩磁状态差异较大，直接利用直流退磁法难以达到稳定一致的退磁效果，因此需要在原装置的基础上增加励磁模块。其基本思想是先将不同初始剩磁状态的钢管磁化至相近的剩磁状态，再经过直流退磁设备，即"先励磁，再退磁"，其原理如图 2-27 所示，退磁流程与图 2-26 所示基本相同，只是多了"励磁"这一步骤。

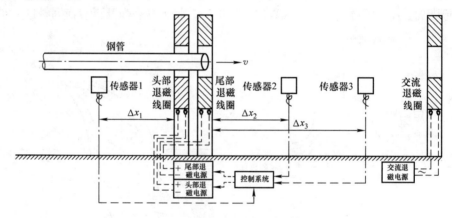

图 2-26　无励磁双线圈直流退磁布局

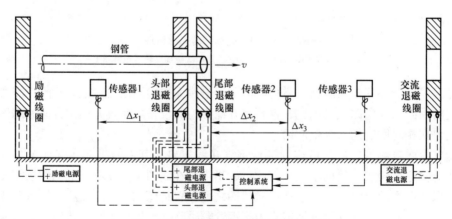

图 2-27　有励磁双线圈直流退磁布局

上述退磁方法对大管径、厚壁钢管有较好的退磁效果。小管径、薄壁钢管退磁更加容易，该方法同样适用。

第3章 管外漏磁场拾取与处理方法

钢管经磁化后，在缺陷附近产生漏磁场。与管道内检测不同，钢管自动化漏磁检测是在管外布置传感器来拾取漏磁信号，并将磁场信号转换为电信号，经滤波放大后进入采集卡转换为数字信号，最终由计算机进行后处理与评价。在缺陷漏磁场的自动化拾取过程中，合理的传感单元、有效的探头阵列结构、符合实际工况的探头部件是钢管漏磁检测的基础。

3.1 漏磁场拾取原理与传感器

3.1.1 漏磁场及其拾取原理

钢管缺陷产生的漏磁场拾取原理如图 3-1 所示。当钢管处于传导电流产生的外磁场中时，钢管对外显示一定的磁性，同时，钢管上出现宏观的磁化电流。磁化电流与传导电流一样，也会产生磁场（磁感应强度记为 B_u），这个磁场与传导电流产生的磁化场（磁感应强度记为 B_0）叠加之后构成空间磁场（磁感应强度记为 B）。当钢管中存在缺陷时，钢管表面会产生泄漏磁场 B_{mfl}，B_{mfl} 与传导电流产生的磁场 B_0 方向相同。根据法拉第电磁感应定律，高速运动钢管通过磁化场时，其内部会感应出涡流，并进一步产生感应磁场（磁感应强度记为

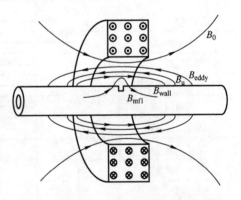

图 3-1 钢管缺陷产生的漏磁场拾取原理

B_{eddy}），感应磁场在不同位置的方向和强度不同，因此感应磁场对漏磁场检测的影响与缺陷位置有关。此外，钢管几何形状不规则也会产生背景磁场（磁感应强度记为 B_{wall}），如钻杆过渡带、壁厚不均等，其方向与钢管的几何特性有关。

漏磁检测时，磁敏传感器测量钢管表面的磁场分布，并将磁场量依次转换为模拟信号和数字信号，之后进入计算机进行数字化处理。

从本质上讲，磁敏传感器拾取的磁场由多个磁场叠加而成，测量磁感应强度 B_{ms} 为

$$B_{ms} = B_0 + B_{mfl} + B_{wall} + B_u + B_{eddy} \tag{3-1}$$

式中，B_0 为传导电流磁场的磁感应强度；B_{mfl} 为缺陷漏磁场的磁感应强度；B_{wall} 为钢管几何尺寸不规则产生的背景磁场的磁感应强度；B_u 为被磁化物体内磁化电流产生的反向磁场的磁感应强度；B_{eddy} 为运动钢管内感应涡流产生的感应磁场的磁感应强度。

由此可见，漏磁检测过程中，传感器拾取的磁场信号还包含了除缺陷产生的漏磁场之外的各种背景磁场信号。因此，在探究缺陷尺寸与检测信号特征关系时，必须考虑各种背景磁场对反演计算带来的影响。特别地，在钢管高速运行时其内部产生的感生涡流磁场以及壁厚不均时产生的背景磁场，对漏磁信号的影响较大，在开展高速、高精度漏磁检测时必须采取

相应的消除措施。

3.1.2　磁场传感器

漏磁场有两种拾取方法，既可以测量漏磁感应强度的绝对值，也可以测量漏磁感应强度的梯度值。

磁场传感器的作用是将磁场转换为电信号。按原理可分为体效应元件、面效应元件、P－N节注入和表面复合效应元件、量子效应元件、磁致伸缩效应元件和光纤磁传感器等。磁场传感器都是建立在各种效应和物理现象的基础之上的，表3-1给出了不同种类磁场传感器的测量范围，它们的敏感范围差异较大。在具体应用过程中，需要根据测量对象的特点来选择适合的传感器。

表3-1　磁场传感器测量范围

磁场传感器	磁感应强度/T				
	10^{-12}	10^{-8}	10^{-4}	10^{0}	10^{4}
超导量子干涉仪					
光学纤维					
光泵磁强计					
核子旋转进磁力仪					
各向异性磁阻传感器					
磁通门					
磁敏二极管					
磁敏三极管					
磁光传感器					
巨磁阻元件					
霍尔元件					
感应线圈					

在钢管漏磁检测中，常使用的有下列几种磁敏传感器。

1. 各向异性磁阻传感器

各向异性磁阻传感器AMR（Anisotropic Magneto－Resistive sensors）由沉积在硅片上的坡莫合金（Ni80Fe20）薄膜形成电阻，沉积时外加磁场，形成易磁化轴方向。易磁化轴方向是指各向异性的磁体能获得最佳磁性能的方向，也就是无外界磁干扰时磁畴整齐排列的方向。铁磁材料的电阻与电流和磁化方向的夹角有关，电流与磁化方向平行时电阻R_{max}最大，电流与磁化方向垂直时电阻R_{min}最小，电流与磁化方向成θ角时，电阻可表示为

$$R = R_{min} + (R_{max} - R_{min})\cos2\theta \tag{3-2}$$

在磁阻传感器中，为了消除温度等外界因素对输出的影响，一般由4个相同的磁阻元件构成惠斯通电桥。理论分析与实践表明，采用45°偏置磁场，当沿与易磁化轴垂直的方向施加外磁场，且外磁场强度不太大时，电桥输出与外加磁场强度呈线性关系。

2. 磁通门

磁通门传感器又称为磁饱和式磁敏传感器，它是利用某些高磁导率的软磁性材料（如

坡莫合金）做磁心，以其在交直流磁场作用下的磁饱和特性以及法拉第电磁感应原理研制的磁场测量装置。

这种磁敏传感器的最大特点是适合测量零磁场附近的弱磁场。传感器体积小，重量轻，功耗低，不受磁场梯度影响，测量的灵敏度可达 0.01nT，并且可以和磁秤混合使用。该装置已普遍应用于航空、地面、测井等方面的磁法勘探工作中。在军事上，也可用于寻找地下武器（炮弹、地雷等）和反潜。还可用于预报天然地震及空间磁测等。

3. 巨磁阻元件

物质在一定磁场作用下电阻发生改变的现象，称为磁阻效应。磁性金属和合金材料一般都有这种现象。一般情况下，物质的电阻率在磁场中仅发生微小的变化，但在某种条件下，电阻变化的幅度相当大，比通常情况下高十余倍，称为巨磁阻效应（GMR）。这种效应来自于载流电子的不同自旋状态与磁场的作用不同，因而导致电阻值的变化。GMR 是一个量子力学效应，它是在层状的磁性薄膜结构中观察到的，这种结构由铁磁材料和非磁材料薄层交替叠合而成。当铁磁层的磁矩相互平行时，载流子与自旋有关的散射最小，材料有最小的电阻。当铁磁层的磁矩为反向平行时，与自旋有关的散射最强，材料的电阻最大。

构成 GMR 磁头和传感器的核心元件是自旋阀（spin valve）元件。它的基本结构是由钉扎磁性层（如 Co）、Cu 间隔层和自由磁性层（如 NiFe 等易磁化层）组成的多层膜。由于钉扎磁性层的磁矩与自由磁性层的磁矩之间的夹角发生变化会导致 SV – GMR 元件的电阻值改变，进而使输出电流发生变化。运用 SV – GMR 元件的磁传感器，其检测灵敏度比使用 MR 元件的高几个数量级，更容易集成化，封装尺寸更小，可靠性更高。它不仅可以取代以前的 MR 传感器，还可以制成传感器阵列，实现智能化，用来表述通行车辆、飞机机翼、建筑防护装置或管道系统中隐蔽缺陷的特征，跟踪地磁场的异常现象等。当前，GMR 传感器已在液压气缸位置传感、真假纸币识别、轴承编码、电流检测与控制、旋转位置检测、车辆通行情况检测等领域得到应用。

4. 霍尔元件

霍尔元件在漏磁检测中应用较为广泛。霍尔元件是由半导体材料制成的一种晶体。当给晶体材料通以电流并置于磁场之中时，在晶体的两面就会产生电压，电压的大小与磁场强度成正比关系。

固体导电材料几乎可以使电子畅通无阻地流过，就像传统的台球模型演示的那样，晶体点阵上的离子不会使传导电子发生折射。当电流由晶体的一端输入时，电子或者相互之间发生折射，或者向着晶体的另一端折射。

根据固体物理理论可知，晶体上的电压 V_h 为

$$V_h = R_h I B_z / b \tag{3-3}$$

式中，I 为所使用的电流；B_z 为磁场强度在垂直于电流方向上的分量；b 为晶体在磁场方向上的厚度；R_h 为霍尔系数。

一般情况下，如果晶体与磁场 B 之间成一定夹角，则 $B_z = B\cos\theta$。

由金属制成的霍尔元件并不是最好的，因为金属的霍尔系数都很低。根据霍尔元件工作原理，霍尔系数越大，霍尔电压也就越高。因此，在制作霍尔元件时，一般选用元素周期表中第Ⅲ和第Ⅳ族元素混合制作，而且其对温度的变化也最不敏感。此区域的元素，载流子一般为空位而不是电子。

5. 感应线圈

感应线圈是钢管漏磁检测中应用最为广泛的磁敏传感器，主要有水平和垂直线圈两种布置方式，如图 3-2 所示。根据提离效应和法拉第电磁感应定律，为了使检测信号与缺陷特征之间具有良好的对应关系，感应线圈提离距离以及扫查速度应尽量保持恒定。

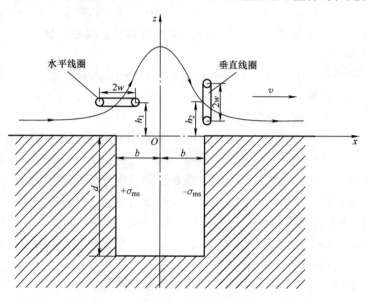

图 3-2 漏磁检测感应线圈布置方式

水平线圈以速度 v 穿越缺陷上部漏磁场时所产生的感应电动势应为线圈前沿和尾部感应电动势之差。设线圈长度为 l、宽度为 $2w$、提离值为 h_1、匝数为 n_s，线圈前沿产生电动势为 e_R，线圈尾部产生电动势为 e_L，线圈产生感应电动势为 Δe，根据法拉第电磁感应定律可得

$$e_R = B_z(x+w, \ h_1) n_s lv \tag{3-4}$$

$$e_L = B_z(x-w, \ h_1) n_s lv \tag{3-5}$$

$$\Delta e = e_R - e_L \tag{3-6}$$

磁化使矩形槽两侧均匀分布磁荷密度分别为 $+\sigma$ 和 $-\sigma$ 的磁偶极子，从而槽壁上具有宽度为 $\mathrm{d}\eta$ 的面在缺陷上方位置点 $P(x, z)$ 产生的磁场分布为

$$\mathrm{d}\boldsymbol{B}_1 = \frac{\sigma \mathrm{d}\eta}{2\pi\mu_0 r_1^2} \boldsymbol{r}_1 \ ; \quad \mathrm{d}\boldsymbol{B}_2 = \frac{\sigma \mathrm{d}\eta}{2\pi\mu_0 r_2^2} \boldsymbol{r}_2$$

通过积分可分别获得漏磁场切向分量 B_x 和法向分量 B_z，即

$$B_x = \frac{\sigma_{ms}}{2\pi\mu_0} \left[\begin{array}{l} \arctan \dfrac{d(x+b)}{(x+b)^2 + z(z+d)} - \\[2mm] \arctan \dfrac{d(x-b)}{(x-b)^2 + z(z+d)} \end{array} \right] \tag{3-7}$$

$$B_z = \frac{\sigma_{ms}}{4\pi\mu_0} \ln \frac{\left[(x+b)^2 + (z+d)^2\right]\left[(x-b)^2 + z^2\right]}{\left[(x-b)^2 + (z+d)^2\right]\left[(x+b)^2 + z^2\right]} \tag{3-8}$$

结合面磁偶极子模型垂直分量表达式（3-8），可获得水平线圈前沿产生电动势 e_R、尾部产生电动势 e_L 以及整体输出电动势 Δe，即

$$e_R = \frac{\sigma_{ms} n_s l v}{4\pi\mu_0} \ln \frac{[(x+w+b)^2+(h_1+d)^2][(x+w-b)^2+h_1{}^2]}{[(x+w-b)^2+(h_1+d)^2][(x+w+b)^2+h_1{}^2]} \tag{3-9}$$

$$e_L = \frac{\sigma_{ms} n_s l v}{4\pi\mu_0} \ln \frac{[(x-w+b)^2+(h_1+d)^2][(x-w-b)^2+h_1{}^2]}{[(x-w-b)^2+(h_1+d)^2][(x-w+b)^2+h_1{}^2]} \tag{3-10}$$

$$\Delta e = \frac{\sigma_{ms} n_s l v}{4\pi\mu_0} \left\{ \begin{array}{l} \ln \dfrac{[(x+w+b)^2+(h_1+d)^2][(x+w-b)^2+h_1{}^2]}{[(x+w-b)^2+(h_1+d)^2][(x+w+b)^2+h_1{}^2]} - \\[4mm] \ln \dfrac{[(x-w+b)^2+(h_1+d)^2][(x-w-b)^2+h_1{}^2]}{[(x-w-b)^2+(h_1+d)^2][(x-w+b)^2+h_1{}^2]} \end{array} \right\} \tag{3-11}$$

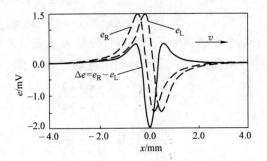

设感应线圈运行速度 v 为 1m/s，线圈长度 l 为 1mm，线圈匝数 n_s 为 1，线圈宽度 $2w$ 为 0.3mm，缺陷宽度 $2b$ 为 0.5mm，深度 d 为 0.75mm，扫查路径提离值 h_1 为 0.25mm，$\sigma/4\pi\mu_0$ 为 1。根据式（3-9）、式（3-10）和式（3-11），可以计算出感应线圈前沿、尾部和整体输出感应电动势，如图 3-3 所示。从图 3-3 中可以看出，当感应线圈运动到缺陷中部时，感应电动势整体输出幅值最大。

图 3-3　水平线圈前沿、尾部和整体输出感应电动势

此外，从图 3-3 中可以看出，水平线圈输出感应电动势本质为处于同一提离高度的前后导线在同一时刻的电动势差动输出。因此，感应线圈电动势输出与线圈宽度有关，并存在最佳宽度使得线圈输出最大感应电动势。此时，线圈运动至缺陷中间位置，并且前沿产生正向极值电动势而尾部产生反向极值电动势，经过差动后可获取最高感应电动势输出。根据式（3-11），当 $x=0$ 时，可获得感应线圈位于缺陷中间位置时电动势 Δe_0 与线圈宽度参数 w 的关系式 $\Delta e_0(w)$，即

$$\Delta e_0(w) = \frac{\sigma_{ms} n_s l v}{2\pi\mu_0} \ln \frac{[(w+b)^2+(h_1+d)^2][(w-b)^2+h_1{}^2]}{[(w-b)^2+(h_1+d)^2][(w+b)^2+h_1{}^2]} \tag{3-12}$$

进一步求解，当 $\Delta e_0(w)$ 得到极大值时，相应线圈的最佳宽度参数为 w_0，则

$$\Delta e'_0(w_0) = 0 \tag{3-13}$$

同样，设置缺陷宽度 $2b$ 为 0.5mm，深度 d 为 0.75mm 以及感应线圈提离高度 h_1 为 0.25mm，根据式（3-13）可获得最佳线圈宽度参数 w_0 为 0.3253mm。根据线圈最佳宽度参数重新计算感应线圈前沿、尾部以及整体输出感应电动势曲线，如图 3-4 所示。从图中可以看出，当线圈移动到缺陷正上方时，线圈前沿感应电动势输出极小值而尾部输出极大值，经差动后水平线圈输出电动势达到最大值。检测线圈的最

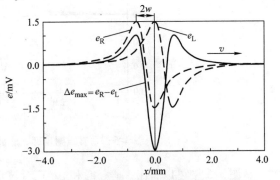

图 3-4　具有最佳宽度的水平线圈前沿、尾部和整体输出感应电动势

优宽度参数与缺陷尺寸和传感器提离值有关。在实际生产过程中，可根据钢管轧制过程中产生的自然缺陷特征对检测线圈宽度进行优化设计，以达到最佳的检测效果。

下面进一步讨论垂直线圈漏磁信号输出特性。

如图3-5所示，垂直线圈以速度 v 穿越缺陷上部漏磁场时所产生的电动势输出应为线圈顶部和底部感应电动势之差。设线圈长度为 l、匝数为 n_s、宽度为 $2w$、中心提离值为 h_2，线圈顶部产生电动势为 e_T，线圈底部产生电动势为 e_B，线圈产生整体感应电动势为 Δe，根据法拉第电磁感应定律可得

$$e_T = B_z(x, h_2 + w)n_s lv \tag{3-14}$$

$$e_B = B_z(x, h_2 - w)n_s lv \tag{3-15}$$

$$\Delta e = e_T - e_B \tag{3-16}$$

结合面磁偶极子模型垂直分量表达式（3-8），可获得垂直线圈顶部产生电动势 e_T、底部产生电动势 e_B 以及整体输出电动势 Δe，即

$$e_T = \frac{\sigma_{ms} n_s lv}{4\pi\mu_0}\ln\frac{\left[(x+b)^2 + (h_2+w+d)^2\right]\left[(x-b)^2 + (h_2+w)^2\right]}{\left[(x-b)^2 + (h_2+w+d)^2\right]\left[(x+b)^2 + (h_2+w)^2\right]} \tag{3-17}$$

$$e_B = \frac{\sigma_{ms} n_s lv}{4\pi\mu_0}\ln\frac{\left[(x+b)^2 + (h_2-w+d)^2\right]\left[(x-b^2 + (h_2-w)^2\right]}{\left[(x-b)^2 + (h_2-w+d)^2\right]\left[(x+b)^2 + (h_2-w)^2\right]} \tag{3-18}$$

$$\Delta e = \frac{\sigma_{ms} n_s lv}{4\pi\mu_0}\left\{ \begin{array}{l} \ln\dfrac{\left[(x+b)^2 + (h_2+w+d)^2\right]\left[(x-b)^2 + (h_2+w)^2\right]}{\left[(x-b)^2 + (h_2+w+d)^2\right]\left[(x+b)^2 + (h_2+w)^2\right]} - \\[4mm] \ln\dfrac{\left[(x+b)^2 + (h_2-w+d)^2\right]\left[(x-b)^2 + (h_2-w)^2\right]}{\left[(x-b)^2 + (h_2-w+d)^2\right]\left[(x+b)^2 + (h_2-w^2)\right]} \end{array} \right\} \tag{3-19}$$

同样，设感应线圈运行速度 v 为1m/s，线圈长度 l 为1mm，线圈匝数 n_s 为1，线圈宽度 $2w$ 为0.3mm，缺陷宽度 $2b$ 为0.5mm，深度 d 为0.75mm，扫查路径提离值 h_2 为0.25mm，$\sigma/4\pi\mu_0$ 为1。根据式（3-17）、式（3-18）和式（3-19），可以获得感应线圈顶部、底部和整体输出感应电动势，如图3-5所示。

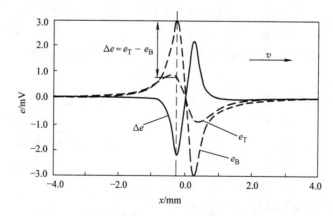

图3-5 垂直线圈顶部、底部和整体输出感应电动势

从图3-5中可以看出，e_T、e_B 和 Δe 三者波形相似，垂直线圈输出感应电动势本质为上下两根导线在同一时刻的电动势差动输出。在缺陷中心位置，垂直线圈感应电动势输出为

零，而在缺陷两端附近感应电动势具有最大输出值。垂直线圈顶部和底部距离越大，整体感应电动势输出越大。因此，在条件允许的情况下，垂直线圈应尽量贴近钢管表面并可通过增大线圈的宽度来提高电动势输出。但在设计线圈宽度时必须考虑背景噪声的影响，垂直线圈宽度越大，线圈包含的背景噪声越多，从而会降低缺陷漏磁信号的信噪比。

3.2　漏磁检测探头

自动化漏磁检测中，单点测量单元很难满足检测的要求，必须采用阵列检测探头，由多个单点测量单元按一定的规律排列，并将各单元检测信号实施叠加或差动组合而成。

阵列检测探头是磁场传感器的载体和组合，是漏磁检测信号的收集器。随着漏磁检测应用的不断深入和检测要求的逐步提高，除了磁化问题，另一个核心就是漏磁检测探头的设计。若探头性能不好或者不合适，则会出现漏判或者误判，严重影响漏磁检测的可靠性。

另一方面，没有一种探头是万能的。由于自然缺陷的形态千变万化，检测探头必然存在局限性，漏判或误判的情况在检测实践中时有发生。下面对检测探头的内部结构和检测特性进行分析。

3.2.1　漏磁检测探头的结构形式

目前，最具代表性的钢管漏磁检测传感器有两种：霍尔元件和感应线圈，尤其是集成霍尔元件和光刻平面线圈。为了获得较高的磁场测量空间分辨力和相对宽广的扫查范围，检测探头芯结构有多种形式。

（1）点检测形式　在检测探头中，对某一点上或微小区域的漏磁场测量，并且每个测点对应于一个独立的信号通道，如图 3-6a 所示，以下简称为点检探头。很明显，点检探头中每个点能够扫查的检测范围很小，但空间分辨力高，如单个霍尔元件的敏感面积只有 $0.2 \times 0.2 mm^2$，点检用检测线圈也可做到 $\phi 1mm$ 内。

（2）线检测形式　在检测探头中，对一条线上的漏磁场进行综合测量，如图 3-6b 所示，以下简称为线检探头。例如，用感应线圈检测时，将线圈做成条状，则它感应的是线圈扫查路径对应空间范围内的漏磁通的变化。用霍尔元件检测时，采用线阵排列，将多个元件检测信号用加法器叠加后输出单个通道信号，则该信号反映的是霍尔元件线阵长度内的磁感应强度的平均值。

在漏磁检测中，上述两种形式是最基本的形式，由此可以组合成多种形式的探头，如图 3-6c 所示的平面内的面阵列探头，以及图 3-6d 所示的多个平面上的立体阵列探头。

3.2.2　漏磁检测探头的检测特性

1. 缺陷类型

在进行漏磁检测方法和设备的考核时，常采用机加工或电火花方式刻制标准人工缺陷，自然缺陷可表达成它们的组合形式。为便于分析和精确评估，将标准缺陷分成下列三类。

（1）点状缺陷　点状缺陷的面积小，集中在一点或小圈内，如标准缺陷里的通孔，自然缺陷里的蚀坑、斑点、气孔等，它们产生的漏磁场是一个集中的点团状场，分布范围小。

（2）线状缺陷　线状缺陷的宽长比很小，形成一条线，如标准缺陷里的矩形刻槽、自

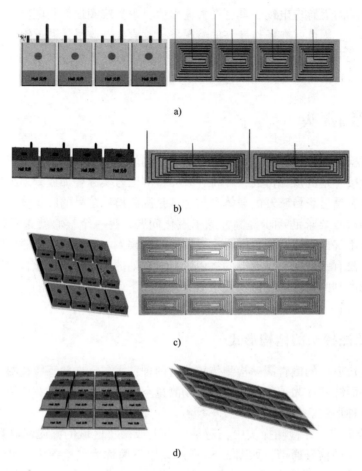

图 3-6　检测探头的结构形式

a）点检探头　b）线检探头　c）面阵列探头　d）立体阵列探头

然缺陷里的裂纹等，它们产生的漏磁场是沿线条的带状场。

（3）体状缺陷　体状缺陷的长、宽、深尺寸均较大，形成坑或窝，如标准缺陷中的大不通孔、自然缺陷里的片状腐蚀等，它们产生的漏磁场分布范围广。

2. 不同结构探头的检测特性

在漏磁检测中，特别要强调空间和方向的概念。因为，漏磁场是空间场，且具有方向性；漏磁检测信号是时间域的，且没有相位信息；不仅检测探头具有敏感方向，而且检测探头的扫查路径也具有方向性，不同方向均会对检测信号及其特征产生影响。

另一方面，应该特别注意缺陷漏磁场的表征形式，在这里，漏磁场强度和漏磁场梯度存在着本质的不同。霍尔元件和感应线圈两种器件的应用也有着根本的区别。霍尔元件可以测量空间某点上的磁场强度，而感应线圈却无法实现；感应线圈感应的是空间一定范围内的磁通量的变化程度，相反，霍尔元件不可以测量磁通量的变化，它测量的是一定空间范围内的磁感应强度的平均值。

下面将逐一分析两种基本探头形式对不同类型缺陷的检测信号特性。

（1）点检探头的信号特性　点检探头测量的是空间某点上的漏磁感应强度或磁通量的变

化。点检探头对点状缺陷的检测是"针尖对麦芒"，空间相对位置的微小变化，均有可能引起检测信号幅度的波动。点状缺陷的漏磁场分布是尖峰状的，当点检探头正对峰顶时，信号幅度最大，偏离时信号幅度将急剧下降。因此，用点检探头去检测点状缺陷时将会产生不稳定的信号，导致误判或漏判。进行检测设备标定时，也难将各通道的灵敏度调整到一致。

点检探头检测线状缺陷时，很容易扫查到线状缺陷产生的"山脉"状漏磁场的某一个纵断面，检测信号幅度将正比于线状缺陷的深度。当线状缺陷长度大于一定值时，设备标定或检测信号的一致性和稳定性均较好。

（2）线检探头的信号特性　线检探头测量的是探头长度范围内的平均磁感应强度或磁通量的变化。与点检探头相比，线检探头的输出信号特性不但与缺陷的深度有关，而且与缺陷的长度有关，最终与缺陷缺失的截面积成比例。这类探头不能直接获得与缺陷深度相关的信息，因为长而浅的缺陷与短而深的缺陷在检测信号幅度上有可能是一样的。

线检探头对点状缺陷的检测是"滴水不漏"。由于线检探头的长度远大于点状缺陷的长度，在检测路径上，缺陷相对于探头位置变化时，不会影响检测信号的幅度，因而一致性较好。

线检探头检测线状缺陷时，情况较为复杂，探头与缺陷的长度比以及位置关系均会影响信号幅值。下面举例分析。

如图 3-7a 所示，用有效长度为 25mm 的线检探头检测 25mm 长的刻槽。当探头正对刻槽时，获得最大的信号幅值；当探头与刻槽的位置错开时，信号幅值将随着探头与缺陷交叉重叠程度的减小而减弱，此种状态对检测是不利的，不论是设备标定还是检测应用均很难获得一致的检测信号。图 3-7 中左边的粗线段为线检探头，中间的细线段为不同位置的线状缺陷，右边为不同探头的检测信号幅度。为实现线检探头的一致性检测，有如下两种做法：

1）减小线检探头的有效长度，让它小于或等于线状缺陷长度的一半，同时将相邻检测探头按 50% 重叠布置，如图 3-7b 所示。可以看出，不论缺陷从哪个路径通过探头阵列，均可在某一检测单元中获得一个最大的信号幅值，而在其他检测单元中得到较小的信号幅值。

此时，由于线状缺陷长度远大于探头长度，检测探头测量的是漏磁场"山脉"中的某一段，如果线状缺陷深度一致，它可以直接反映出深度信息。将线检探头的长度再不断缩小，线检探头则变成点检探头。此时，在采用标准人工缺陷进行设备标定时，任何状态均可得到一致的检测信号。

2）增加线检探头的有效长度，使它超过线状缺陷长度的 2 倍以上，同时将相邻检测探头按 50% 重叠布置，如图 3-7c 所示。这样，以任何路径扫查缺陷时，均可获得至少一个最大的检测信号幅值。

此种检测方法测量的是线状缺陷的平均磁感应强度，因而，它反映不了线状缺陷的深度信息。当缺陷的长度逐渐减小时，则转变成线检探头对点状缺陷的检测。

3. 面向对象的检测探头设计和选用

在漏磁检测中，应该根据具体的检测要求来设计和选择合适的探头芯结构，下面给出几种探头设计和选用原则。

（1）缺陷的深度检测应该选择点检探头　点检探头反映的是局部磁感应强度或其变化。当裂纹较长时，测点相当于对无限长矩形槽的探测，因而，测点的信号幅度与缺陷深度密切相关。但是，当线状缺陷越来越短时，测量的误差也就越来越大，特别地，对点状缺陷的深

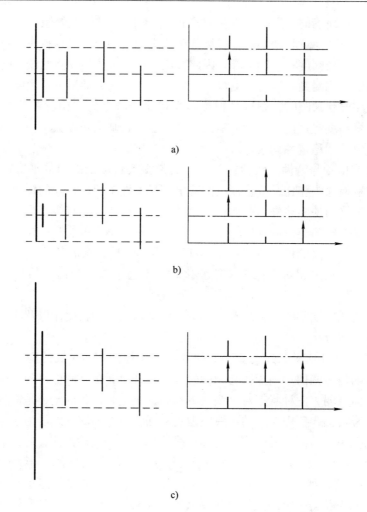

a)

b)

c)

图 3-7　线检探头的信号特性

a）不合适的线检探头　b）短的线检探头　c）长的线检探头

度探测几乎不可能。

　　在钢管漏磁检测校样过程中，一般均以通孔作为标定试样上的标准缺陷，这样，大、小孔的深度一致，孔径尺寸反映出缺失截面积的线性变化，因而，漏磁磁通量也将发生线性变化。对于不通孔，当孔的深度和直径均为变量时，仅通过寻找孔深与孔径的乘积与信号幅度关系去反演或推算深度是不可能的。这也是仅采用漏磁方法进行检测的不足。

　　（2）缺陷的损失截面积检测应该选择线检探头　线检探头的信号幅度与缺陷损失的截面积成比例，因而有较好的测量精度。在有些检测对象中应用较好。

　　（3）缺陷的长度检测应该用点检探头阵列或点线组合式探头　点检探头敏感于缺陷的深度，当采用点检探头阵列时，缺陷长度覆盖的通道数量可以反映其长度信息；另一方面，当线检探头大于缺陷的长度时，感应的是深度和长度的共同信息，如在其感应范围内并列布置一个或多个点检探头感受深度信息，则裂纹的长度就可以计算出来。

　　从信号处理角度来看，点线组合式探头需要的通道数量较少，可以同时获得缺陷的深度、长度、缺失截面积等信息，具有较强的应用价值。

（4）斜向裂纹采用点检探头阵列检测　在漏磁检测中，当缺陷走向与磁化场方向不垂直时，漏磁场的强度将降低，从而获得较小的信号幅值。因此，斜向缺陷的检测与评估，需要首先检测出裂纹的走向，并且根据走向修正漏磁场信号幅度，再进行深度判别。

另一方面，当探头扫查路径垂直于缺陷走向时，检测信号幅值最大；随着两者夹角不断减小，检测信号幅值逐渐降低，同时信号特性也将发生明显变化。此时，线检探头的检测信号特性变化很大，点检探头的信号幅度波动却很小。因此，可利用点检探头阵列中各通道获得最大幅值的时间差异来推算缺陷走向，为后续的信号补偿与缺陷判别奠定基础，如图 3-8 所示。

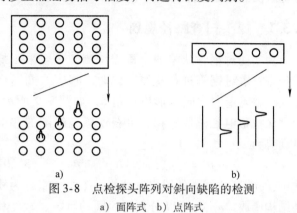

图 3-8　点检探头阵列对斜向缺陷的检测

a）面阵式　b）点阵式

漏磁设备的检测能力与探头芯结构密切相关，从目前应用情况来看，漏磁检测方法对内外部腐蚀坑、内外部周/轴向裂纹均有较好的检测精度，同时，对斜向裂纹具有一定的检测能力。但是，漏磁检测方法对微裂纹，如初期的疲劳裂纹、热处理的应力裂纹、轧制时的微机械裂纹和折叠不太敏感。究其原因，微裂纹的开口均小于 0.05mm，漏磁场强度较低，因此，有必要辅以涡流、超声等其他检测方法。

我国进口漏磁检测设备采用的基本都是基于线圈的线检探头，这种配置需要的信号通道数量相对较少、探靴的有效覆盖范围大。但是，这种方式对缺陷的深度评定需要一定的辅助条件，而且对斜向缺陷的检测灵敏度较低。

在具体应用过程中，首先应分析检测要求和对象特点，其次要认识探头芯的形式和结构。总的来讲，采用线检探头去检测线状缺陷的深度信息和采用点检探头去评定点状缺陷的长度信息均是不现实的；高精度的检测需要以大量的独立测量通道和信号处理系统为代价，因此，应根据检测目标综合权衡。

3.3　漏磁检测探头部件

磁敏感元件通过排列组合形成探头，探头封装于保护体内形成探头体，探头安装在支架上形成探头部件。

作为漏磁检测设备的重要组成部分，探头部件将钢管表面的漏磁场依次转换为模拟信号以及数字信号，以便利用计算机进行自动化处理与评判。为实现钢管高速高精度检测，探头部件必须满足以下要求：

（1）一致性　由于缺陷通过检测探头中某一磁敏感元件具有随机性，因此，必须进行合理的传感器阵列布置，使得缺陷以任意相对路径通过检测探头时都可获得相同的信号输出。

（2）通用性　钢管规格繁多，如果每种外径钢管均配置相应探头，则需要大量探头备件，因此，探头通用性一直是评价检测系统是否具有实用价值的重要因素。

（3）扫查灵敏度　由于探头扫查方向影响缺陷检测灵敏度，因此必须合理规划探头扫查路径，以保证周、轴向缺陷都具有较好的检测灵敏度。

为此，这里扼要阐述线阵漏磁检测直探头布置，以及探头扫查路径规划方法，它可以较好地解决漏磁检测探头部件系统的一致性、通用性和扫查灵敏度问题。

3.3.1　探头扫查路径规划

为实现对钢管缺陷的全覆盖检测，一般采用螺旋扫查技术对钢管进行检测。此时，感应线圈运动方向与缺陷走向之间会形成夹角 θ，如图 3-9 所示，根据法拉第电磁感应定律，可获得感应线圈的感应电动势为

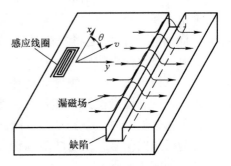

$$e(\theta) = f(n_c, w, l) B_{\text{mfl}} v \sin\theta \qquad (3\text{-}20)$$

式中，e 为感应线圈的感应电动势；$f(n_c, w, l)$ 为线圈结构函数，n_c、w 和 l 分别为线圈的匝数、宽度和长度；B_{mfl} 为缺陷漏磁场磁感应强度；v 为感应线圈扫查速度；θ 为感应线圈运动方向与缺陷走向之间的夹角。

图 3-9　感应线圈扫查原理

由式（3-20）可以得出，感应线圈的感应电动势与夹角 θ 相关：当感应线圈运动方向与缺陷走向垂直时，即 $\theta = \pi/2$，感应线圈输出的感应电动势幅值最大；当感应线圈运动方向与缺陷走向平行时，即 $\theta = 0$，感应线圈基本没有感应电动势产生。

钢管漏磁检测通过复合磁化方式实现对周、轴向裂纹的全面检测，即轴向磁化检测周向裂纹、周向磁化检测轴向裂纹。根据感应线圈敏感方向与裂纹走向夹角对检测信号幅值的影响规律，即当感应线圈敏感方向与裂纹走向平行时，检测信号幅值最高，周向、轴向裂纹感应线圈的布置方式如图 3-10 所示。

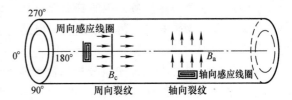

图 3-10　周向、轴向裂纹感应线圈的布置方式

当钢管做螺旋前进运动时，感应线圈将在钢管表面上形成螺旋扫查轨迹。将钢管表面沿周向展开，如图 3-11 所示。设钢管轴向运动速度为 v_a，感应线圈螺旋扫查速度为 v，钢管直径为 d_1，扫查轨迹螺距为 P，感应线圈扫查轨迹与钢管轴向夹角为 θ，轴向裂纹感应线圈运动方向与轴向裂纹走向夹角为 α_1，周向裂纹感应线圈运动方向与周向裂纹走向夹角为 α_2，轴向、周向裂纹漏磁场磁感应强度分别为 B_a 和 B_c。根据图 3-11 所示几何关系可知，$\alpha_1 = \theta$，$\alpha_2 = \pi/2 - \theta$。根据式（3-20），可分别获得轴向、周向裂纹感应线圈的漏磁场感应电动势输出 e_a 和 e_c，即

$$e_a(\alpha_1) = f(n_c, w, l) B_a v \sin\alpha_1 = f(n_c, w, l) B_a v \sin\theta \qquad (3\text{-}21)$$

$$e_c(\alpha_2) = f(n_c, w, l) B_c v \sin\alpha_2 = f(n_c, w, l) B_c v \cos\theta \qquad (3\text{-}22)$$

从式（3-21）和式（3-22）可以看出，轴向裂纹感应电动势与 $\sin\theta$ 成正比，而周向裂纹感应电动势与 $\cos\theta$ 成正比。因此，为使轴向、周向裂纹感应线圈均具有较高的检测灵敏度，夹角 θ 应设计在合理的范围内。由于钢管与轴向磁化场具有轴对称性，高强度的轴向均匀磁化场更容易获得，因此，在相同的条件下，周向裂纹漏磁场磁感应强度 B_c 比轴向裂纹

漏磁场磁感应强度 B_a 更大。大量现场试验表明，当感应线圈运动方向与钢管轴线之间的夹角 θ 保持在 50°~60° 范围内时，轴向、周向裂纹均能获得较好的检出性。

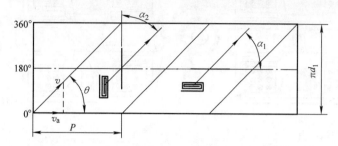

图 3-11 感应线圈螺旋扫查轨迹沿周向展开图

在生产制造过程中，钢管中存在的青线和内螺旋会影响轴向、周向裂纹的相对检出率，根据式（3-21）和式（3-22）可以得出，可以通过改变夹角 θ 来调整轴向、周向裂纹的检测灵敏度。为此，可以利用图 3-12 所示的同步输送对辊轮组来实现。输送对辊轮固定于旋转盘上，通过连接拉杆同步调整所有对辊轮组的角度，最终实现夹角 θ 的连续调整。

图 3-12 同步输送对辊轮组

3.3.2 线阵漏磁检测直探头

一般情况下，钢管漏磁检测探头由内部多个感应线圈组成。为使相同的缺陷漏磁场以任意路径通过检测探头均可获得相同的信号输出，可采用传感器线阵布置方式，使缺陷始终被一个或一个以上的检测通道拾取，并且这种方法容易保证检测探头制作工艺的一致性。

图 3-13a 所示为目前常用的周向裂纹漏磁检测探头布置方案，主要通过在钢管周向布置传感器阵列来实现周向裂纹的全覆盖扫查。该方案要求每种外径规格钢管配置对应弧度的弧形探头。另外，也可采取图 3-13b 所示的轴向裂纹直探头布置方案，将沿周向布置的圆弧阵列传感器转换为沿轴向布置的线型阵列传感器。

如图 3-14 所示，圆弧阵列和线型阵列传感器分别对应为弧形探头和直探头，其内部传感器单元总数量相等。弧形探头一般应用在钢管直线前进的检测方案中，而直探头必须要求钢管做螺旋推进运动。当更换被检钢管规格时，每种外径规格钢管需配置对应弧度的弧形探头，而直探头可与任何外径钢管匹配，从而减少了探头备件的数量与种类。当然，与图 3-13a所示方案相比，图 3-13b 所示传感器阵列布置方法要求磁化均匀区轴向长度由 l_1 增加到 l_2。

进一步分析钢管轴向裂纹检测探头布置方案，图 3-15a 所示为目前常用的轴向裂纹检测探头布置方案，其在检测区域中间位置对称布置双列直探头。为满足高速检测的覆盖率要

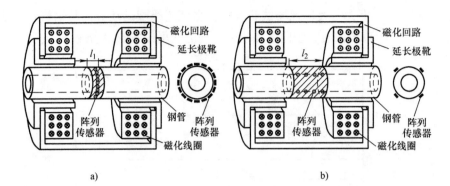

图 3-13 周向裂纹漏磁检测探头布置方案

a）周向布置的圆弧阵列传感器 b）轴向布置的线型阵列传感器

求，需要设计更长的探头，此时，磁化均匀区轴向长度为 l_1，周向范围为 β_1。一方面，检测探头越长，与之对应的磁化均匀区轴向长度 l_1 越大，需要建立更大空间分布的均匀磁化场，磁化设备庞大。另一方面，由于钢管本身存在直线度误差，过长的探头与弯曲钢管表面贴合状态不佳，影响检测稳定性。

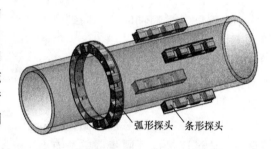

图 3-14 周向裂纹检测探头内部传感器布置示意图

另一种方式为四个线阵漏磁直探头的布置方案，将双列直探头分解为周向布置的四列直探头，如图 3-15b 所示，磁化均匀区轴向长度为 l_2，周向范围为 β_2。两种方案相比，后者可有效提高探头的跟踪性能，并使检测设备更加紧凑。在相同的检测速度和覆盖率下，钢管磁化均匀区轴向长度 $l_2 = l_1/2$，周向均匀磁化范围由 β_1 增加到 β_2。图 3-16 所示为轴向裂纹检测探头内部传感器布置示意图，两种方案的传感器单元总数量相等。然而，无论哪一种方案，都需要钢管与探头之间形成相对螺旋扫描运动。

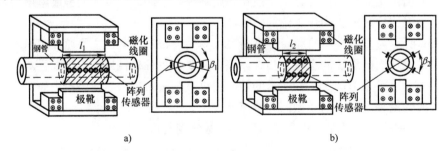

图 3-15 轴向裂纹漏磁检测探头布置方案

a）轴向裂纹双列直探头对称布置 b）轴向裂纹四列直探头周向均匀布置

通过对比高速漏磁检测探头布置方案可以看出，沿周向均匀布置四个线阵直探头的优化布置方案，如图 3-13b 和图 3-15b 所示，既可满足钢管高速检测要求，又实现了周向裂纹和轴向裂纹检测探头布置方式的统一，具有极大的实用价值。

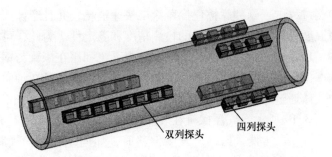

图 3-16　轴向裂纹检测探头内部传感器布置示意图

3.3.3　高速气浮扫查方法与机构

钢管在螺旋前进过程中会产生三个移动自由度和三个转动自由度，如图 3-17 所示。其中，钢管轴向移动 v_z 和沿中心轴旋转 ω_z 共同组成钢管螺旋前进运动，而其余四个自由度包括 v_x、v_y、ω_x 和 ω_y 组成了钢管的跳动和摆动。根据漏磁检测的提离效应可

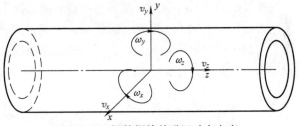

图 3-17　钢管螺旋前进运动自由度

知，钢管跳动和摆动造成的传感器提离值变化会严重影响检测信号的一致性。为此，探头系统必须具有多个自由度的随动跟踪功能，以消除钢管跳动和摆动带来的影响。

为此，可以采用图 3-18 所示的一种四自由度探头随动跟踪系统。整个随动跟踪装置安装于数控进给机构上，以满足不同规格钢管的径向进给需求。根据图 3-13b 和图 3-15b 所示四个直探头布置方案，将探靴设计为弧形，其内径与钢管外径相同。当钢管发生跳动和摆动时，可保证弧形探靴内的直探头与钢管表面提离值保持恒定。弧形探靴与摇臂支架通过球铰进行连接，实现对钢管转动自由度 ω_x 和 ω_y 的随动跟踪。摇臂在气缸作用下在 Oxy 平面内移动，可满足探靴对钢管移动自由度 v_x 和 v_y 的随动跟踪要求。

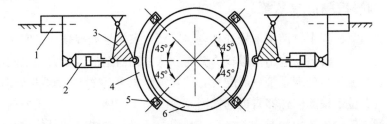

图 3-18　四自由度探头随动跟踪系统原理图

1—数控进给机构　2—跟踪气缸　3—摇臂支撑机构　4—弧形探靴　5—直探头　6—待检钢管

为使漏磁检测具有最大检测灵敏度和良好的一致性，一般要求磁敏感元件尽可能靠近钢管并且保持提离距离恒定。传统接触式探靴以内表面紧贴钢管，实现主动跟踪。由于探靴和钢管之间存在摩擦损耗作用，一般对探靴摩擦面进行喷涂处理以延长使用寿命，当探靴涂层厚度损耗到一定值时进行更换处理。

在高速漏磁检测过程中，剧烈摩擦使探靴涂层快速消耗，并且摩擦产生的大量热量不能及时散发而使环境温度升高，影响传感器的检测精度和稳定性。为此，可采用一种高速气浮扫查系统，对钢管实现非接触式主动跟踪。气浮扫查系统利用在探靴与钢管表面之间形成的气膜来消除接触式摩擦作用，并实现对钢管的随动跟踪。气浮探靴在轴向方向均匀布置简单孔式节流器，压力气体通过节流孔后形成压降，并在钢管表面形成以扶正机构支点为中心的对称压力分布，如图3-19所示。气浮探靴在气体浮力 F_{air} 与恒定外力 F_w 的共同作用下保持平衡，并形成厚度为 h_{air} 的气膜。当钢管发生偏移时，如向左移动，气膜厚度 h_{air} 会减小，从而气流阻力增大，流速降低，使整个气膜内压力有不同程度的提高，气体作用力 F_{air} 增大，探靴在气体作用力 F_{air} 和外力 F_w 作用下向左移动，并达到新的平衡位置。这样，气膜厚度 h_{air} 被限制在微小范围内变化，从而实现探靴对钢管的非接触式跟踪。由于气膜厚度小，气浮探靴所形成的气浮层对检测信号基本没有影响。

高速气浮扫查系统利用在探头与钢管表面之间形成的气膜来消除摩擦作用，提高了探头的使用寿命，并消除了摩擦温度的影响，尤其适应钢管高速高精度漏磁检测。其中，周向、轴向裂纹漏磁检测探头布置方式、探头扫查路径以及气浮跟踪机构可完全相同，具有重要的工程应用价值。

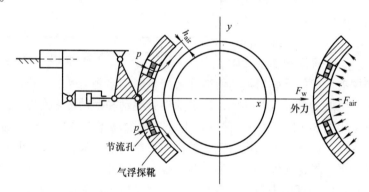

图 3-19 钢管漏磁检测气浮扫查工作原理

3.3.4 阵列漏磁检测信号系统

在钢管漏磁检测过程中，模拟信号处理电路以及数字信号处理软件是实现钢管漏磁检测功能的重要组成部分。传感器输出信号较为微弱，从传感器至信号放大器之间的距离不宜过长，因此，漏磁检测信号处理系统一般配置有前置放大器和后置放大器两类信号处理电路。前置放大器布置在位于检测传感器附近的检测设备内部，传感器产生的微弱信号首先经过前置放大器进行初步的信号放大和滤波，之后，利用长距离信号线将信号传输至位于操作室内的后置放大器内，进行进一步的信号调理，并将检测信号调整为在与 A – D 采集卡输入相匹配的幅值范围内。

1. 滤波放大电路

磁敏感元件将漏磁场信号转变为电信号后，由于信号微弱且存在噪声，因此需要进行相应的放大滤波处理。下面介绍一种漏磁检测放大滤波电路。

根据缺陷漏磁信号和传感器的特性，信号调理电路如图3-20所示。放大芯片采用 TI 的

TLC2262CP，该芯片具有输入阻抗高、低噪声、功耗小的特点，其带宽为 100kHz，远远满足对低频微小信号的调理。调理电路由 2 级运算放大器组成，构成一个具有一定放大倍数的带通滤波器。第一级对微小信号进行一次放大和低通滤波，第二级对信号进行二次放大和带通滤波，有效地提高了检测信号的信噪比，增加了缺陷的检测能力。由于 TLC2262CP 采用 5V 单电源工作模式，需要一个 2.5V 的基准电压，因此选取 LM336BZ 芯片作为 2.5V 电源芯片，该芯片功耗小，精度高，其输出电压接到 TLC2262CP 的同相端作为 2.5V 参考电压。两级电路之间的耦合采用极性电容。

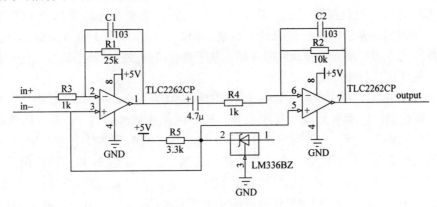

图 3-20 放大滤波电路机构原理图

图 3-20 所示为单通道信号处理电路，该调理电路主要应用于感应线圈，并在较低的速度下进行检测的工况。在设计漏磁检测传感器滤波放大电路时主要考虑以下几个因素：

（1）传感器的原始电压或电流输出范围　为使得检测信号经过放大后既能够获得较高的幅值又不至于超出采集卡的输入范围，必须考虑传感器的原始输出幅值，进而设计相应的放大倍数。传感器的原始信号输出幅值与很多因素有关，如传感器的灵敏度、磁化强度、缺陷特性等，因此在设计漏磁检测信号放大电路时，应该综合考虑各方面的因素，设计出合理的放大倍数。

（2）检测速度　不同的检测速度产生不同的检测信号频率，信号频率又涉及采样频率以及滤波电路的截止频率。因此，在设计漏磁检测信号处理电路时，必须保证在最低和最高检测速度下，既能够满足采样定理使原始信号不失真地进入计算机，又要保证经过滤波电路之后，最大限度地保留缺陷信息而滤去背景噪声。

（3）钢管的生产工艺　在漏磁检测过程中，不同生产工艺制造的钢管产生的背景噪声信号不同，如钢管的内螺旋、青线以及表面氧化皮均会产生固定频率的背景噪声。如果能够得出背景噪声的规律，在设计滤波电路时可针对性地选用合适的滤波器并设置相应的截止频率，最终获得较好的信噪比。

漏磁检测属于弱磁检测，特性良好的放大滤波电路是实现高精度检测的基础。在设计放大滤波电路时，应该综合考虑各方面的因素，包括传感器、检测速度和工件等，最终设计出适用于特定构件和工况的处理电路。

2. 信号采集

采集卡的采集启动与停止由钢管的位置决定，当钢管管头进入检测主机时，探头合拢，

A-D采集卡开始采集数据；当钢管尾端离开检测主机时，探头张开，停止采集数据。采集卡将检测数据传输给计算机进行数字信号后处理，采集卡与计算机之间的信号输送方式类型很多，包括USB总线、并行总线、串行总线和网线等。

（1）基于串行口的数据采集器　基于串行口的数据采集器以串行A-D芯片为核心，通过外围辅助电路实现控制A-D采样，并通过RS-232标准接口与计算机通信。基于串行口的数据采集器的特点包括：装置尺寸较小，稳定性、抗干扰能力强，数据传输速率相对较低。

（2）基于并行口的数据采集器　基于并行口的数据采集器通常是基于EPP（Enhance Parallel Port增强型的并行口）协议设计而成的，EPP并行口具有8位双向数据/地址端口，通过地址读写的方式来控制端口地址的选择。基于并行口的数据采集器的特点包括：数据传输速率高、硬件设计与软件操作方便。

（3）基于USB的数据采集器　USB（串行总线架构）是Intel公司开发的新一代总线结构，使得计算机的冲突大量减少且易于改装。USB的工业标准是对PC现有体系结构的扩充，USB具备的特点包括，终端用户的易用性：接口连接的单一模型，电气特性与用户无关和自我检测外部设备；广泛的应用性：传输速率范围大，支持同步/异步传输模式，支持多个设备同时操作；灵活性：可以选择设备的缓冲区大小，通过协议对数据流进行缓冲处理；健壮性：协议中使用出错处理/差错恢复机制，支持实时热拔插，并可认定有缺陷设备。

根据各类数据采集器的特点，漏磁检测系统主要使用基于USB的数据采集器，原因主要有：

1）即插即用与设备自检的特性降低了维护和使用的难度。

2）灵活开发、易于扩展可以满足漏磁检测的各类应用要求。

3）由于漏磁检测设备都有小型化的发展趋势，系统经常运行在笔记本式计算机上，而笔记本式计算机的发展趋势是不再直接支持串行口和并行口，USB数据采集器可以保证系统软、硬件接口的广泛适用性。

4）在小型化的漏磁检测设备中，USB数据采集器不需要外接电源，方便携带使用也是一个重要的因素。

5）目前主流USB设备都支持USB2.0版本，其具有更多的特性，如接口传输速率最高可达480MB/s，是串口的4000多倍，有利于应用扩展需要。

根据采样定理，在进行模拟/数字信号的转换过程中，采样频率应大于信号最高频率的2倍，一般实际应用中保证采样频率为信号最高频率的5~10倍。

在钢管漏磁检测过程中，有两种信号采样方式，一种是等时间采样，另一种是等空间采样。等时间采样，也即每隔相同的时间间隔进行一次信号采集，时间间隔为采样周期。当采用等时间采样方式时，一旦采集卡开始采集信号，无论钢管在何处位置或者运行速度如何变化，信号系统将一直按照相同的采样周期采集信号。此种方式控制比较简单，成本较低。然而，当钢管在运行过程中速度发生变化时，采样点数与钢管长度之间无法形成良好的对应关系，从而会降低缺陷定位精度。

等空间采样，也就是每隔相同的空间距离进行一次信号采集。根据钢管漏磁检测精度和分辨率要求，一般在钢管表面每间隔0.5mm需要进行一次信号采集。等空间采样的信号采集控制与钢管的位置有关，假如钢管在前进过程中由于机械问题突然停止，那信号系统也停止采集。等空间采样可以保证采样点数与钢管长度形成一致的对应关系，可实现对缺陷的精确定位。为实现等空间采样，钢管漏磁检测系统需要配置一个历程编码轮，用于监测钢管的位置并输出脉冲，以控制信号采集，结构相对复杂。图 3-21 所示为漏磁检测信号采集流程。

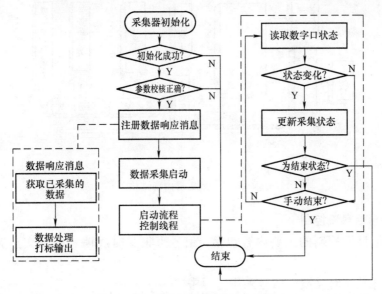

图 3-21　漏磁检测信号采集流程

　　钢管自动化漏磁检测中，A－D 采集卡的各项性能指标参数要求较高。首先，多通道检测是实现高速高精度检测的基础。一方面，检测速度要求越快，通道数必须相应增加才能满足检测覆盖率的要求；另一方面，多通道冗余检测是提高钢管漏磁检测精度的基础，通道数越多，获取的缺陷信息越多，进而才能实现缺陷的定量检测。然后，采集卡的采样频率必须满足采样定理，才能在计算机中复原原始漏磁信号的波形特征。漏磁检测原始电信号频率与缺陷漏磁场分布以及钢管运行速度有关，因此，在设计采集卡的采样频率时，必须以最高运行速度作为设计基准。此外，A－D 转换精度也是采集卡的一个重要指标，精度越高，数字信号就越能够逼近原始模拟信号波形。下面给出钢管漏磁检测系统常用的采集卡性能参数，见表 3-2。

表 3-2　数据采集卡主要参数要求

序号	参数类型	参数指标
1	A－D 转换精度	12bit
2	模拟电压输入范围	±5V 或 0~10V
3	采样通道数	单端 64 路/差分 32 路
4	采样频率	100kHz
5	模拟输入阻抗	100kΩ
6	A－D 综合误差	1LSB

　　图 3-22 所示为采集卡内部结构，模拟量信号通过多路开关与 A－D 转换器转为数字信号，并通过光栅隔离经高速 FIFO 以及 USB 总线之后进入计算机进行相关数字信号处理。

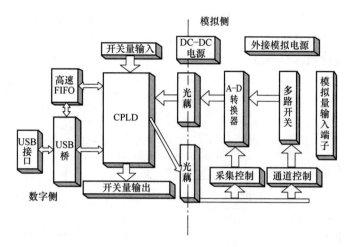

图 3-22　采集卡内部结构

3. 软件平台信息流控制

软件平台信息流控制的主要内容包括：信号采集实时反馈和网络交互流程与应用层协议。

（1）信号采集实时反馈　信号采集过程中经常需要对检测信号判断出的缺陷给予外部设备反馈输出，这个反馈输出一般将与缺陷的位置相对应。这个过程如果在服务器端完成，由于网络延时和服务器端处理延时将导致反馈输出不够及时，缺陷位置的确定也将受到影响。因此，信号采集过程中一般在客户端对检测信号立即进行缺陷判断并进行反馈输出，但反馈

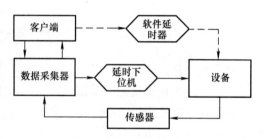

图 3-23　信号采集实时反馈示意图

并不一定是即时输出的，通常会经过一个固定延时后输出，使得布置在检测设备后面的喷枪能对缺陷进行精确标记。常用的延时方式一般有两种，如图 3-23 所示。

软件延时是在客户端软件中设计一个软件延时器。它可以接收一个队列的延时输出，并根据不同的检测通道和检测规格进行不同的延时。软件延时实现简单，但在检测工作过程中明显加重了客户端负担。

硬件延时的核心是一个延时下位机。延时下位机也维护一个延时队列，它接收客户端经数据采集器数字口发出的信号，包括规格信号、位置信号等，经过延时后向设备输出。硬件延时结构简单、清晰，但增加了系统复杂性并需要占用数据采集器多个数字接口。

（2）网络交互流程与应用层协议　软件平台网络交互流程是实现服务器端对采集系统整体控制、采集信号传输的重要环节，主要包括网络连接、终端注册、服务命令控制、数据传输等几部分。具体的交互流程是：服务器启动，开始监听网络；客户端启动，与服务器建立 TCP 连接；客户端向服务器注册申请占用通道的范围；服务器向客户端发送更新参数；服务器端发送控制指令；客户端开始工作，向服务器端提供数据或其他信息。

另外，客户端在连接中断后会定时重连，系统在关闭时自动释放连接。图 3-24 所示为信号采集过程中服务器与某一个客户端网络交互流程示意图，假设采集过程没有人工中断，

且所有操作都成功返回。

4. 软件平台统一数据接口

软件平台统一数据接口是服务器管理所有客户端上传数据的接口，图 3-25 所示为软件平台统一数据接口的系统交互示意图。软件平台统一数据接口接收客户端的通道范围注册，并根据网络应用层协议缓存客户端的检测数据。服务器程序首先处理软件平台统一数据接口中的数据，然后进行图形化显示、标定处理、压缩存储以及结果统计等工作。

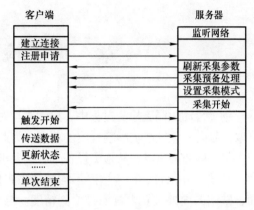

图 3-24　信号采集过程网络交互流程示意图

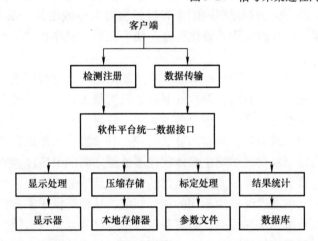

图 3-25　软件平台统一数据接口的系统交互示意图

软件平台统一数据接口由以下几个部分组成：

（1）通道注册器　负责客户端通道范围注册、管理以及数据接收的通道校验。

（2）数据过滤器　负责客户端数据进入服务器前的数据过滤，如在等空间采样中，数据过滤器将实现有效信号的获取，以减小数据统一接口的冗余，并方便数据处理层的二次处理。

（3）数据管理器　负责对客户端的数据按通道缓存，一个最简单的实现即是在内存中使用一个二维数组和一个数据下标数组。另外，数据管理器还需要管理数据循环存储和数据调度。数据循环存储一般发生在一次检测数据已达到软件平台指定数据长度的最大值时，数据管理器根据工作模式和状态决定停止数据采集或清空数据缓存。数据调度发生在需要将一些逻辑相关的数据通道进行整合或拆分时。图 3-26 所示为软件平台统一数据接口的组成。

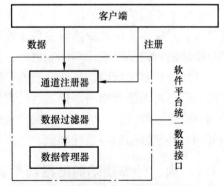

图 3-26　软件平台统一数据接口的组成

第4章　漏磁检测精度的影响因素

钢管自动化漏磁检测过程中,检测原理对缺陷生成信号的唯一性和检测设备对缺陷漏磁场拾取信号的一致性严重影响检测的精度。为此,从检测原理来看,要求不同部位的同尺寸缺陷产生出一样的漏磁场;从检测设备来看,要求对相同的缺陷漏磁场拾取出一样的检测信号。

缺陷内外位置、钢管壁厚不均和缺陷走向均会从检测原理层面影响漏磁检测精度。一方面,缺陷的内外位置影响漏磁检测精度。与外部缺陷相比,内部缺陷漏磁场到达布置在钢管外表面的磁测头距离更远,因此内部缺陷检测灵敏度偏低。另一方面,生产工艺不完善容易导致钢管壁厚不均,即在大面积范围内的金属材料缓慢减少或增加,而有别于裂纹的突变。壁厚变化会产生背景噪声并改变钢管磁化程度,使得在不同壁厚特性位置的缺陷产生不同强度的漏磁场。

此外,自然缺陷的形状有别于标准缺陷,自然缺陷走向通常与标准磁化场方向存在一定倾角。当缺陷走向与磁力线垂直时,裂纹处漏磁场强度最大,检测灵敏度也最高。随着缺陷走向的偏斜,漏磁场强度逐渐降低,直至两者走向一致时,漏磁场强度接近为零。因此,当采用轴向、周向磁化检测设备时,对斜向裂纹反应不甚敏感,易形成盲角区域。

检测设备对漏磁检测精度的影响主要体现在多通道之间的灵敏度差异上。由于漏磁传感器的制作、性能、布置方式以及放大滤波电路的差异,造成通道之间的检测灵敏度差异,使得同一缺陷经过不同检测通道时产生不同的信号幅值,从而降低了漏磁检测的可靠性。

随着对钢管质量要求的不断提高,解决漏磁检测精度问题迫在眉睫。实现高精度漏磁检测必须从检测机理层面解决缺陷内外位置、钢管壁厚不均和缺陷走向对检测精度的影响。另外,需要对检测系统中的探头部件进行标定,以消除阵列检测通道的灵敏度差异。

4.1　缺陷内外位置

与外部缺陷相比,内部缺陷漏磁场到达布置在钢管外表面的磁测头距离更远,因此,其灵敏度更低。目前,对于内、外部缺陷灵敏度差异造成的影响,根据钢管质量检测的不同要求,形成了不同的处理方法。一种是接受内、外部缺陷漏磁场强度差异带来的不利影响,在制作样管时使内部标准缺陷深度高于外部缺陷,并采用相同的报警门限进行评判。此方法使得外部缺陷较内部缺陷评判标准更严,会导致外部缺陷的误判或内部缺陷的漏判。高精度漏磁检测的基础是实现内、外部缺陷的一致性检测与评价,即不论缺陷处于哪个位置,相同尺寸的缺陷经过漏磁检测与评价之后,它们应该具有相同的损伤量级。此时,如果可以先对缺陷内外位置进行区分,然后分别采用独立的内、外部缺陷报警门限进行分类评判,则可实现钢管内、外部缺陷的一致性判别。

4.1.1　内、外部缺陷的漏磁场差异

漏磁无损检测的原理源于磁粉检测,当用一个或多个磁化器将钢管的某一部位磁化到饱

和状态时，钢管中任何形式的材质不连续都会在其所在位置引发磁场畸变，由此产生泄漏于材质之外的磁力线或磁通。这些泄漏磁场量的空间分布具有微小、非线性等特点。磁敏感元件以电信号的形式描述这些磁场量信号时，会失去漏磁场的矢量特性，从而难以准确获得材质中的缺陷形态特征，如缺陷的位置、形状和走向等。

内、外部缺陷灵敏度差异一直是影响钢管漏磁检测可靠性和一致性的主要因素之一，因为内、外部缺陷灵敏度差异较大，相同尺寸的缺陷在钢管不同深度处会产生不同的信号幅值，从而造成误判或漏检。因此，对疑似缺陷检测信号进行位置特征识别，将直接有利于提升漏磁检测信号的可利用价值及作为最终评价依据时的可靠性。

1. 内、外部缺陷检测信号特征

漏磁场是一种非线性的空间三维场，是由磁饱和状态下铁磁性钢管中的磁导率不一致引起的。为了尽可能详细地了解漏磁场在各个方向上的分布情况，通常将漏磁场分解为两个分量，即一个切向分量 B_t 和一个法向分量 B_n，如图 4-1 所示。在检测过程中，当传感器与缺陷同侧时，则可视为外部缺陷，此时测量的漏磁场切向与法向分量分别记为 B_{ext} 和 B_{exn}。当传感器与缺陷异侧时，则可视为内部缺陷，漏磁场切向与法向分量分别记为 B_{int} 和 B_{inn}。从图 4-1 中可以看出，内、外部缺陷在传感器处产生的漏磁场存在较大差异。

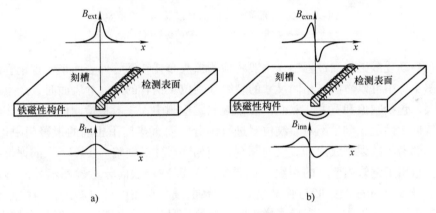

图 4-1　内、外部缺陷漏磁场检测信号

a）漏磁场切向分量　b）漏磁场法向分量

法向分量是指漏磁场在钢管表面法线方向上的分量，检测信号在裂纹中心的正上方幅值为零，而在裂纹的两个断面附近分别达到正、负极大值，相邻极值之间的距离取决于裂纹的宽度、缺陷的形状、提离距离以及缺陷所在位置等因素。

下面以漏磁场法向分量进行讨论。

内、外部缺陷的漏磁场形成机理略有不同：当缺陷处于被测钢管外表面时，其溢出磁场可以视为磁力线遇到磁导率变化时外逸的部分；而钢管的内部缺陷在钢管外部产生的漏磁场，实质是由于材质不连续产生的畸变扰动磁场，将磁力线从原本分布均匀的铁磁性构件内"挤压"出材质表面，形成可检测量。

从图 4-1 中可以看出，外部缺陷检测信号的峰 – 峰值较大，且具有陡峭的畸变特征；内部缺陷检测信号的强度及畸变特征都与前者不同。当用霍尔元件检测漏磁场的法向分量时，会获得含过零点的正、负波峰特征的缺陷信号。为了方便标记缺陷产生的漏磁场检测信号，将外部缺陷检测信号记为 $V_{ex}(h)$，内部缺陷检测信号记为 $V_{in}(h)$，h 为磁敏感元件与被检测构件表面的提离距离。

以二维轴对称模型为例，仿真计算钢管轴向磁化时内、外部缺陷的检测信号特性。钢管厚度为 10.0mm，内、外部裂纹尺寸相同：深度为 2.5mm，宽度为 0.5mm。如图 4-2 所示，磁敏感元件沿着提离值 $h = 1.0$mm 的路径扫过外部裂纹时，得到相应检测信号的峰 – 峰值，记为 $V_{expp}(1.0)$；扫过内部裂纹时，得到相应检测信号的峰 – 峰值，记为 $V_{inpp}(1.0)$。

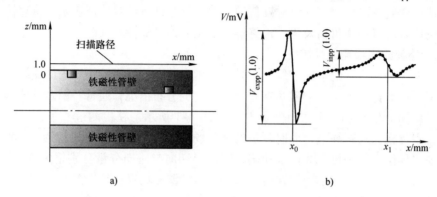

a)   b)

图 4-2　内、外部裂纹检测信号以及峰 – 峰值定义

a）检测示意图　b）内、外部缺陷仿真信号 $V(x)$

在钢管自动化漏磁检测过程中，一般将检测探头布置在钢管外表面来实现钢管的全覆盖检测。从图 4-2 中可以看出，相同尺寸的裂纹分别位于钢管的内、外表面时，产生的检测信号差异很大，包括幅值和宽度。然而，在常规漏磁检测中，一般将检测信号幅值作为裂纹深度的评判依据。因此，如果不对裂纹位置进行区分，而直接使用相同的报警门限进行评判，则会造成外部裂纹的误判或内部裂纹的漏判，使相同尺寸的缺陷产生不一致的评价结果。

图 4-3 给出了钢管内壁上的裂纹（内部缺陷）漏磁场法向分量检测信号波形，同时给出了检测信号极值间隔宽度 W 与管壁厚度的关系曲线。从图中可以看出，当检测探头与钢管表面的提离距离 h 增大，或者壁厚增大时，检测信号的极值间隔宽度 W 均会增大。因此，当借助于检测信号的波形特征构建评判指标时，应注意这一点。

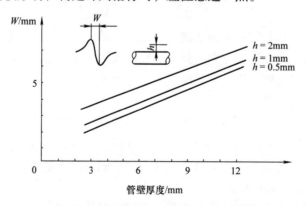

图 4-3　钢管内壁裂纹漏磁检测信号极值间隔宽度 W 与管壁厚度的关系曲线

2. 钢板正、反面缺陷检测信号对比

下面通过在钢板上刻制各类人工缺陷模拟钢管漏磁检测中内、外部缺陷。采用机加工和电火花加工的方法，在钢板表面相隔一定距离加工横向刻槽、斜向刻槽以及不通孔等人工缺陷，人工缺陷尺寸见表 4-1。

表 4-1　厚度为 6.0mm 的钢板表面人工缺陷尺寸

序号	类型	直径或宽度/mm	深度/mm	深度占厚度的百分比
1	不通孔	$\phi = 3.0$	0.6	N10（10%）
2	不通孔	$\phi = 3.0$	1.2	N20（20%）
3	横向刻槽	宽度 = 0.5	0.3	N5（5%）
4	横向刻槽	宽度 = 0.5	0.9	N15（15%）
5	斜向刻槽	宽度 = 0.5	0.6	N10（10%）
6	斜向刻槽	宽度 = 0.5	0.9	N15（15%）

磁敏感元件选用集成霍尔元件 UGN – 3503，将其封装于检测探头中，传感器的提离距离为 0.5mm。采用直流磁化线圈对钢板进行轴向磁化，通过调节磁化电流幅值，确保试件始终处于磁饱和状态。分别在人工缺陷所在钢板正面以及反面进行检测，随机抽取一组正面检测与反面检测信号，如图 4-4 和图 4-5 所示。

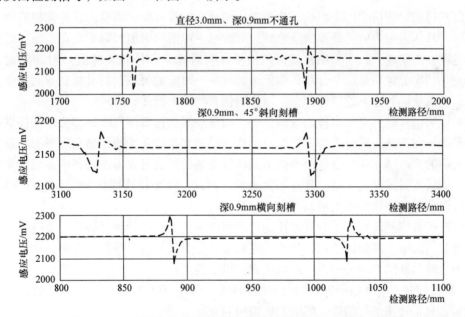

图 4-4　正面检测（即外部刻槽）不同形态特征人工缺陷的信号

通过对相同深度（0.9mm）的不通孔、45°斜向刻槽以及横向刻槽等各种人工缺陷进行漏磁检测试验可以发现，缺陷的形状、位置和走向等形位特征均对缺陷检测信号产生了较大的影响，具体体现在信号幅值以及极值间隔宽度上。

3. 钢管漏磁检测内、外部缺陷区分的必要性

由于钢管的特殊几何结构，钢管漏磁自动化检测一般将探头布置在钢管外壁，来完成对钢管的全覆盖检测。由于漏磁检测采用直流磁化方法，磁化场具有很强的穿透力，内部缺陷

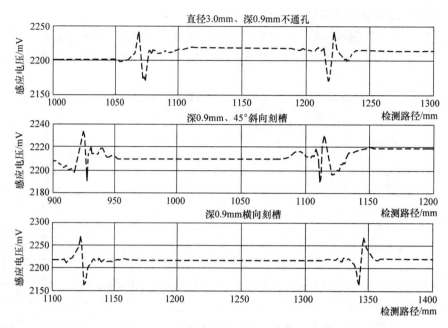

图 4-5　反面检测（即内部刻槽）不同形态特征人工缺陷的信号

同样可以获得较好的信噪比。但是，检测探头布置在钢管外壁，钢管内、外部缺陷的灵敏度却有不同，具体表现为内、外部缺陷检测信号的峰﹣峰值和极值间隔宽度存在明显区别，而且管壁越厚，差别越大。当采用常规漏磁检测评判指标（信号峰﹣峰值）对缺陷进行评判时，无论是切向分量还是法向分量，都无法形成一一对应的关系，容易受到非同类形态特征的干扰，造成缺陷的非一致性评判，最终影响钢管的检测精度。

漏磁检测信号既然受到多种因素的影响，而常规漏磁检测评判指标却又未能提供完备描述矢量漏磁场的信息。因此，需要提取或构造新的评判指标来准确评估缺陷形态特征。漏磁检测探头中的磁敏感元件是以电信号的形式将漏磁场的磁信号在输出设备中显示出来的。由于电信号标量在描述磁场矢量时具有不完备性，因此，需要将这些标量信息进行重新整合，而不是仅仅依靠检测信号的波形幅值来进行评判。

直流漏磁检测的优势在于对铁磁性构件的深度磁化，使得检测功能较其他电磁检测方法要强大得多。其中，准确评估钢管使用性能的基础是对缺陷位置特征的准确识别。通过上述对钢管内、外部缺陷检测的讨论，可以认识到以下两点：

1）漏磁检测方法可用于钢管的内、外部缺陷检测，但是缺陷的位置特征会造成检测信号的差异，包括检测信号的峰﹣峰值和极值间隔宽度。

2）缺陷的形状、走向、深度等形态特征也会引起检测信号的波形变化。

因此，对于位置特征和形态特征均无法事先确定的缺陷，仅将检测信号峰﹣峰值作为评价依据，势必会造成缺陷的非一致性检测与评判，也即，分别处于钢管内、外表面的相同尺寸的缺陷经漏磁检测与评判后得到了不同的损伤量级。从客观上讲，这种误差必然存在，但是可以设法尽量避免，这也是定量检测首先需要解决的问题。

4.1.2　基于检测信号中心频率的区分方法

钢管内、外部缺陷产生的漏磁检测信号频率成分存在差异。根据这种差异，借助于电路或数字滤波器，将内、外部缺陷检测信号的频率进行对比，可以达到内、外部缺陷区分的目的。下面扼要介绍基于检测信号中心频率的区分方法。

1. 基于检测信号中心频率的区分方法

内部缺陷在检测空间产生的漏磁场强度相对较弱，但空间分布范围相对较大。因此，内部缺陷检测信号的突变时间持续较长；在频域上，检测信号的中心频率相对较低。相反，外部缺陷检测信号的中心频率较高，突变相对陡峭。根据上述特点，采用合理的带通滤波器、高通滤波器以及触发门限电路，针对内、外部缺陷检测信号的频域特征，设置相应的截止频率，将滤波后的输出信号幅度进行对比，可达到区分内、外部缺陷的目的。

如图 4-6 所示，将检测信号分别利用高通滤波器与带通滤波器进行滤波处理。其中，设置带通滤波器的上、下限频率时需包含内、外部缺陷检测信号频段，也即，内、外部缺陷检测信号在通过带通滤波器后均不会引起波形特征上的变化，仅仅滤除高频与低频噪声信号，并将该输出量视为 A 通路，输出信号记为 $X_A(t)$。另外设立通路 B，即高通滤波支路，它能够使得频率较低的内部缺陷检测信号在强度上明显削弱，而外部缺陷检测信号强度基本不变，输出信号记为 $X_B(t)$。进一步，将两种滤波系统的输出量 $X_A(t)$ 与 $X_B(t)$ 进行对比，从而可获得内、外部缺陷检测信号的判据。

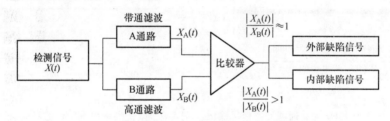

图 4-6　基于检测信号中心频率的区分方法原理图

从图 4-6 中可以看出，采用中心频率比较法识别缺陷的位置时具有很好的逻辑性。但必须注意的是，由于检测信号频率与检测速度有关，因此检测过程中速度必须保持恒定。如果检测速度发生变化，则需重新调整滤波器的各滤波截止频率。

2. 缺陷形态特征对中心频率法的影响

除缺陷位置外，缺陷的其他形态特征也会影响缺陷的中心频率，因此，采用该区分方法时需要综合考虑各种因素的影响。下面扼要介绍缺陷形状、走向和深度对基于中心频率区分方法的影响。

模拟滤波与数字滤波都是改变信号中所包含频率成分的相对比例，或是滤除某种频率成分的系统。数字滤波具有精度高、稳定、灵活、不要求阻抗匹配等优势。这里，选用巴特沃斯滤波器，即幅频特性曲线在通带与阻带内均为单调递减函数。综合考虑通带与阻带的变化速度及内、外部缺陷信号的频带范围，设定滤波器为四阶。下面分别从几种典型缺陷形态特征出发，对各种人工缺陷进行试验区分，观察检测信号在经过数字滤波器之后幅值的变化。

（1）缺陷形状对检测信号频率成分的影响　钢管漏磁检测标准中，人工缺陷通常选用通孔或刻槽，对不通孔未加说明。在钢管的实际使用过程中，受到高压冲刷、腐蚀等众多因素的影响，钢管上形成的腐蚀坑十分普遍。因此，在分析缺陷形状对检测信号中心频率成分的影响时，采用不通孔、裂纹和通孔作为检测对象，研究各类缺陷信号在经过滤波系统后输出量之间的差异。

建立钢管漏磁自动化检测系统，钢管螺旋前进，螺距为 105mm，钢管直径为 139.7mm，壁厚为 8.5mm，采用电火花加工方法在内、外管壁加工周向和轴向刻槽，宽度均为 0.8mm；采用机械加工的方法，在钢管外壁面上加工直径为 3.2mm、深度为 2.0mm 的外部不通孔和直径为 1.6mm 的通孔。检测过程中，保证钢管的行进与旋转速度恒定不变，以消除传感器扫查速度变化对检测信号的影响，获得的检测原始信号波形如图 4-7 所示。

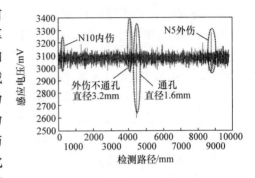

图 4-7　漏磁检测原始信号波形

经过不同截止频率的高通滤波器之后，检测缺陷信号输出如图 4-8 和图 4-9 所示。

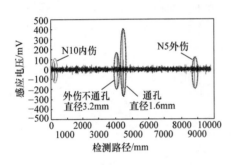 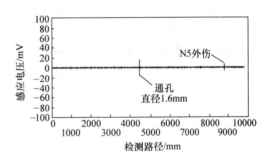

图 4-8　截止频率为 90Hz 的高通滤波器信号输出　　图 4-9　截止频率为 540Hz 的高通滤波器信号输出

可以看出，经过截止频率为 540Hz 的高通滤波器之后，N10 的内伤可以很好地被削弱，直至从信号输出中完全消失。然而，同在钢管外表壁但形状不同的直径为 3.2mm 的外不通孔的检测信号变化规律与 N5 外表面刻槽不同：外不通孔检测信号同样受到了高通滤波的影响而被严重削弱，当内部缺陷信号被滤波消除后，外不通孔的检测信号也被滤除。这说明如果对外腐蚀坑采用基于中心频率的区分方法，检测结果可能会出现误判的情况。

（2）缺陷走向对检测信号频率成分的影响　　钢管在生产或使用过程中如果受到扭转载荷与轴向力的同时作用，容易在管壁内、外表面形成与管材轴线方向既不垂直也不平行的裂纹，使得漏磁检测过程中无论是被周向磁化或是轴向磁化，都无法满足管材中磁力线与缺陷走向相垂直的要求。而且，就目前钢管漏磁检测系统中使用的磁化装置来看，裂纹的走向在绝大多数情况下与磁力线方向成斜向夹角，即两者之间并非处于相互垂直的状态。

裂纹的走向对漏磁场强度与分布影响较大，这一点可以通过检测信号的波形特征反映出来，进一步也必然会引起检测信号中心频率的变化，从而会影响基于中心频率方法的内、外部裂纹区分准确率。

采用电火花加工方式，在钢管上加工 N5（缺陷深度占壁厚的 5%）内、外部轴向刻槽

（也即纵向刻槽）、45°外部斜向刻槽以及不通孔等。图 4-10 和图 4-11 所示为原始检测信号通过不同截止频率滤波器后的信号输出。不难发现：虽然处于钢管外部，45°外部斜向刻槽与内部缺陷一样，检测信号发生了严重的削弱，从而无法得到与轴向、周向标准刻槽区分一致的评判结果。

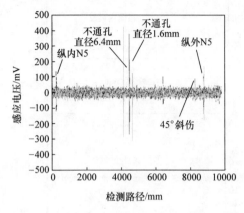 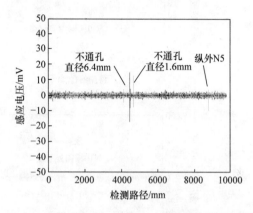

图 4-10　截止频率为 90Hz 的高通滤波器信号输出　　图 4-11　截止频率为 540Hz 的高通滤波器信号输出

究其原因，斜向外部裂纹的走向与磁化场之间的夹角呈非垂直状态，形成的漏磁场强度相对较弱，在检测空间上也趋于分散，从而导致斜向裂纹检测信号在频域内可能会被误判为内部缺陷。

（3）缺陷深度对检测信号频率成分的影响　　缺陷的深度直接决定了管材的使用性能。在管材的实际使用过程中，根据工作环境的不同，位于钢管不同表面（内表面或外表面）的具有相同深度的缺陷对管材性能的影响会不一样。这里讨论缺陷深度对检测信号频率成分的影响。

仍然选用钢管作为试件，在距管端 250mm 的圆周方向上加工 N20（缺陷深度占壁厚的20%）周向内部刻槽和 N10（缺陷深度占壁厚的 10%）周向外部刻槽。经过试验发现，通过不同截止频率的高通滤波系统处理后，深度较大的内部刻槽检测信号始终难以被有效滤除，如图 4-12 所示。

3. 基于检测信号中心频率区分方法的适应性

通过上述试验分析可以看出，检测信号中心频率的影响因素较多，如图 4-13 所示，其对缺陷的形状、走向和深度等具有代表性的形态特征均十分敏感。这充分说明了信号的频率成分在描述缺陷位置时并不具有完备的表达能力。究其原因，利用中心频率区分内、外部缺陷，是以低维度信息量去评判具有高维度信息的检测对象，因而，也就不可避免地碰到信息维度过少而造成评判时模棱两可的尴尬局面。

中心频率比较法，可以对某些特定类型缺陷进行位置特征判别。但由于判定指标的成因并不具有唯一性，因此，该方法并不能保证对所有类型缺陷实现正确区分。

4.1.3　基于检测信号中心斜率的区分方法

如果能从漏磁检测信号中尽可能多地找到与缺陷形位特征对应的特征参数，则可构建出具有较强排他能力的评判指标。漏磁场法向分量检测信号波形特征中，相邻极值间的波形与

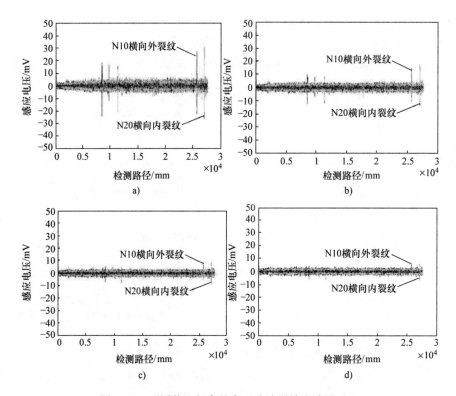

图 4-12 不同截止频率的高通滤波器输出波形对比

a) 90Hz 截止频率高通滤波输出波形　b) 350Hz 截止频率高通滤波输出波形
c) 370Hz 截止频率高通滤波输出波形　d) 420Hz 截止频率高通滤波输出波形

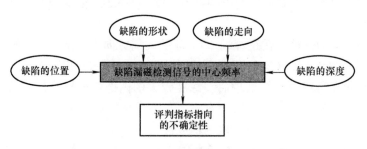

图 4-13 中心频率的影响因素

漏磁场空间分布之间的对应关系已有较为成熟的应用。参照相邻极值峭度的概念，从漏磁场能级划分角度出发，构建检测信号的中心斜率，提出用中心斜率区分内、外部缺陷的方法。

1. 漏磁场法向分量检测信号的中心斜率

与外部缺陷漏磁检测信号相比，内部缺陷引发的漏磁场法向分量检测信号相邻极值间的水平跨距 W_{pp} 和峰 - 峰值 V_{pp} 都有很大不同。极值间的峭度可以有效反映出两个特征量的关联性，并主要应用在判断缺陷的深宽比方面。由于缺陷的深度会直接影响到峭度指标的大小，因此，其不能直接应用于缺陷位置区分。钢管内、外部缺陷产生的漏磁场分布不同，如图 4-14 所示，内部缺陷产生的漏磁场更加扩散，而外部缺陷产生的漏磁场更加集中。

漏磁场法向分量检测信号的中心斜率与信号波形中的两个特征参数有关，分别是检测信号相邻极值间的水平跨距 W_{pp} 和峰 – 峰值 V_{pp}。与"峭度"特征量有所不同，为了避免某一特征量受到形态特征影响过大而对最终的评判过程造成干扰，首先需要对其进行规范，然后再进一步对畸变波形特征进行信息提取。综上所述，基于检测信号中畸变部分极值点间的垂直及水平的距离关系，定义中心斜率 α_c 为

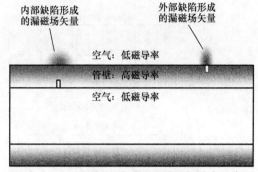

图 4-14　内、外部缺陷形成的漏磁场分布示意图

$$\alpha_c = V_{pp} / (\varepsilon W_{pp}) \tag{4-1}$$

式中，V_{pp} 为相邻波峰与波谷之间的垂直距离；W_{pp} 为相邻波峰与波谷之间的水平距离；ε 为调节因子。根据检测信号的峰 – 峰值大小，设置调节因子 ε，协助构建最终的评判指标 α_c。

由于峭度是未加任何约束的、仅仅依靠峰值间的波形信息创建起来的评判参数，因此极容易受到外界干扰而导致最终评判结果失效，同样也会因为缺陷形态的复杂性而使得最终评判指标不可靠。

通过能级筛选建立起来的评判指标，与仅靠信号波形特征构建的峭度指标相比，能够反映出更多的缺陷信息。例如，根据待检钢管的不同壁厚值，设置一定的峰 – 峰值门限，参照极值间的波形特征，按式（4-1）计算得出中心斜率 α_c，此方法具有很好的适应能力。

采用外径为 88.9mm，壁厚为 9.35mm 的钢管做测试，人工缺陷为周向刻槽，尺寸信息见表 4-2。磁敏感元件选用集成霍尔元件 UGN – 3503，以 0.5mm 的提离距离封装于检测探头内，检测漏磁场的法向分量。为保证评判指标的稳定性与可靠性，在检测过程中，检测探头扫查速度必须保持恒定，随机抽取各人工缺陷对应的检测信号如图 4-15 所示。

表 4-2　轴向磁化漏磁检测试验中内、外刻槽尺寸信息

序号	类型	位置	宽度/mm	长度/mm	深度/mm
1	周向刻槽	外部缺陷	0.5	20.0	0.5
2	周向刻槽	外部缺陷	0.5	20.0	1.0
3	周向刻槽	外部缺陷	0.5	20.0	1.5
4	周向刻槽	内部缺陷	0.5	20.0	1.0
5	周向刻槽	内部缺陷	0.5	20.0	3.0

漏磁场原本就是一种低能量场，造成其能量波动的因素很多，其中，位置差异造成的波动会随着钢管壁厚的不同而变化。就内、外部缺陷产生的漏磁场法向分量信号波形而言，相邻极值间的峭度存在差别，但这种差别还可能与缺陷的宽度和走向有关。如果进一步利用检测信号中畸变部分的峭度信息，首先应该观察峰 – 峰值的大小，以"试探"其是否有可能来自于钢管内壁。此时，需要建立合适的峰 – 峰值门限 V_{pp}^r，该值可以通过分析对比试样中的各人工缺陷的检测信息获得。

V_{pp}^r 值的设定与多方面因素有关，重点需要考虑材质的磁特性以及钢管壁厚两方面因素。基于中心斜率的内、外部缺陷区分方法是建立在漏磁检测信号能级筛选基础之上的，并以此构造检测信号极值特征间的斜率，即中心斜率。

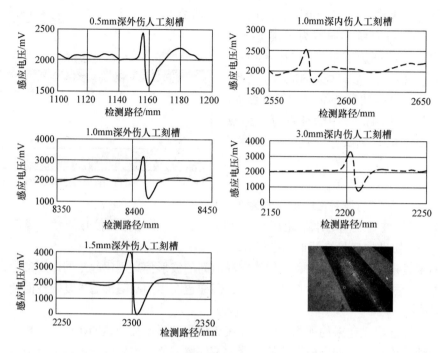

图 4-15　内、外周向刻槽漏磁场法向分量检测信号

将上述试验中各人工缺陷的 V_{pp} 值列入表 4-3 中，同时观察峰 – 峰值与缺陷的位置特征，确定合适的门限值，构建表达式如下：

$$\alpha_c = \frac{V_{pp}}{\varepsilon W_{pp}} \begin{cases} \varepsilon = 6, & V_{pp} > V_{pp}^\tau = 200\text{mV} \\ \varepsilon = 2, & V_{pp} < V_{pp}^\tau = 200\text{mV} \end{cases} \tag{4-2}$$

需要明确的一点是，该评判指标在反映漏磁场空间分布特性方面，与峭度有很大的不同。一方面，中心斜率首先需要进行峰 – 峰值筛选，根据检测信号中 V_{pp} 值的大小，选择对应的调节因子 ε，因此充分考虑到了漏磁场能量大小在判定缺陷位置特征时的作用；另一方面，斜率这种包含着相邻极值间水平特征与垂直特征两者于一身的指标，以其构造成分之一的峰 – 峰值作为筛选对象，为中心斜率的构造过程提供了更多的选择空间。由于中心斜率一部分来源于漏磁场的能量信息，而不仅仅是检测信号的波形特征，因此对于特定材质和壁厚的钢管，一旦中心斜率得以构建，就可有效应用于特定批次的钢管检测。

表 4-3　刻槽检测信号的峰 – 峰值及中心斜率

缺陷序号	类　型	裂纹深度/mm	V_{pp}/mV	α_c
1	外部周向刻槽	0.5	114.6	9.50
2	外部周向刻槽	1.0	257.3	9.39
3	外部周向刻槽	1.5	445.8	9.27
4	内部周向刻槽	1.0	140.5	6.38
5	内部周向刻槽	3.0	255.0	3.27

从 V_{pp} 这一指标上来看，处于钢管同一位置（同在外壁或内壁）的不同深度的缺陷会产

生不同的检测信号峰－峰值。缺陷深度越深，检测信号峰－峰值越大。所以，会造成处于钢管内壁的深度较大的裂纹产生的检测信号强度与外部深度较小的裂纹差异不大。如深度为 1.0mm 的内部裂纹检测信号的峰－峰值为 140.5mV，深度为 0.5mm 的外部裂纹检测信号的峰－峰值仅为 114.6mV，两者幅值差异不大。所以，仅从检测信号波形的峰－峰值来判断，极有可能将 V_{pp} 值相对较大的内部裂纹判为外部缺陷，或者将相对较浅的外部裂纹判为内部缺陷。

当以中心斜率 α_c 作为评判指标时，0.5mm 深的外部缺陷所对应极点连线中心处的评判指标值 9.5，而 1.0mm 深的内部缺陷对应值为 6.38，结合其他具有不同深度的内、外部缺陷所对应的参数，可以发现内、外部缺陷之间具有明显的区分门限，而不会受到缺陷深度的影响。

中心斜率在构建过程中对漏磁场的能级进行了筛选，也即，由缺陷自身形态引发的漏磁场能量波动可以被"区分对待"。与中心频率法相比，中心斜率法的评价指标更为灵活。这种直接对检测信号进行处理的区分策略计算量不大，可在钢管漏磁检测过程中进行实时高效的内、外部缺陷区分。

2. 缺陷形态特征对中心斜率法的影响

上述内、外部缺陷评判指标 α_c 在构建时是以漏磁场的能量属性为基准的，而漏磁场的能量又与多种因素有关。下面分析钢管壁厚、缺陷形状及走向对中心斜率的影响。

（1）壁厚对 α_c 的影响　当钢管壁厚不同时，可通过调节磁化电流来确保钢管磁化至磁饱和状态。对于磁特性一定的材质，处于磁饱和状态的不同厚度钢管具有相对一致的磁感应强度，因而可以在金属损失状况与漏磁通之间建立相对稳定的对应关系。

漏磁场能量分级门限的设定会受到管壁厚度的影响，前面对特定壁厚钢管上的槽类人工缺陷进行了试验分析。对于内部缺陷而言，漏磁通来源于铁磁性管壁内部，直接反映了材质不连续对管壁内整体磁力线的扰动情况。当整体磁力线数量不等时，相同深度的内部缺陷对管壁内整体磁力线的影响程度也会有所不同。下面对不同壁厚情况下人工缺陷检测信号的中心斜率进行分析。

以厚度为 8.0mm、14.7mm、17.2mm 的三种钢板作为检测试样，在每种规格钢板表面加工深度不同的横向刻槽。磁敏感元件选用集成霍尔元件 UGN–3503，以 0.5mm 的提离值封装于检测探头内。当钢板以恒定速度经过探头时，以厚度为 8.0mm 的钢板为例，随机抽取检测信号如图 4-16 所示。

参照不同深度人工缺陷的检测信号 V_{pp} 值，建立钢板人工缺陷的评判指标参数 α_c，根据不同厚度的钢板设置相应的 V_{pp}^τ 值，如对于厚度为 8.0mm 的钢板，可设置 $V_{pp}^\tau = 500\text{mV}$。

$$\alpha_c = \frac{V_{pp}}{\varepsilon W_{pp}} \begin{cases} \varepsilon = 4.8, & V_{pp} > V_{pp}^\tau = 500\text{mV} \\ \varepsilon = 3.6, & V_{pp} < V_{pp}^\tau = 500\text{mV} \end{cases} \tag{4-3}$$

式中，α_c 为中心斜率；V_{pp} 为法向漏磁检测信号的峰－峰值；V_{pp}^τ 为峰－峰值门限；W_{pp} 为相邻极值之间的水平宽度；ε 为调节因子。

对不同厚度钢板缺陷进行内、外位置区分，首先对 V_{pp} 值进行能级筛选，进而选取不同的调节因子 ε，构建中心斜率 α_c，并计算 V_{pp} 和峭度列入表 4-4 中。

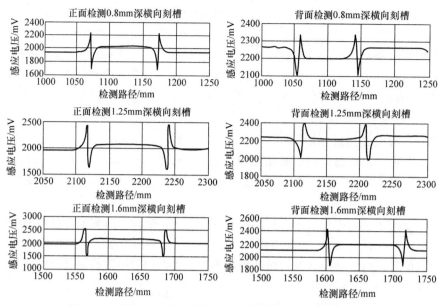

图 4-16　厚度为 8.0mm 的钢板正、反面各人工刻槽检测信号

表 4-4　横向刻槽试验数据

8.0mm 厚的钢板正、反面检测横向刻槽								
缺陷序号	类型	深度/mm	V_{pp}/mV		峭度		α_c	
			正	反	正	反	正	反
1	横向刻槽	0.8	534	227	130.42	42.83	31.79	11.89
2	横向刻槽	1.25	856	407	244.48	76.79	50.95	21.33
3	横向刻槽	1.60	1040	542	297.14	135.79	61.90	21.30
14.7mm 厚的钢板正、反面检测横向刻槽								
缺陷序号	类型	深度/mm	V_{pp}/mV		峭度		α_c	
			正	反	正	反	正	反
1	横向刻槽	1.12	1106	349	316	65.85	65.83	14.29
2	横向刻槽	1.65	1888	713	356.22	140.38	112.38	25.27
17.2mm 厚的钢板正、反面检测横向刻槽								
缺陷序号	类型	深度/mm	V_{pp}/mV		峭度		α_c	
			正	反	正	反	正	反
1	横向刻槽	1.83	1912	498	546.29	93.96	113.81	20.18
2	横向刻槽	2.63	2501	747	714.47	154.91	148.87	23.85

对比表 4-4 中的 V_{pp}、峭度以及中心斜率 α_c 三个评价指标可以看出，中心斜率 α_c 可以有效地避免缺陷深度过大或过小对位置评判的干扰。以中心斜率 α_c 作为评判指标的区分方法可适用于三种不同厚度的铁磁性构件，即通过设定统一的评判指标区分门限（如 $\alpha_{c-\tau}$ = 20.00 ~ 30.00），可以对不同厚度铁磁性构件中的缺陷位置进行区分和识别。因此，通过构建漏磁场法向分量检测信号的中心斜率可以区分缺陷的位置信息，并且不会受到缺陷深度变化的影响。对于不同壁厚的钢管，内、外部缺陷区分准则可以有效地统一起来。

（2）缺陷形状对 α_c 的影响　从中心斜率的构建过程可以看出，该评判指标重点在于对漏磁场能级进行筛选。钢管在生产和使用过程中出现的缺陷形状各异，而不同形状的缺陷在检测空间引发的漏磁场相差很大。不通孔类缺陷虽然具有一定的深度，但它的实际材料损失量与接近深度的刻槽类缺陷相比要小得多，具有相同位置特征的刻槽与不通孔在检测空间产生的漏磁量也相差较大。当不通孔位于检测构件的背面时，试件中的磁力线受到缺陷引发磁通畸变而发生的整体偏移程度也就更弱。因此，常规漏磁检测过程中经常遇到的问题是，正面检测较浅缺陷时容易被判别为内部缺陷，而较深的内部缺陷又容易被判别为较浅的外部缺陷。

　　下面对不同厚度钢板中不同深度的机加工不通孔进行检测试验，其中 8.0mm 厚和 17.2mm 厚的钢板正、反面检测不通孔缺陷信号如图 4-17 和图 4-18 所示，将各人工缺陷的试验数据及评判指标计算列入表 4-5。

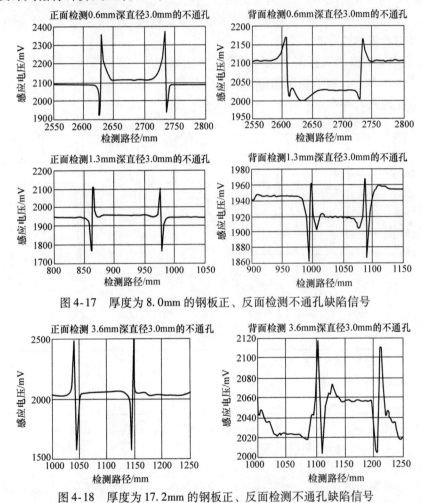

图 4-17　厚度为 8.0mm 的钢板正、反面检测不通孔缺陷信号

图 4-18　厚度为 17.2mm 的钢板正、反面检测不通孔缺陷信号

表 4-5　不通孔试验数据

8.0mm 厚的钢板正、反面检测不通孔缺陷

缺陷序号	不通孔直径 /mm	深度/mm	V_{pp}/mV		峭度		α_c	
			正	反	正	反	正	反
1	φ3.0	0.6	346	101	71.25	16.3	27.46	5.29
2	φ3.0	1.3	438	166	91.25	26.77	34.76	8.0

（续）

缺陷序号	不通孔直径 /mm	深度/mm	V_{pp}/mV		峭度		α_c	
			正	反	正	反	正	反
1	$\phi3.0$	3.6	912	108	190	17.42	54.19	5.66

17.2mm 厚的钢板正、反面检测不通孔缺陷

从表中可以看出，经过能级筛选后的中心斜率表现出良好的区分效果，而且不通孔类缺陷的位置特征区分门限与横向刻槽有着较好的通用性，均可采用相同的区分门限（以$\alpha_{c-\tau}=20.00\sim30.00$作为门限值）。因此，采用中心斜率对缺陷的位置特征进行识别时具有较好的排他能力，而不会被缺陷形态所干扰。

（3）缺陷走向对α_c的影响　在钢管漏磁检测过程中，当裂纹的走向与磁化场方向呈非垂直关系时，漏磁场空间分布特征与其检测信号的畸变程度都会发生变化。下面介绍缺陷走向对检测信号中心斜率的影响。

同样采用8.0mm厚的钢板作为检测试件，对钢板中的人工斜向刻槽进行正、反面漏磁检测，提离值为0.5mm，提取缺陷漏磁场的法向分量检测信号如图4-19所示。将试验结果及各种评判指标列入表4-6。

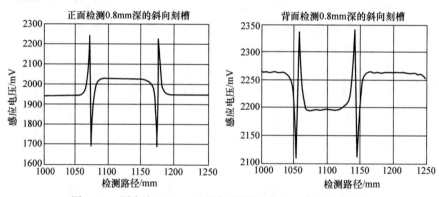

图4-19　厚度为8.0mm的钢板斜向刻槽正、反面检测信号

表4-6　斜向刻槽试验数据

缺陷序号	斜度	深度/mm	V_{pp}/mV		峭度		α_c	
			正	反	正	反	正	反
1	45°	0.80	382	108	67.02	17.42	30.32	5.66

8.0mm 厚的钢板正、反面检测斜向刻槽

结合表4-4和表4-5中横向刻槽及不通孔类缺陷的试验数据，以8.0mm厚的钢板试验数据为例，从表4-6中的斜向刻槽试验数据可以看到，中心斜率α_c依然可以选用与横向刻槽、不通孔相同的门限值（在$\alpha_{c-\tau}=20.00\sim30.00$之间选择）。

在使用中心斜率法区分内、外部缺陷时，应确保探头与钢管管壁充分接触，以确保检测信号不受提离效应的影响。另外，在检测过程中必须保证检测速度恒定，因为当采用霍尔元件作为磁敏感元件时，检测输出量为检测空间内某一点的绝对量值，在一定的提离距离下，其量值是一定的。然而，如果在检测过程中速度发生变化，势必会改变相邻极值之间的水平距离，后期基于这两者建立起来的中心斜率就失去了判别位置特征的可靠性。

此外，基于检测信号中心斜率的区分方法在使用过程中需要首先经过大量试验数据来分析获得调节因子ε。当然，对于材质和壁厚一定的钢管，在某一磁化状态下，调节因子是恒定的。因此，通过建立数据库的方式可大大提高该方法的准确性。

4.1.4　基于数字信号差分的区分方法

漏磁检测中，缺陷的位置信息与检测信号波形特征之间并不存在一对一的映射关系。通过信号波形特征对缺陷的位置进行识别存在一定的不确定性。检测信号的波形特征会受到很多因素干扰，如何排除各种因素的干扰，是保证各种区分方法准确性的关键。这里介绍一种基于数字信号差分的区分方法。

1. 漏磁场的正交分量

漏磁场具有矢量特性，当采用霍尔元件作为磁敏感元件时，通过设计元件的布置方向，可以获得漏磁场的两个相互正交的分量，即法向分量 $V_n(x)$ 与切向分量 $V_t(x)$。沿着检测探头的扫查轨迹方向，在与检测表面垂直的平面内观察，可以将三维空间场简化为二维场，进一步可分别研究漏磁场法向分量 $V_n(x)$ 与切向分量 $V_t(x)$ 的分布情况，这样可以完备描述漏磁场的矢量分布特征。而单方面考察一个分量常常不足以对漏磁场进行准确、充分地描述。

选用外径为 88.9mm，壁厚为 9.35mm 的钢管，利用电火花加工方式制作内、外部缺陷。采用直流磁化线圈提供轴向磁化，磁敏感元件选用两个集成霍尔元件，在空间上呈相互垂直的角度摆放，分别检测钢管中人工缺陷漏磁场的法向分量 $V_n(x)$ 与切向分量 $V_t(x)$，信号波形如图 4-20 和图 4-21 所示。

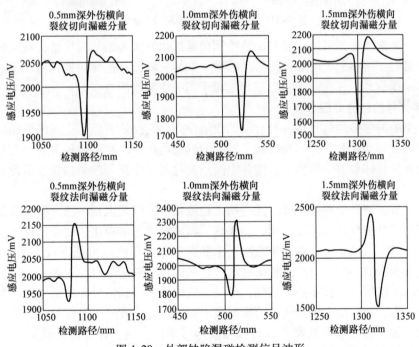

图 4-20　外部缺陷漏磁检测信号波形

如果单独利用切向或法向分量的检测信号波形特征对缺陷形态进行评判，则丢失了两者关联性对缺陷评判的作用，为此，必须综合利用内、外部缺陷检测信号的切向分量与法向分量。从漏磁检测拾取本质过程来看，通过多元件布置不可能在空间某一点对漏磁场进行各分量信息的同步拾取，因为多个磁敏感元件所处的空间检测点并不能完全重合，而且会增加传感器系统的复杂性。因此，通过精确构造能够拾取漏磁场正交分量的办法比较困难。这里介绍一种正交变换的方法，可对检测信号本身进行特征考察。

差分处理是正交变换的一种，从差分处理的功能来看，对缺陷漏磁场某一分量检测信号

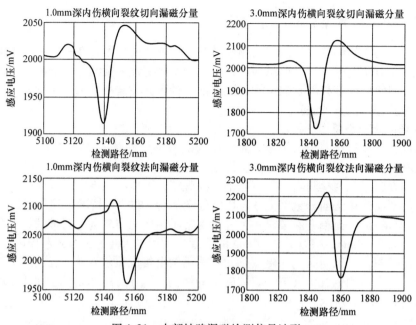

图 4-21　内部缺陷漏磁检测信号波形

进行二阶差分处理之后，可以得到与原始检测信号近似映像关系的输出量，从而使得两者在波形特征上具有了可参照、可对比的特征参数，如峰－峰值。这样一来，可以提取同一检测点的空间多维度信息，并保证了信息量均来源于同一空间检测点。

2. 数字信号的差分处理分析

缺陷产生的漏磁检测信号是一种有限的数值序列，它反映着检测空间内漏磁场强度沿着扫查路径方向上的变化情况，间接反映了缺陷的形态特征。以检测路径 x 为自变量，以采样点得到的物理量具体数值为纵坐标，按各空间点的检测顺序排列起来，在显示设备上形成可用于分析的信号波形。

实际上，数字信号处理技术被广泛应用于检测信号的模式识别。部分研究人员采用投影算法，在不增加分析软件计算量的同时，提高了漏磁检测的信噪比，初步实现了同类型缺陷的位置特征识别。但从本质来看，该方法仍未脱离根据信号波形特征进行类型划分的范畴，容易受到其他因素的干扰，对形态特征随机性较强的自然缺陷适应性较差。

对时域离散信号进行数字差分处理，可以有效地消去检测信号中的趋势项，提高信号的信噪比。由于内、外部缺陷检测信号的频率段不同，部分学者提出对模拟检测信号采用一阶差分处理的方法，经过差分处理之后的信号波形可以提高内、外部缺陷检测信号的差异程度。但其评判规则仍是以内、外部缺陷信号的波形特征为依据的，只不过用于对比的波形是经过一次差分处理之后得到的，虽然提高了检测信号的信噪比，但对于缺陷的深度、形状以及走向等形态特征不一致的情况，该方法适应性欠佳。

随着差分阶数的提高，考虑到差分过程中的累积误差，采用后向差分处理。用 $X^0(k)$ 表示离散采样信号序列，用 $X^1(k)$ 表示采样信号经过一阶差分后的数字序列，$X^2(k)$ 表示经过二阶差分后的数字序列，为简化计算，步长取 1，也即向后一步差分。从信号处理效果出发，也可以用多步差分处理，可根据现场应用效果进行调试。

$$X^0(k) = x_k, \ k = 0, 1, 2, \cdots \tag{4-4}$$

$$X^1(k) = x_k - x_{k-1}, \ k = 1, 2, 3, \cdots \tag{4-5}$$

$$X^2(k) = x_k - 2x_{k-1} + x_{k-2}, \ k = 2, 3, 4, \cdots \tag{4-6}$$

$$X^n(k) = x_n - C_n^1 x_{n-1} + C_n^2 x_{n-2} + \cdots + (-1)^{n-1} C_n^{n-1} x_1 + (-1)^n x_0 \tag{4-7}$$

通过式（4-4）~式（4-7）可计算出检测信号的各阶差分输出量，并可利用检测量和差分输出量来构建评判指标，而不是仅在检测信号波形上寻求解决方案，从而可有效地避免缺陷其他形态特征对内、外部缺陷区分的影响。

数字信号差分处理可以通过软件算法实现，其仅对原始采样数据进行差分处理即可实现在役漏磁检测设备的性能提升，而无须对检测探头及信号采集系统做任何硬件修改，具有重要的实际应用价值。

3. 内、外部缺陷检测信号的数字差分处理

差分处理既然可以起到频率成分的析取作用，那么可以进一步理解为：具有不同频率成分的内、外部缺陷检测信号对差分处理的响应输出量也会不同；再者，由于检测信号的差分处理过程在本质上是对检测数据沿扫查路径变化趋势的定量描述，如果将时域检测信号数据视为可见的位移量，则一阶差分处理过程更倾向于描述这种位移量的变化特征，即速度信息；不难理解，进一步的二阶差分处理不妨视为对这种位移量的加速度信息的提取，而加速度更倾向于描述或体现出事物的本质特征。利用二阶差分输出量与信号源进行特征参数的参照对比，可发现内、外部缺陷产生的漏磁信号源在差分处理过程中的差异。

（1）刻槽内、外位置区分　下面对不同位置刻槽检测信号进行差分处理，研究缺陷的位置特征与二阶差分输出量之间的关联性。以外径为88.9mm、壁厚为9.35mm的钢管作为试件，采用电火花加工方法，分别在钢管内、外壁刻制不同深度的周向刻槽。同样，选用集成霍尔元件UGN-3505作为磁敏感元件，以0.5mm提离距离封装于检测探头内部，拾取漏磁场的法向分量。试验过程中，保证探头扫查速度恒定不变，检测信号及二阶差分输出如图4-22所示。

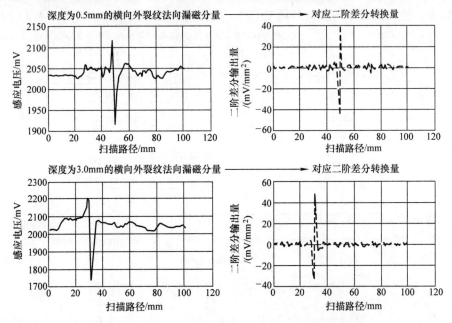

图4-22　周向内、外刻槽 $V^0(x)$ 及其对应的 $V^2(x)$

从图4-22中可以看出，对检测数据进行后向二阶差分处理，可以使得差分输出量在波形上类似于原始检测信号波形，相邻波峰与波谷之间出现位置互换。分析检测信号与二阶差分输出量之间的关系时，重点观察两者峰－峰值这一特征参数的变化情况。为便于论述评判指标的构建过程，缺陷的检测信号与二阶差分输出量分别记为 $V^0(x)$ 和 $V^2(x)$。通过比较 $V^0(x)$ 和 $V^2(x)$ 峰－峰值来构建评判指标，即

$$\beta_d = \frac{V^2_{pp}(x)}{V^0_{pp}(x)} \tag{4-8}$$

式中，$V^2_{pp}(x)$ 为 $V^2(x)$ 的峰－峰值；$V^0_{pp}(x)$ 为 $V^0(x)$ 的峰－峰值。

周向内、外裂纹试验参数及其评判指标见表4-7。

表4-7 周向内、外裂纹试验参数及其评判指标

序号	位置	长度/mm	宽度/mm	深度/mm	β_d
1	外部	15	0.5	0.5	0.347
2	外部	15	0.5	1.0	0.495
3	外部	15	0.5	1.5	0.231
4	内部	15	0.5	1.0	0.101
5	内部	15	0.5	3.0	0.106

分析表4-7中的数据可以发现，内、外部缺陷评判指标 β_d 的量值差异较大，因此，可以通过设定合理的区分门限来达到区分内、外部缺陷的目的，而且缺陷深度对评判指标 β_d 的影响较小，不会因为缺陷的深度过大或是过小产生评判失效。

（2）不通孔内、外位置区分　下面进一步讨论数字信号差分方法在不通孔缺陷上的适用性。仍然选用钢管作为试件，外径为88.9mm，壁厚为9.35mm，并在钢管上加工各类不通孔缺陷。检测探头采用集成霍尔元件 UGN-3503 作为磁敏感元件进行封装，实际提离距离为0.5mm，拾取漏磁场的法向分量 $V_n(x)$，检测信号及二阶差分输出如图4-23所示。

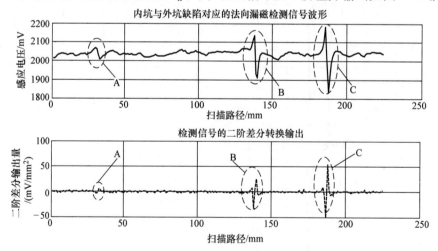

图4-23　内、外不通孔 $V^0(x)$ 及其对应的 $V^2(x)$

根据式（4-8）计算评判指标 β_d，见表4-8。可以发现，对于不同位置和形状的不通孔缺陷，β_d 仍可作为评判指标来区分和识别缺陷的位置特征。由于该评判指标是对时域检测信号与其二阶差分输出量之间进行对比，而不是仅仅对信号的波形特征进行信息提取，因此保

证了评判方法对具有不同形态特征的缺陷仍然具有良好的位置特征识别能力。

表 4-8　内、外不通孔漏磁试验的评判指标

序号	位置	几何参数	β_d
1	内部	$\phi3.2mm$、深度 3.0mm、锥底孔	0.115
2	外部	$\phi3.2mm$、深度 3.0mm、平底孔	0.307
3	外部	$\phi3.2mm$、深度 3.0mm、锥底孔	0.213

（3）斜向裂纹内、外位置区分　钢管在生产和使用过程中，当受到复杂载荷的作用时，往往会在内、外管壁出现与钢管轴向处于既非垂直、也非平行的斜向裂纹。下面讨论数字信号差分方法在斜向裂纹上的适用性。

在钢管内、外表面上用电火花方法加工斜向刻槽，刻槽相对于管材轴向方向倾斜 45°，深度分别为 1.0mm（外部缺陷），3.0mm（内部缺陷），宽度均为 0.5mm；钢管直线前进，磁化器仍然选用直流磁化线圈，斜向缺陷的检测信号及二阶差分输出如图 4-24 所示。

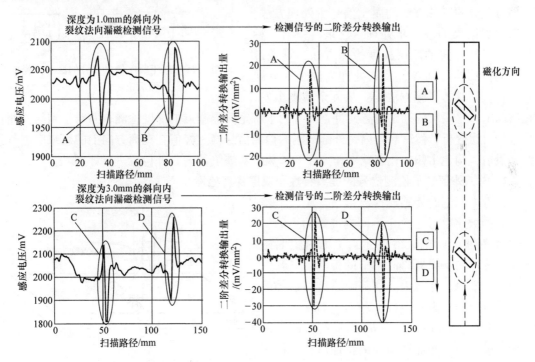

图 4-24　斜向内、外裂纹 $V^0(x)$ 及其对应的 $V^2(x)$

利用式（4-8）计算评判指标 β_d，见表 4-9。可以发现，通过设定区分门限（如 $\beta_{\tau-d}$ = 0.2）可以有效区分斜向裂纹的位置特征。

表 4-9　斜向内、外裂纹及其评判指标

序号	位置	倾斜角度	长度/mm	宽度/mm	深度/mm	β_d
1	外部	45°	15.0	0.5	1.0	0.355
2	内部	45°	15.0	0.5	3.0	0.164

从表4-9中可以看出，评判指标 β_d 适应性较好，受缺陷的其他形态特征影响较小，如缺陷的形状、深度和走向等，可对各种内、外部缺陷进行有效的区分。

上述试验过程中，评判指标的构建是基于检测信号 $V^0(x)$ 与其二阶差分输出量 $V^2(x)$ 之间的相似特征参数（即峰－峰值），区分流程如图4-25所示。由于该评判指标的构建过程仅仅是对常规漏磁检测信号进行算法上的处理，对检测硬件未加任何改动，因此在传统漏磁检测设备上可方便地添加内、外部缺陷区分功能，有效升级传统漏磁设备的检测功能。

4.1.5 基于双层梯度检测的区分方法

前面所述的基于中心频率、中心斜率和数字信号差分的三种方法均属于信号后处理方法，是对检测结果的进一步处理。这里，介绍一种基于传感器布置的双层梯度检测方法，它通过特殊的传感器阵列布置及其处理方法来区分缺陷的位置。具体实施方法为：从冗余检测出发，

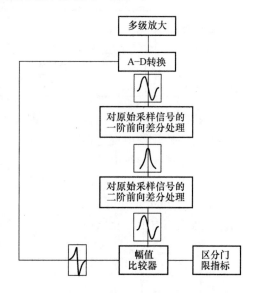

图4-25 基于数字信号差分的区分流程

在法向上布置两层阵列磁敏感元件，实现两个特定间隔测点的梯度检测，并对得到的检测信号进行对比分析，然后利用内、外部缺陷的检测信号峰－峰值在提离方向上的衰减率进行评判。最后，构建出归一化衰减率作为评判参数来对缺陷的内、外位置进行评判。

1. 内、外部缺陷检测信号的提离特性和双层梯度检测

当考虑不同的传感器提离值时，实际上检测得到的数字信号是关于不同提离平面上的一组信号序列。如图4-26所示，下面讨论漏磁场法向分量在不同提离值 h 下的检测信号峰－峰值变化规律，并将内、外部缺陷检测信号的峰－峰值分别记为 $V_{inpp}(h)$ 和 $V_{expp}(h)$ 。

（1） $V_{expp}(h)$ 和 $V_{inpp}(h)$ 的提离特性　采用钢板进行内、外部缺陷提离特性试验，在其表面加工人工缺陷，分别有不通孔、横向刻槽以及斜向刻槽，如图4-27所示。用霍尔元件拾取漏磁场法向分量，通过改变霍尔元件与钢板表面之间的距离，即提离值 h 的大小，考察

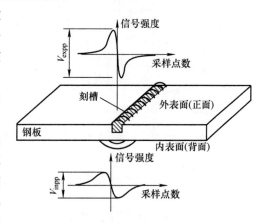

图4-26 内、外部缺陷漏磁场法向分量信号波形

各人工缺陷在正面和反面检测时信号峰－峰值的差异。钢板漏磁检测试验平台如图4-28所示，试验钢板厚度、宽度和长度分别为9.6mm、100mm和1000mm，采用电火花和机械加工方法制作人工缺陷，见表4-10，刻槽长度均为40.0mm，宽度均为1.0mm。磁化器采用穿过式直流磁化线圈，确保钢板被轴向磁化至饱和状态。

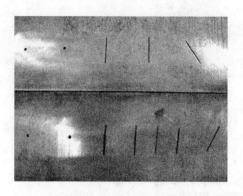

图 4-27　钢板上的人工缺陷　　　　　　　图 4-28　钢板漏磁检测试验平台

表 4-10　9.6mm 厚钢板人工缺陷的深度与走向

编号	类型	深度/mm	走向特征
1	ϕ3mm 不通孔	3.00	垂直于检测表面
2	刻槽	0.87	与磁化方向成30°夹角
3	刻槽	0.90	垂直于磁化方向
4	刻槽	1.75	垂直于磁化方向
5	刻槽	1.10	与磁化方向成30°夹角
6	刻槽	1.25	垂直于磁化方向
7	刻槽	0.60	垂直于磁化方向
8	刻槽	2.50	垂直于磁化方向
9	ϕ3mm 不通孔	2.00	垂直于检测表面
10	ϕ3mm 不通孔	1.10	垂直于检测表面

　　试验获得的人工缺陷正面检测和背面检测对应的峰－峰值 $V_{expp}(h)$ 和 $V_{inpp}(h)$ 与提离值 h 之间的拟合曲线簇，如图 4-29 和图 4-30 所示。从图中可以看出，峰－峰值 $V_{expp}(h)$ 和 $V_{inpp}(h)$ 的递减趋势虽然相同，但两者的变化速率则有明显区别，内部缺陷信号峰－峰值 $V_{inpp}(h)$ 随提离值的增加递减平缓，而外部缺陷信号峰－峰值 $V_{expp}(h)$ 递减陡峭，当提离值大于 1.0mm 后，内、外部缺陷信号峰－峰值均呈现出平缓的变化趋势。

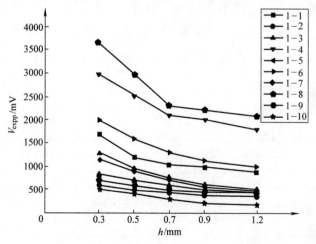

图 4-29　外部缺陷信号峰－峰值 $V_{expp}(h)$ 与提离值的关系曲线（正面检测）

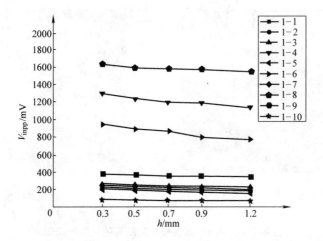

图 4-30　内部缺陷信号峰 – 峰值 $V_{\text{inpp}}(h)$ 与提离值的关系曲线（背面检测）

（2）双层梯度检测方法　根据 $V_{\text{expp}}(h)$ 和 $V_{\text{inpp}}(h)$ 提离特性的不同，提出一种双层梯度检测方法，即沿着相同法线方向的不同提离值（$h_1 < h_2$）处布置两个测点，通过获取测点处缺陷漏磁场法向分量信号峰 – 峰值 $V_{\text{pp}}(z)$ 在提离方向上的衰减率 $R_{\text{ld}}(h_2 - h_1)$ 作为评判指标，也即

$$R_{\text{ld}}(h_2 - h_1) = \frac{V_{\text{pp}}(h_2) - V_{\text{pp}}(h_1)}{h_2 - h_1} \tag{4-9}$$

其中，衰减率 R_{ld} 实际上是利用两测点的峰 – 峰值差 $\Delta V_{\text{pp}}(h)$ 与两测点的提离值差 Δh 之比来实现的。当 Δh 足够小时，可以视为函数 $V_{\text{pp}}(h)$ 在 h 方向上的梯度，由于检测元件具有一定厚度，两个测点间的间隔不可能无限小，实际应用中，只有当内、外部缺陷峰 – 峰值 $V_{\text{pp}}(h)$ 的衰减率 R_{ld} 之间存在明显差异时，才有可能有效应用于内、外部缺陷的区分。为便于论述，对应于内部缺陷和外部缺陷检测信号，衰减率分别记为 IR_{ld} 和 ER_{ld}。

从图 4-29 和图 4-30 中可以看出，在不同提离值下，$V_{\text{expp}}(h)$ 和 $V_{\text{inpp}}(h)$ 的变化趋势仅在一定区域具有明显差异。在此区域，外部缺陷检测信号峰 – 峰值 $V_{\text{expp}}(h)$ 随提离值的增加剧烈减小，而内部缺陷检测信号峰 – 峰值 $V_{\text{inpp}}(h)$ 的变化程度相对缓慢。

当 h 分别取 0.3mm、0.5mm、0.7mm 时，将 $V_{\text{expp}}(h)$ 和 $V_{\text{inpp}}(h)$ 进行对比分析，发现提离值为 0.3mm 与 0.7mm 时，内、外部缺陷峰 – 峰值衰减率有明显差异，见表 4-11。

表 4-11　厚度为 9.60mm 的钢板衰减率计算值

编号	ER_{ld}（0.7 – 0.3）	IR_{ld}（0.7 – 0.3）
1	2.496	0.179
2	2.098	0.010
3	2.403	0.166
4	2.319	0.198
5	2.207	0.288
6	2.308	0.223
7	1.646	0.489
8	2.373	0.172
9	2.330	0.574
10	2.500	0.200

采用不同厚度的钢板进一步试验，缺陷参数和峰 – 峰值衰减率见表 4-12 ~ 表 4-15。

表 4-12　厚度为 8.0mm 钢板上的缺陷及其峰 – 峰值衰减率

编号	缺陷类型	深度/mm	走向特征	ER_{ld} (0.7 – 0.3)	IR_{ld} (0.7 – 0.3)
1	刻槽	0.80	与磁力线夹角 45°	2.160	0.340
2	刻槽	0.40	与磁力线夹角 45°	2.267	0.233
3	刻槽	1.60	垂直于磁化场	1.975	0.525
4	刻槽	0.82	垂直于磁化场	2.085	0.415
5	ϕ3mm 不通孔	1.30	垂直于检测表面	2.108	0.392
6	ϕ3mm 不通孔	0.61	垂直于检测表面	1.983	0.517

表 4-13　厚度为 14.7mm 钢板上的缺陷及其峰 – 峰值衰减率

编号	缺陷类型	深度/mm	走向特征	ER_{ld} (0.7 – 0.3)	IR_{ld} (0.7 – 0.3)
1	ϕ3mm 不通孔	1.52	垂直于检测表面	2.466	0.033
2	ϕ3mm 不通孔	2.83	垂直于检测表面	2.300	0.200
3	刻槽	1.65	垂直于磁化场	2.243	0.257
4	刻槽	1.12	垂直于磁化场	2.185	0.315
5	刻槽	2.13	垂直于磁化场	2.368	0.132
6	刻槽	1.62	与磁力线成 30°夹角	2.308	0.192
7	刻槽	2.43	与磁力线成 30°夹角	2.257	0.243

表 4-14　厚度为 17.2mm 钢板上的缺陷及其峰 – 峰值衰减率

编号	缺陷类型	深度/mm	走向特征	ER_{ld} (0.7 – 0.3)	IR_{ld} (0.7 – 0.3)
1	ϕ3mm 不通孔	1.72	垂直于检测表面	2.412	0.088
2	ϕ3mm 不通孔	3.64	垂直于检测表面	2.365	0.135
3	刻槽	1.83	垂直于磁化场	2.224	0.276
4	刻槽	2.63	垂直于磁化场	2.035	0.465
5	刻槽	1.72	与磁力线成 30°夹角	2.378	0.122
6	刻槽	2.62	与磁力线成 30°夹角	2.314	0.186

表 4-15　厚度为 23.7mm 钢板上的缺陷及其峰 – 峰值衰减率

编号	缺陷类型	深度/mm	走向特征	ER_{ld} (0.7 – 0.3)	IR_{ld} (0.7 – 0.3)
1	刻槽	2.41	垂直于磁化场	2.470	0.030
2	刻槽	1.23	垂直于磁化场	2.318	0.182
3	ϕ3mm 不通孔	4.83	垂直于检测表面	2.183	0.317
4	刻槽	2.38	与磁力线成 30°夹角	2.217	0.283
5	ϕ3mm 不通孔	3.62	垂直于检测表面	2.418	0.082

通过大量对比试验可以发现，提离值分别取 0.3mm 与 0.7mm 时，内、外部缺陷衰减率差异较为稳定，无论缺陷形态特征如何，内、外部缺陷的衰减率均有较大差异。从上述列表中的数值可以看出，衰减率的量值并不随缺陷的其他特征（如裂纹的走向、形状等）的改

变而发生大的变化。此外，随着被检测钢板厚度的加大，内、外部缺陷的衰减率差别更大。

2. 内、外部缺陷位置区分特征量

对于相同尺寸的内、外部缺陷，在不同提离位置上的两个测点处得到的峰－峰值差值，外部缺陷信号明显大于内部缺陷信号。为此，提出归一化的峰－峰值差值，同时得到归一化衰减率 R'_{ld}，即

$$R'_{ld} = \frac{V_{pp}(h_2) - V_{pp}(h_1)}{(h_2 - h_1)[V_{pp}(h_1) + V_{pp}(h_2)]} \qquad (4\text{-}10)$$

其中，$V_{pp}(z)$ 对应外部缺陷时为 $V_{expp}(z)$，对应内部缺陷时为 $V_{inpp}(z)$。为便于表达，将外部缺陷和内部缺陷归一化衰减率分别记为 ER'_{ld} 和 IR'_{ld}。实际检测时，用 R'_{ld} 来辨别缺陷信号对应的是外部缺陷还是内部缺陷。

进一步，试验验证将归一化衰减率作为钢管内、外部缺陷区分标准的可行性，设计双层霍尔元件阵列封装检测探头，结构及实物如图 4-31 所示。采用厚度为 0.3mm 的聚甲醛片作为耐磨片，微型霍尔元件厚度为 0.4mm，最终形成双层霍尔元件相对于钢管表面提离距离分别为 0.3mm 和 0.7mm。选用厚度为 9.35mm、外径为 88.9mm 的钢管作为试件，采用电火花及机械加工方法在钢管上加工内、外部缺陷，见表 4-16，采用直流磁化线圈对钢管进行轴向磁化，检测速度保持稳定。

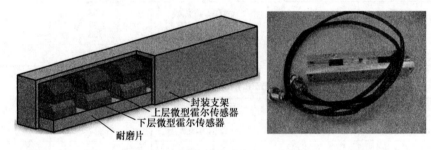

封装支架
上层微型霍尔传感器
下层微型霍尔传感器
耐磨片

图 4-31　基于双层元件测量的钢管漏磁检测内、外部缺陷区分探头

通过试验数据计算归一化衰减率，见表 4-16，并绘制成如图 4-32 所示的分布图。从图中可以发现，钢管中内、外部缺陷具有较明显的量值差异。该方法区分正确率高，然而探头系统较为复杂，需要更多的通道数来实现冗余检测，因此一般用于高品质钢管的检测。

表 4-16　ϕ88.9mm 钢管内、外部缺陷归一化衰减率试验数据

编号	类　型	深度/mm	R'_{ld} (0.7－0.3)
1	管外横向刻槽	0.5	2.395
2	管外横向刻槽	1.5	2.431
3	管外 ϕ3.2mm 不通孔	3.0	2.384
4	管外斜 45°刻槽	1.0	2.470
5	管内横向刻槽	1.0	1.115
6	管内横向刻槽	3.0	1.162
7	管内 ϕ3.2mm 不通孔	3.0	0.989
8	管内斜 45°刻槽	1.5	1.175
9	管内斜 45°刻槽	3.0	1.285

内、外部缺陷区分是钢管漏磁检测过程中的关键问题，它是内、外部缺陷实现一致性评判的基础，也就是要求无论缺陷处于钢管内部还是外部，相同尺寸的缺陷经过漏磁检测后必须获得相同的评价损伤量级。内、外部缺陷区分有很多方法，如基于缺陷信号中心频率、中心斜率和数字差分的后处理方法，以及基于双层梯度检测的冗余测量方法。当然，还可与其他无损检测方法进行联合检测，如漏磁检测与涡流检测方法，由于涡流只能检测钢管表面及近表面缺陷，与漏磁检测方法联合之后可以对缺陷的位置

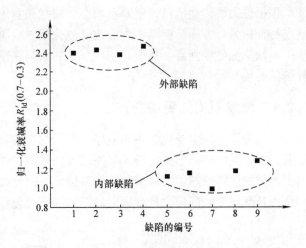

图 4-32　钢管内、外部缺陷归一化衰减率分布图

进行正确判断；还有漏磁与超声复合检测方法，超声检测可根据声波的传递速度和传递时间来判断出缺陷位置。

每种内、外部缺陷区分方法都各有优缺点，没有一种方法可 100% 正确区分。在选择缺陷区分方法时，要根据检测要求、工件特性、缺陷类型、使用工况以及设备成本来选择合适有效的内、外部缺陷区分方法。

4.2　钢管壁厚不均

由于制造工具缺陷、温度控制不均和原料属性差异等因素的影响，造成钢管在穿孔、顶管和张减等成形工艺中产生壁厚不均，如图 4-33a 所示。另外，钢管在使用过程中，由于受到腐蚀介质和交变应力作用，同样会形成如图 4-33b 所示的腐蚀、偏磨等局部壁厚变化。壁厚不均对钢管性能的影响与缺陷有所不同，壁厚不均一般为大面积材料的缓慢损失或增加，一定范围内的壁厚变化对钢管力学特性和使用性能的影响较小；缺陷为突变的局部材料损失，容易产生应力集中，并会往深度方向加速扩展，进而造成钢管使用性能失效。根据美国石油协会 API 标准要求，钢管壁厚偏差允许范围为 ≤ ±12.5%，缺陷深度要求范围为 ≤5%。

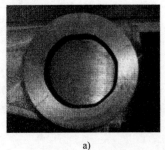
a)

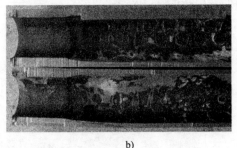
b)

图 4-33　钢管壁厚不均实物图

a）钢管制造过程中形成的壁厚不均　b）钢管使用过程中形成的壁厚不均

根据磁力线传递机制，壁厚不均会形成扰动背景磁场，叠加于原缺陷漏磁场上会改变漏磁场特征；另一方面，壁厚不均会改变磁化场磁通路径，引起钢管磁化状态发生变化，进一步影响缺陷漏磁场强度。从而，相同尺寸的缺陷在壁厚减薄和增大处会产生不同于壁厚均匀处的漏磁场。

4.2.1 壁厚不均的磁场分布

钢管壁厚不均主要包括横向壁厚不均和纵向壁厚不均，如图 4-34 所示。横向壁厚不均主要指钢管横截面上形成的局部壁厚增大和减薄，如青线；纵向壁厚不均是指钢管在长度方向上形成的局部壁厚增大和减薄，如腐蚀坑。钢管漏磁检测一般采用复合磁化方法对缺陷进行全面检测，即轴向磁化检测横向缺陷和周向磁化检测纵向缺陷。

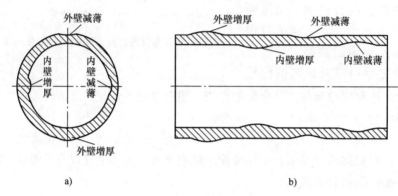

图 4-34　钢管壁厚不均
a）钢管横向壁厚不均　b）钢管纵向壁厚不均

钢管漏磁检测的本质为磁场、空气介质与钢介质之间的电磁耦合作用，主要体现为磁力线在空气介质、磁介质及其分界面上的传递过程。钢管壁厚减薄和增大时，在磁介质与空气介质之间会形成具有一定角度的作用界面。壁厚减薄磁力线传递过程为：①磁力线在钢/空气分界面处发生折射；②磁力线在空气/钢分界面处发生折射。壁厚增大磁力线传递过程为：①磁力线在空气/钢

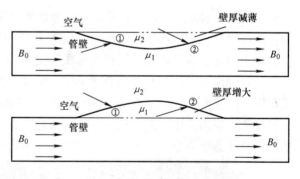

图 4-35　壁厚不均处磁力线的传递过程

分界面处发生折射；②磁力线在钢/空气分界面处发生折射，如图 4-35 所示。

对分界面上磁力线作用过程进行梳理，主要归纳为磁力线在钢/空气、空气/钢界面上的折射作用。由麦克斯韦方程组和电磁场边值条件可获得磁力线在两介质分界面上的磁折射作用方程：

$$\begin{cases} e_n \times (H_2 - H_1) = \chi \\ e_n \cdot (B_2 - B_1) = 0 \end{cases} \tag{4-11}$$

式中　e_n 为垂直于分界面的单位矢量；$B_1(H_1)$ 和 $B_2(H_2)$ 分别为介质 1 和介质 2 内的磁感应强度（磁场强度）；χ 为分界面上的电流线密度。

　　设钢介质磁导率为 μ_1，空气介质磁导率为 μ_2，由于钢管表面不存在电流分布，因而 $\chi = 0$，从而可获得钢介质内、外磁场的关系：$H_{1t} = H_{2t}$（切向分量），$B_{1n} = B_{2n}$（法向分量）。图 4-36a 所示为在钢介质与空气介质分界面处的磁力线折射作用原理图，磁力线与分界面法向形成入射角 θ_1，经分界面折射入空气中，并与分界面法向形成折射角 θ_2。根据式（4-11），并结合磁感应强度和磁场强度关系 $B = \mu H$，可获得磁力线在分界面上走向与介质磁导率的关系，即

$$\tan\theta_1 = \frac{B_{1t}}{B_{1n}} = \frac{B_{1t}}{B_{2n}} = \frac{\mu_1}{\mu_2}\frac{H_{2t}}{H_{2n}} = \frac{\mu_1}{\mu_2}\tan\theta_2 \tag{4-12}$$

　　根据式（4-12），由于钢介质磁导率远远大于空气介质磁导率，即 $\mu_1 \gg \mu_2$，因此磁力线与分界面法向在磁介质中的夹角大于在空气介质中的夹角，即 $\theta_1 > \theta_2$。由于磁化场方向平行于钢管表面，因此，在钢/空气分界面附近，磁力线在钢介质中几乎平行于分界面，而在空气介质中磁力线几乎与分界面垂直，如图 4-36a 所示。同样，根据式（4-12）可获得磁力线在空气/钢分界面上的传递路径，如图 4-36b 所示。

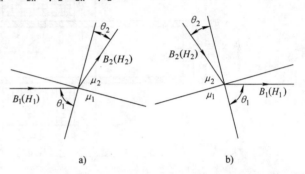

图 4-36　壁厚不均分界面磁折射原理
a）钢/空气分界面磁折射原理　b）空气/钢分界面磁折射原理

　　根据图 4-36 所示的磁折射原理，并结合图 4-35 所示的壁厚减薄磁力线作用过程①和②，以及壁厚增大磁力线作用过程①和②，可分别获得壁厚减薄与壁厚增大产生的扰动背景磁场 B_1 和 B_2 的分布特性，如图 4-37 所示。从图中可以看出，壁厚减薄与壁厚增大形成了方向相反的扰动背景磁场：在壁厚减薄处，部分磁力线泄漏出钢管表面；而在壁厚增大处的外部磁力线被吸收入钢管内部。

　　磁场特性通过磁力线表征：①磁力线形成闭合路径；②磁力线具有弹性且不交叉；③磁力线存在相互挤压作用；④磁力线总是走磁阻最小的路径。当钢管壁厚均匀时，磁力线均匀通过管壁截面，磁感应强度为 B_0；如图 4-37 所示，当钢管壁厚减薄时，磁化场磁通路径由 Z_0 减小到 $Z_0 - Z_{dec}$，磁力线之间的相互挤压作用使得小部分磁力线折射入空气中，而绝大部分磁力线通过磁阻更小的钢介质，造成磁感应强度由 B_0 增加到近

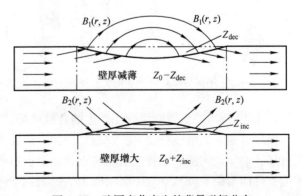

图 4-37　壁厚变化产生的背景磁场分布

似 $B_0 Z_0 / (Z_0 - Z_{\text{dec}})$；同样，当壁厚增大、磁通路径由 Z_0 增加到 $Z_0 + Z_{\text{inc}}$ 时，磁力线会基本均匀分布于整个壁厚截面，造成磁感应强度由 B_0 减小到近似 $B_0 Z_0 / (Z_0 + Z_{\text{inc}})$。

建立如图 4-38 所示的仿真模型，钢管外径为 250mm，壁厚为 20mm，长度为 1200mm，材质为 25 钢。磁化线圈内径为 290mm，外径为 590mm，厚度为 300mm，磁化电流密度 $i = 1.0 \times 10^5 \text{A/m}^2$。仿真中分别用减薄、均匀和增大三种壁厚特性进行对比，其中壁厚减薄和增大程度均为 12.5%，获得不同壁厚特性形成的背景磁场和磁感应强度分布，如图 4-39 和图 4-40 所示。

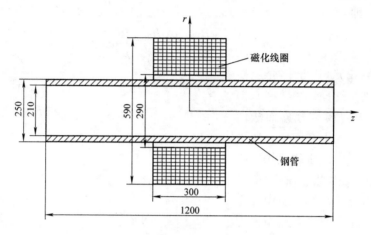

图 4-38 钢管漏磁检测仿真模型几何参数

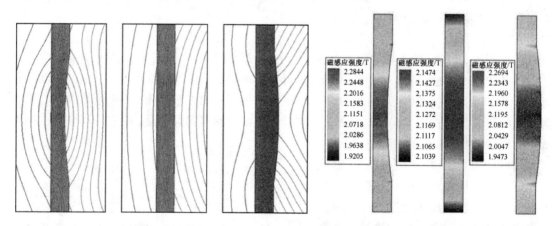

图 4-39 不同壁厚特性产生的背景磁场分布   图 4-40 不同壁厚特性产生的磁感应强度分布

图 4-39 所示的钢管壁厚变化产生的背景磁场仿真结果与图 4-37 所示的理论分析结论吻合：壁厚减薄形成钢/空气和空气/钢分界面，进而产生从钢管管壁向空气中泄漏磁力线的背景磁场；壁厚均匀形成的背景磁场与钢管表面近似平行；壁厚增大形成空气/钢和钢/空气分界面，进而形成从外部空气中吸引磁力线进入钢管内部的背景磁场。另外，壁厚变化使磁化场磁通路径发生改变，钢管壁厚减薄、均匀和增大部位形成不同的磁感应强度，分别为 2.2844T、2.1474T 和 1.9473T，如图 4-40 所示。由此可见，与钢管壁厚均匀相比，壁厚减薄与增大会形成不同的扰动背景磁场和磁感应强度。

4.2.2 壁厚不均对缺陷漏磁场的影响

钢管漏磁检测利用磁敏感元件测量钢管表面的磁场分布，并将磁场量依次转换为模拟信号和数字信号进入计算机进行数字化处理，图 4-41 所示为钢管缺陷漏磁场测量原理。

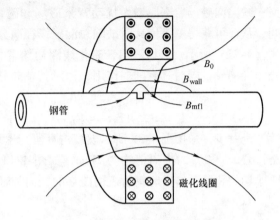

图 4-41 钢管缺陷漏磁场测量原理

从本质上讲，磁敏传感器所测量的缺陷总漏磁场由三部分磁场叠加而成，包括磁化线圈在钢管表面处形成的初始背景磁场，钢管壁厚变化产生的扰动背景磁场以及缺陷产生的漏磁场，即

$$B_{ms}(r,z) = B_{mfl}(r,z) + B_0(r,z) + B_{wall}(r,z) \tag{4-13}$$

式中，$B_{ms}(r,z)$ 为传感器测量的总漏磁场；$B_0(r,z)$ 为磁化线圈产生的初始背景磁场；$B_{wall}(r,z)$ 为壁厚变化形成的扰动背景磁场；$B_{mfl}(r,z)$ 为缺陷漏磁场。进一步将式（4-13）按径向和轴向进行矢量分解，即

$$B_{rms}(r,z) = B_{rmfl}(r,z) + B_{r0}(r,z) + B_{rwall}(r,z) \tag{4-14}$$

$$B_{zms}(r,z) = B_{zmfl}(r,z) + B_{z0}(r,z) + B_{zwall}(r,z) \tag{4-15}$$

磁化线圈在测点处形成的初始背景磁场 $B_0(r,z)$ 在检测过程中基本不发生变化。然而不同壁厚特性会产生不同的扰动背景磁场 $B_{wall}(r,z)$，其叠加于缺陷漏磁场之后会影响测点处总磁场的分布。结合图 4-41 所示的钢管缺陷漏磁场测量原理，对测点处各磁场进行矢量分解，如图 4-42 所示。

图 4-42a 所示为壁厚减薄钢管表面磁场矢量分解图，从图中可以看出，缺陷漏磁场径向分量 B_{rmfl1} 与壁厚减薄扰动背景磁场径向分量 B_{rwall1} 方向相同，而与磁化线圈初始背景磁场径向分量 B_{r01} 方向相反；缺陷漏磁场、壁厚减薄扰动背景磁场和磁化线圈初始背景磁场三者的轴向分量方向相同，从而可获得壁厚减薄钢管表面缺陷总漏磁场径向分量 B_{rms1} 和轴向分量 B_{zms1}，如式（4-16）和式（4-17）所示。可以看出，磁化线圈初始背景磁场削弱了缺陷总漏磁场径向分量强度，并增强了缺陷总漏磁场轴向分量强度；壁厚减薄形成的背景磁场对缺陷总漏磁场径向和轴向分量均具有增强作用。

$$B_{rms1}(r,z) = B_{rmfl1}(r,z) - B_{r01}(r,z) + B_{rwall1}(r,z) \tag{4-16}$$

$$B_{zms1}(r,z) = B_{zmfl1}(r,z) + B_{z01}(r,z) + B_{zwall1}(r,z) \tag{4-17}$$

图 4-42b 所示为壁厚均匀钢管表面磁场矢量分解图，由于不存在壁厚变化形成的扰动背景磁场，缺陷总漏磁场由磁化线圈产生的背景磁场和缺陷漏磁场矢量合成。其中，缺陷漏磁场与初始背景磁场径向分量方向相反，轴向分量方向相同，从而可获得壁厚均匀时缺陷总漏磁场径向和轴向分量 B_{rms2} 和 B_{zms2}，如式（4-18）和式（4-19）所示。同样，磁化线圈初始背景磁场削弱了缺陷总漏磁场径向分量强度，而对其轴向漏磁场分量具有增强作用。

$$B_{rms2}(r,z) = B_{rmfl2}(r,z) - B_{r02}(r,z) \tag{4-18}$$

$$B_{zms2}(r,z) = B_{zmfl2}(r,z) + B_{z02}(r,z) \tag{4-19}$$

图 4-42c 所示为壁厚增大钢管表面磁场矢量分解图，缺陷漏磁场径向分量 B_{rmfl3} 与壁厚增大扰动背景磁场 B_{rwall3} 径向分量 B_{rwall3} 和磁化线圈初始背景磁场径向分量 B_{r03} 两者方向均相反；缺陷漏磁场、壁厚增大扰动背景磁场和磁化线圈初始背景磁场三者的轴向分量方向相同，从而可获得壁厚增大时缺陷总漏磁场径向分量 B_{rms3} 和轴向分量 B_{zms3}，如式（4-20）和式（4-21）所示。可以看出，磁化线圈初始背景磁场与壁厚增大扰动背景磁场对缺陷总漏磁场径向分量同时具有削弱作用，而对其轴向分量同时具有增强作用。

$$B_{rms3}(r,z) = B_{rmfl3}(r,z) - B_{r03}(r,z) - B_{rwall3}(r,z) \qquad (4\text{-}20)$$

$$B_{zms3}(r,z) = B_{zmfl3}(r,z) + B_{z03}(r,z) + B_{zwall3}(r,z) \qquad (4\text{-}21)$$

进一步，采用图 4-38 所示模型仿真研究壁厚变化形成的背景磁场分布特性。磁场提取路径 l_1、l_2 和 l_3 的提离值均为 2mm，如图 4-43 所示。通过数值有限元仿真计算壁厚减薄、壁厚均匀和壁厚增大时钢管表面磁场的径向和轴向分量，如图 4-44 所示。

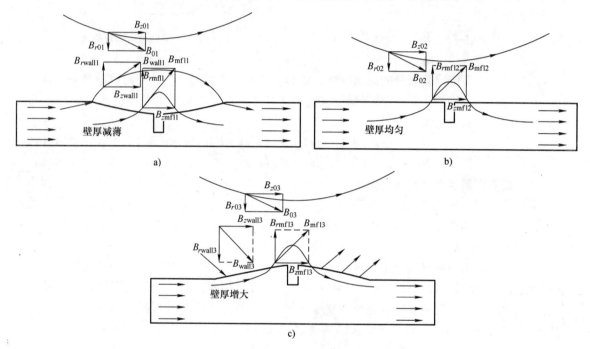

图 4-42　壁厚变化钢管表面磁场矢量分解图

a）壁厚减薄钢管表面磁场矢量分解图　　b）壁厚均匀钢管表面磁场矢量分解图　　c）壁厚增大钢管表面磁场矢量分解图

由于不存在缺陷漏磁场，此时钢管表面形成由磁化线圈初始背景磁场和壁厚变化扰动背景磁场叠加而成的背景磁场，即 $B_{ms}(r,z) = B_0(r,z) + B_{wall}(r,z)$。从图 4-44 中可以看出，壁厚减薄、壁厚均匀和壁厚增大形成的背景磁场轴向分量的方向相同，但强度存在差异：壁厚减薄 B_{zms1} 强度最大，壁厚均匀 B_{zms2} 强度次之，壁厚增大 B_{zms3} 强度最弱。壁厚减薄径向分量 B_{rms1} 与壁厚均匀 B_{rms2} 以及壁厚增大 B_{rms3} 方向相反，其中壁厚均匀径向分量强度微弱。究其原因，与壁厚均匀相比，壁厚减薄形成由钢管内部向空气中泄漏磁力线的背景磁场，而壁厚增大则产生从外部空气中吸引磁力线进入钢管中的背景磁场，从而使得钢管表面的总背景磁场轴向分量强度满足关系：$B_{zms1} > B_{zms2} > B_{zms3}$，并且径向分量 B_{rms1} 与 B_{rms3} 方向相反。

下面以缺陷漏磁场轴向分量为讨论对象，研究相同尺寸缺陷在不同壁厚下产生的总漏磁场差异。仿真模型如图 4-45 所示，其中缺陷宽度和深度分别为 4mm 和 6mm，建立提离值均为 2mm 的磁场拾取路径 l_4、l_5 和 l_6，并通过仿真计算获得相应的轴向分量 B_{zms4}、B_{zms5} 和 B_{zms6}，如图 4-46 所示。

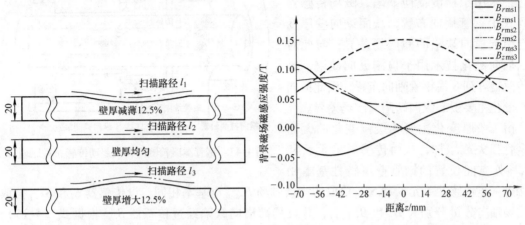

图 4-43　不同壁厚特性背景磁场拾取路径　　　　图 4-44　不同壁厚特性产生的背景磁场

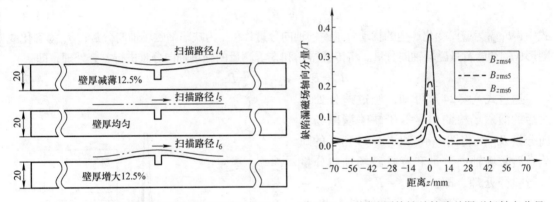

图 4-45　壁厚不均处缺陷总漏磁场拾取路径　　　图 4-46　不同壁厚特性处缺陷总漏磁场轴向分量

从仿真结果可以看出，相同尺寸缺陷在不同壁厚特性处产生的总漏磁场强度差异较大：壁厚减薄处的缺陷总漏磁场轴向分量 B_{zms4} 最大，壁厚均匀 B_{zms5} 次之，壁厚增大 B_{zms6} 信号最弱。究其原因包括：①不同壁厚变化会在钢管表面产生不同的扰动背景磁场，叠加于缺陷漏磁场之后会造成不同程度的基线漂移，如图 4-46 所示，壁厚减薄、壁厚均匀和壁厚增大处产生的缺陷漏磁场轴向分量处于不同的基线上；②壁厚变化使磁化场磁通路径发生改变，壁厚减薄、壁厚均匀与壁厚增大处形成依次减弱的磁感应强度，进而产生不同强度的缺陷漏磁场。

4.2.3　消除壁厚不均影响的方法

为实现在不同壁厚特性处的相同尺寸缺陷的一致性评价，一方面需要消除壁厚变化产生的背景磁场，另一方面需要消除由于壁厚变化引起的磁感应强度差异。为此，提出基于阵列式差动传感布置和深度饱和磁化方法，用于消除壁厚不均引起的漏磁场差异。

1. 背景磁场消除方法

钢管自动化漏磁检测通过轴向和周向复合磁化技术实现，如图 4-47 所示。轴向磁化技术用于检测横向缺陷，磁场传感器阵列 S_i 沿钢管周向布置，从而纵向壁厚变化会引起横向缺陷的漏磁场差异；与此对应，周向磁化技术用于检测纵向缺陷，磁场传感器阵列 S_j 沿钢管轴向布置，因此横向壁厚变化主要引起纵向缺陷漏磁场差异。

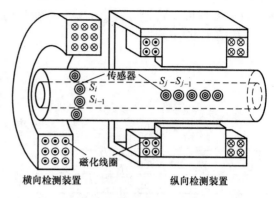

图 4-47 钢管漏磁检测阵列式差动传感布置原理

由于壁厚变化主要为缓慢变化的大面积钢管损失或增加，从而传感器单元 S_i 和 S_{i-1} 所处空间位置的钢管壁厚特性基本相同，进一步传感器单元 S_i 和 S_{i-1} 拾取的背景磁场 $B_{z\text{wall}}$ 也基本相同。设传感器 S_i 和 S_{i-1} 拾取的磁场轴向分量分别为 B_{zi} 和 $B_{z(i-1)}$，并且局部横向缺陷经过传感器 S_i，根据式（4-15），B_{zi} 和 $B_{z(i-1)}$ 可表示为

$$B_{zi} = B_{z\text{mfl}} + B_{z\text{wall}} + B_{z0} \tag{4-22}$$

$$B_{z(i-1)} = B_{z\text{wall}} + B_{z0} \tag{4-23}$$

式中，$B_{z\text{wall}}$ 为壁厚变化产生的扰动背景磁场轴向分量；$B_{z\text{mfl}}$ 为缺陷漏磁场轴向分量；B_{z0} 为磁化线圈形成的初始背景磁场轴向分量。将传感器 S_i 和 S_{i-1} 测量的磁场轴向分量进行差分处理，即

$$B'_{zi} = B_{zi} - B_{z(i-1)} = B_{z\text{mfl}} \tag{4-24}$$

通过式（4-24）可知，经过差分处理之后的漏磁场检测信号等于缺陷漏磁场轴向分量 B_{zck}。将图 4-46 和图 4-44 所示的缺陷总漏磁场轴向分量和背景磁场轴向分量进行差分处理，即：$B_{zms4} - B_{zms1}$，$B_{zms5} - B_{zms2}$ 和 $B_{zms6} - B_{zms3}$，可获得如图 4-48 所示的漏磁场检测信号。从图中可以看出，经过差分处理之后，相同尺寸缺陷在壁厚减薄、壁厚均匀和壁厚增大处产生的漏磁场检测信号 B_{zck4}、B_{zck5} 和 B_{zck6} 处于同一基线上，从而有效消除了壁厚变化产生的背景磁场。同样，将传感器 S_j 和 S_{j-1} 拾取的磁场轴向分量进行差分处理可有效消除横向壁厚变化产生的背景磁场，即

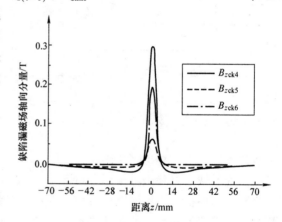

图 4-48 差分处理后不同壁厚
特性缺陷漏磁场检测信号

$$B'_{zj} = B_{zj} - B_{z(j-1)} = B_{z\text{mfl}} \tag{4-25}$$

2. 磁感应强度差异消除方法

从图 4-48 中可以看出，在消除背景磁场后，处于不同壁厚特性处的相同尺寸缺陷产生的漏磁场检测信号仍存在较大差异。为此，提出一种深度饱和磁化方法，用于消除壁厚变化引起的磁感应强度差异。根据线磁偶极子模型，建立矩形缺陷漏磁场 $\boldsymbol{B}_{\text{mfl}}$ 的表达式为

$$\boldsymbol{B}_{\mathrm{mfl}} \approx \frac{\boldsymbol{M}}{2\pi} \cdot f(b, d) \tag{4-26}$$

式中，$f(b,d)$ 为缺陷的宽度与深度参数方程；$\boldsymbol{M}$ 为磁化强度矢量。

由式（4-26）可知，当尺寸大小确定时，缺陷产生的漏磁场强度主要由钢管磁化强度决定。

在外加磁化场强度逐步增大的过程中，钢管内部依次将发生磁畴壁移动和磁矩转动，磁化强度 M 从零逐渐增大，当所有磁畴的磁矩都转到与外场方向相同时，磁化强度 M 达到最大值。因此，如果使得检测区域内钢管磁化强度处于最大值，则可使相同尺寸缺陷产生相同强度的漏磁场。采用图 4-45 所示的模型仿真计算不同壁厚特性部位磁化强度与励磁电流密度的关系曲线，如图 4-49 所示。从图中可以看出，在励磁电流密度较弱时，不同壁厚特性部位磁化强度差异较大，其中壁厚减薄

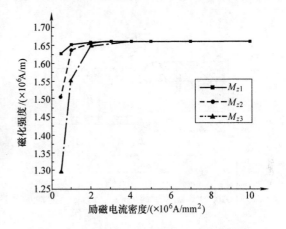

图 4-49 磁化强度与励磁电流密度关系曲线

磁化强度 M_{z1} 最大，壁厚均匀 M_{z2} 次之，壁厚增大 M_{z3} 最小。随着励磁电流密度的进一步增强，磁化强度差异逐渐减小，并最终到达相同的幅值而保持不变。

进一步比较位于不同壁厚特性处的缺陷漏磁场轴向分量检测信号幅值与励磁电流密度的关系曲线，如图 4-50 所示。其中，B_{z4}、B_{z5} 和 B_{z6} 分别为壁厚减薄、壁厚均匀和壁厚增大处钢管表面的缺陷总磁场轴向分量，其包含了磁化线圈产生的初始背景磁场、壁厚变化形成的扰动背景磁场以及缺陷漏磁场。进一步通过差分处理消除背景磁场，从而获得位于不同壁厚特性处的缺陷漏磁检测信号 B'_{z4}、B'_{z5} 和 B'_{z6}。从图 4-50 中可以看出，在漏磁检测方法常用的近饱和磁化区，钢管壁厚不均引起较大的缺陷漏磁检测信号差异；但在深度饱和磁化区，相同尺寸缺陷可获得相同的漏磁检测信号，从而可实现处于不同壁厚特性处的相同尺寸缺陷的一致性检测与评价。

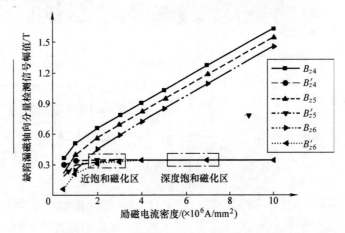

图 4-50 缺陷漏磁轴向分量检测信号幅值与励磁电流密度关系曲线

进一步讨论钢管壁厚变化对缺陷漏磁场的影响，对内外加厚钻杆孔缺陷进行漏磁检测试验。内外加厚钻杆几何结构尺寸如图 4-51 所示，钻杆杆体、过渡区和加厚区的壁厚不同。在钻杆不同壁厚部位处刻制尺寸相同的不通孔，直径和深度分别为 1.6mm 和 3.0mm。钻杆漏磁检测试验平台如图 4-52 所示，其由穿过式磁化线圈、励磁电源、传感器、钻杆、支撑轮、采集卡和带有数据分析软件的计算机组成。

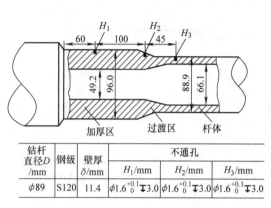

钻杆直径D/mm	钢级	壁厚δ/mm	不通孔		
			H_1/mm	H_2/mm	H_3/mm
ϕ89	S120	11.4	$\phi 1.6^{+0.1}_{0}$ ↧3.0	$\phi 1.6^{+0.1}_{0}$ ↧3.0	$\phi 1.6^{+0.1}_{0}$ ↧3.0

图 4-51　内外加厚钻杆几何结构尺寸

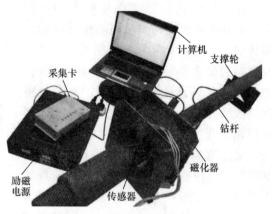

图 4-52　钻杆漏磁检测试验平台

检测过程中，保持磁场传感器与钻杆表面提离值恒定为 0.5mm，并使钻杆以 0.5m/s 匀速沿轴向移动。如图 4-53 所示，传感器拾取路径分两种：路径①所拾取的磁场为无缺陷背景磁场，主要为壁厚变化和磁化线圈产生的背景磁场；路径②测量的磁场包含背景磁场以及缺陷漏磁场。试验中，沿路径①和②往复扫查过渡区并获得相应的磁场轴向分量检测信号，如图 4-54 和图 4-55 所示。从图中可以看出，过渡区壁厚变化形成了较大幅值的背景磁场信号。当传感器扫查过渡区缺陷时，缺陷漏磁信号叠加于背景磁场信号之上，形成基线偏移。

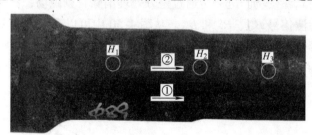

图 4-53　壁厚不均缺陷漏磁试验扫查路径示意图

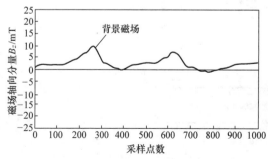

图 4-54　钻杆过渡区扫查路径①拾取磁场信号

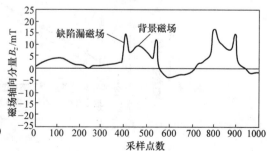

图 4-55　钻杆过渡区扫查路径②拾取磁场信号

为消除钻杆过渡区壁厚变化引起的背景磁场，采用差分式传感检测方式对缺陷进行扫查，即将路径①和路径②处的两个传感器检测信号进行差分输出，获得如图 4-56 所示差分式缺陷漏磁信号。从图中可以看出，采用差分式传感器布置方法可基本消除基线漂移，从而消除了由背景磁场引起的缺陷漏磁场差异。

进一步采用差分式传感布置法对不通孔 H_1、H_2 和 H_3 进行检测。在常规的磁化条件下，由于磁化场磁通路径不同，钻杆杆体、过渡区和加厚区会形成不同的磁感应强度，进一步使得不同位置不通孔产生不同的漏磁场强度。为验证深度饱和磁化法的有效性，采用差分式传感布置法，试验获得不通孔 H_1、H_2 和 H_3 产生的漏磁场轴向分量信号幅值 B_{z1}、B_{z2} 和 B_{z3} 与磁化电流的关系曲线，如图 4-57 所示。

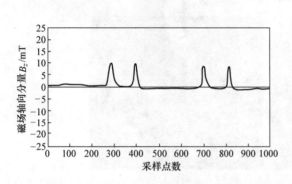

图 4-56　钻杆过渡区扫查路径②-①差分处理磁场信号

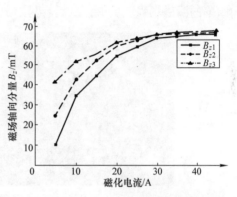

图 4-57　不同壁厚处不通孔
漏磁检测信号与磁化电流关系曲线

从图 4-57 中可以看出，当磁化电流较小时，杆体处不通孔 H_3 漏磁信号强度最大，过渡区不通孔 H_2 信号强度次之，加厚区不通孔 H_1 信号强度最小；随着磁化电流的不断增大，三处不通孔漏磁信号强度不断增加且差异逐渐减小；当磁化电流增加到 45A 之后，三处不通孔漏磁检测信号基本相等并保持不变。在对钻杆进行深度饱和磁化后，由于缺陷处所有磁畴的磁矩都翻转到与外磁化场相同的方向上，磁化强度达到最大值，此时缺陷漏磁场强度只与缺陷尺寸有关，从而可消除由于磁感应强度不同引起的缺陷漏磁场差异。

4.3　缺陷走向

钢管自动化漏磁检测系统一般采用复合磁化方式对钢管进行全方位检测，轴向磁化检测横向缺陷和周向磁化检测纵向缺陷，并且以纵向和横向刻槽作为质量评判标准。然而在钢管检测过程中，自然缺陷的形状位置却有别于标准缺陷，即自然缺陷走向通常与标准磁化场方向存在一定倾角。国家标准 GB/T 12604—1999 关于缺陷形状位置对检测灵敏度差异的影响做如下描述："当缺陷走向与磁力线垂直时，缺陷处漏磁场强度最大，检测灵敏度也最高。随着缺陷走向的偏斜，漏磁场强度逐渐降低，直至两者走向一致时，漏磁场强度接近为零。因此，当采用纵向、横向检测设备时，对斜向缺陷反应不甚敏感，易形成盲角区域"。

4.3.1　缺陷走向对漏磁场分布的影响

由于轧制工艺不完善而产生的钢管自然缺陷一般与轴线成一定斜角。与标准横、纵向缺陷相比，斜向缺陷漏磁场强度更低。斜向缺陷是钢管生产过程中最为常见的一种缺陷，但在实际检测过程中往往以标准垂直缺陷作为评判标准，从而容易造成斜向缺陷的漏检。为实现对具有不同走向的同尺寸缺陷的一致性检测与评价，必须提出相应的漏磁场差异消除方法。

1. 斜向缺陷的漏磁场分布特性

图 4-58 所示缺陷分别为用于校验设备的标准人工刻槽和钢管轧制过程中形成的自然斜向缺陷。与标准刻槽相比，斜向缺陷走向与磁化场之间存在一定倾斜夹角，会导致相同尺寸斜向缺陷的漏磁场强度更低，从而容易形成漏检。

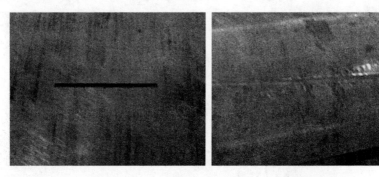

图 4-58　钢管表面的人工刻制标准缺陷与自然形成的斜向缺陷

建立如图 4-59 所示的斜向缺陷漏磁场分析模型，缺陷 1、缺陷 2 和缺陷 3 依次与磁化场 B_0 形成夹角 α_1、α_2 和 α_3，深度和宽度分别为 d 和 $2b$，并形成漏磁场分布 B_1、B_2 和 B_3。

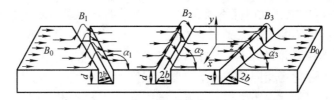

图 4-59　不同走向缺陷漏磁场分析模型

当缺陷走向垂直于磁化场方向时，由于在磁化方向上缺陷左右两侧磁介质具有完全对称性，漏磁场可简化为（y，z）二维模型；但如果缺陷走向与磁化方向不垂直，此时，缺陷左右两侧磁介质在磁化方向上不对称，会对磁力线路径造成扰动，从而形成三维空间分布的非对称漏磁场。

以缺陷两侧面上 P_1、P_2 和 P_3 点作为研究对象，分析缺陷两侧面磁势分布。图 4-60a 所示为斜向缺陷漏磁场分析模型，根据磁路原理，沿着磁力线路径分布的 P_1、P_2 和 P_3 处磁势 U_{m1}、U_{m2} 和 U_{m3} 满足如下关系式：

$$U_{m1} > U_{m2}，U_{m1} > U_{m3} \tag{4-27}$$

因此，磁化场磁通量 Φ_0 达到 P_1 点时会产生分流，一部分磁通量 Φ_2 会沿着平行于缺陷方向达到磁势更低的 P_2 点，而剩余部分磁通量 Φ_1 则经过缺陷到达 P_3 点，从而形成漏磁场

B_1，根据磁路的基尔霍夫第一定律，磁通量满足以下关系式：

$$\Phi_0 = \Phi_1 + \Phi_2 \tag{4-28}$$

图 4-60b 所示为垂直缺陷漏磁场分析模型，缺陷前侧 P_1 点的磁势 U_{m1} 与 P_2 点的磁势 U_{m2} 相等，且均大于缺陷后侧 P_3 点的磁势 U_{m3}，即

$$U_{m1} = U_{m2} > U_{m3} \tag{4-29}$$

磁化场磁通量 Φ_0 达到 P_1 点时全部垂直通过缺陷而达到 P_3 点，并形成缺陷漏磁场 B_2，磁通量满足下式：

$$\Phi_0 = \Phi_1 \tag{4-30}$$

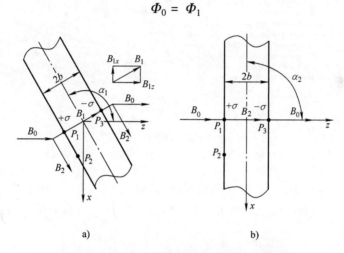

图 4-60　缺陷走向对漏磁场分布影响分析模型

a）斜向缺陷漏磁场分析模型　b）垂直缺陷漏磁场分析模型

建立如图 4-61 所示的仿真模型，计算缺陷走向对漏磁场分布的影响。测试钢板的长、宽和高分别为 500mm、100mm 和 10mm，钢管材质为 25 钢。穿过式磁化线圈内腔宽度和高度分别 116mm 和 12mm，外轮廓宽度和高度分别为 216mm 和 112mm，线圈厚度为 100mm，磁化电流密度 $i = 5.0 \times 10^6 \, \text{A/m}^2$，方向如图所示。漏磁场提取路径 l 位于钢板上方中心位置处，提离值为 1.0mm，并建立如图所示坐标系 (x, y, z)。

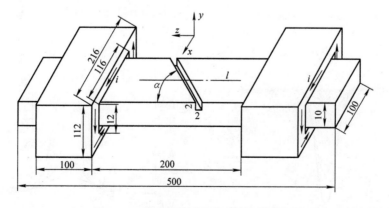

图 4-61　斜向缺陷漏磁场分布仿真模型

当 $\alpha = 90°$ 以及 $\alpha = 60°$ 时计算缺陷漏磁场矢量分布，如图 4-62 所示。当缺陷走向与磁化方向垂直时，所有磁力线均垂直通过缺陷，如图 4-62a 所示；当缺陷走向与磁化方向存在一定夹角时，一部分磁力线沿着平行于缺陷方向分布，其余部分磁力线则沿着近似垂直于缺陷方向通过，如图 4-62b 所示。

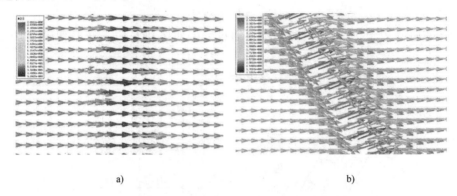

a)   b)

图 4-62　缺陷漏磁场矢量仿真分布图
a）垂直缺陷漏磁场矢量分布图　b）斜向缺陷漏磁场矢量分布图

采用图 4-61 所示的模型，夹角 α 分别取 0°、15°、30°、45°、60° 和 75°，沿路径 l 提取磁场分量 B_x、B_y、B_z 以及磁通量密度 B，并绘制成如图 4-63 ~ 图 4-66 所示的关系曲线。

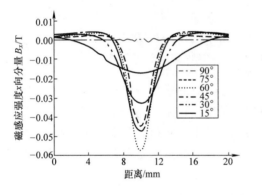

图 4-63　漏磁场分量 B_x 与缺陷走向 α 关系曲线　　图 4-64　漏磁场分量 B_y 与缺陷走向 α 关系曲线

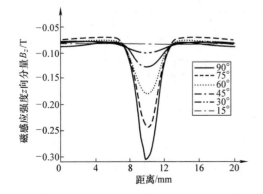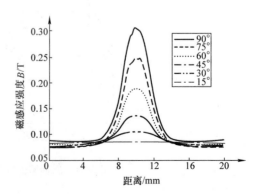

图 4-65　漏磁场分量 B_z 与缺陷走向 α 关系曲线　　图 4-66　漏磁场磁感应强度 B 与缺陷走向 α 关系曲线

从图 4-63 中可以看出，随着夹角 α 的增大，漏磁场分量 B_x 幅值呈现先增大后减小的规律。从图 4-64 ~ 图 4-66 中可以看出，随着夹角 α 的不断增大，B_y、B_z 和磁通量密度 B 幅值均呈不断上升趋势，当缺陷走向与磁化场方向垂直时，幅值达到最大值。

从图中还可以看出，随着夹角 α 的不断增大，B_x、B_y、B_z 和 B 分布宽度均在不断减小。进一步提取漏磁场分量 B_y 峰 – 峰值点宽度，绘制其与夹角 α 的关系曲线，如图 4-67 所示。从图中可以看出，随着夹角 α 的增大，漏磁场分量 B_y 峰 – 峰值点宽度不断变小；当夹角 α 较小时，B_y 峰 – 峰值点宽度下降较快；当夹角 α 较大时，B_y 峰 – 峰值点宽度下降缓慢。

由于磁力线经过斜向缺陷时基本沿着垂直于缺陷方向通过，因此，提取路径 l 与漏磁场分布方向会存在夹角，为此，将漏磁场变换到提取路径 l 方向上，即

$$z \approx z'/\sin\alpha \tag{4-31}$$

式中，z' 为垂直于缺陷方向的坐标轴。

绘制漏磁场分量 B_y 峰 – 峰值点宽度与 $1/\sin\alpha$ 之间的关系曲线，如图 4-68 所示。从图中可以看出，B_y 峰 – 峰值点宽度与 $1/\sin\alpha$ 之间成近似正比关系，与式（4-31）所示的变换关系相符。

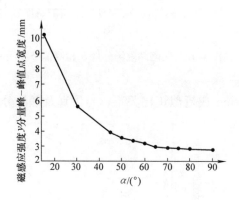

图 4-67　漏磁场分量 B_y 峰 – 峰值
点宽度与缺陷角度 α 关系曲线

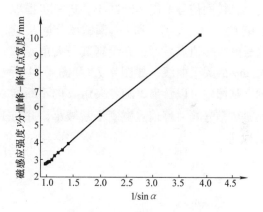

图 4-68　漏磁场分量 B_y 峰 – 峰值
点宽度与 $1/\sin\alpha$ 关系曲线

2. 缺陷走向对漏磁场分布的影响

在钢板上刻制不同走向的缺陷，并进行漏磁检测试验。钢板的长度、宽度和厚度分别为 750mm、100mm 和 10mm，并在其表面加工 4 个走向不同的缺陷，深度和宽度分别为 2mm 和 1.5mm，夹角 α 分别为 20°、45°、70° 和 90°，如图 4-69 所示。

磁化电流设置为 5A 且传感器提离值为 1.0mm。将钢板以恒定速度 0.5m/s 通过检测系统，使传感器依次扫查缺陷 C_{rk1}、C_{rk2}、C_{rk3} 和 C_{rk4}，并分别记录漏磁场 x、y、z 轴分量检测信号，

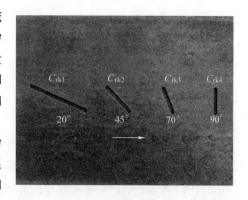

图 4-69　刻制有不同走向缺陷的测试钢板

如图 4-70 ~ 图 4-72 所示。

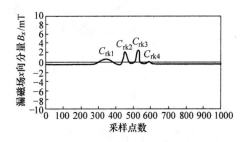

图 4-70　缺陷漏磁场分量 B_x 检测信号波形

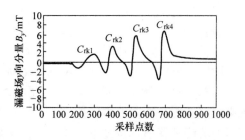

图 4-71　缺陷漏磁场分量 B_y 检测信号波形

从试验结果可以看出，随着夹角 α 的不断增大，漏磁场分量 B_x 幅值呈现先增大后减小的趋势，而漏磁场分量 B_y 和 B_z 则不断增强，试验结果与理论分析吻合。

从图中还可以看出，随着夹角 α 的不断增大，检测信号宽度不断减小。进一步提取缺陷 C_{rk1}、C_{rk2}、C_{rk3} 和 C_{rk4} 漏磁场分量 B_y 的信号峰 – 峰值点宽度，并绘制其与夹角 α 和 $1/\sin\alpha$ 的关系曲线，如图 4-73 和图 4-74 所示。从图中可以看出，随着夹角 α 的不断增

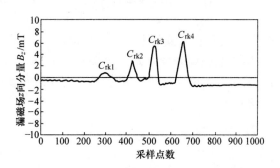

图 4-72　缺陷漏磁场分量 B_z 检测信号波形

大，B_y 信号峰 – 峰值点宽度不断减小，并与 $1/\sin\alpha$ 成近似正比关系，与仿真及理论分析结论相同。

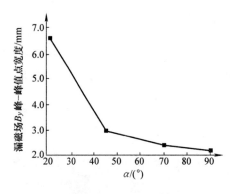

图 4-73　B_y 检测峰 – 峰值点
宽度与缺陷角度 α 关系曲线

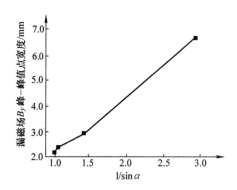

图 4-74　B_y 检测峰 – 峰值点
宽度与 $1/\sin\alpha$ 关系曲线

4.3.2　消除缺陷走向影响的方法

钢管漏磁检测分别采用轴向和周向磁化场激发周向和轴向裂纹产生漏磁场，因此，检测系统对标准周向和轴向裂纹缺陷最为敏感，而 45° 斜向裂纹灵敏度最低。此外，检测规程常以标准周向和轴向裂纹作为质量评判标准，从而容易导致斜向缺陷漏检。由于具有灵敏度高、性能稳定和工艺简单等优点，感应线圈是目前使用最为广泛的漏磁检测传感器。磁场拾

取系统一般以垂直缺陷作为传感器敏感方向设计基准，从而感应线圈敏感方向会与斜向缺陷形成夹角，最终产生检测信号幅值差异。为实现同尺寸斜向缺陷的一致性检测与评价，需要根据感应线圈敏感方向与缺陷走向之间的夹角对检测信号幅值差异的影响机制，提出合理的感应线圈布置方法。

1. 感应线圈与裂纹夹角对检测信号的影响

分析感应线圈敏感方向与缺陷走向夹角对漏磁检测信号的影响。感应线圈敏感方向也即感应线圈长轴方向，如图 4-75 所示，感应线圈敏感方向与试件轴向垂直，当试件上存在不同走向缺陷时，感应线圈将与其形成不同的夹角，从而引起检测信号幅值差异。

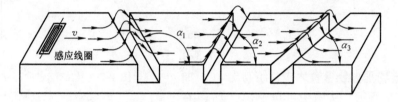

图 4-75　感应线圈敏感方向与缺陷走向夹角示意图

图 4-76 所示为水平线圈与缺陷走向存在一定夹角时的漏磁场检测原理。线圈长度为 l，宽度为 $2w$，提离值为 h，水平线圈敏感方向与缺陷走向之间的夹角为 β。建立如图所示坐标系 (x, y)，缺陷走向平行于 y 轴，缺陷漏磁场分布满足磁偶极子模型，水平线圈运动方向与 x 轴平行。从图中可以看出，当水平线圈敏感方向与缺陷走向形成一定夹角时，组成水平线圈的四段导线均会产生感应电动势，因此水平线圈整体输出为四段导线感应电动势之差。设四段导线 L_1、L_2、L_3 和 L_4 产生的感应电动势输出分别为 e_1、e_2、e_3 和 e_4，则可获得水平线圈感应电动势输出 $\Delta e_{\text{horizontal}}$ 为

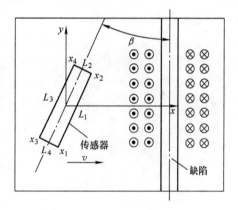

图 4-76　与缺陷走向存在夹角的水平线圈检测原理

$$\Delta e_{\text{horizontal}} = e_1 + e_2 - e_3 - e_4 \qquad (4-32)$$

结合漏磁场垂直分量表达式和法拉第电磁感应定律，设导线两端点 x 轴坐标分别 x_{R} 和 x_{L}，可获得单根导线感应电动势输出 $\Delta e_{\text{horizontal}}$ 为

$$\Delta e_{\text{horizontal}} = \int_{x_{\text{L}}}^{x_{\text{R}}} B_z(x) \frac{\mathrm{d}x}{\sin\beta} \cdot v \cdot \cos\beta = \frac{v}{\tan\beta} \int_{x_{\text{L}}}^{x_{\text{R}}} B_z(x)\,\mathrm{d}x \qquad (4-33)$$

设四段导线交界点 x 轴坐标分别为 x_1、x_2、x_3 和 x_4，进一步可得到水平线圈感应电动势输出 $\Delta e_{\text{horizontal}}$ 为

$$\Delta e_{\text{horizontal}} = \frac{v}{\tan\beta}\left[\int_{x_1}^{x_2} B_z(x)\,\mathrm{d}x + \int_{x_4}^{x_2} B_z(x)\,\mathrm{d}x - \int_{x_3}^{x_4} B_z(x)\,\mathrm{d}x - \int_{x_3}^{x_1} B_z(x)\,\mathrm{d}x \right] \qquad (4-34)$$

如图 4-77 所示，进一步将四段导线交界点沿 x 轴投影，将水平线圈分解为 L_1、L_2、L_3、L_4、L_5 和 L_6 六段导线，其交界点 x 轴坐标分别为 x_1、x_2、x_3、x_4、x_5 和 x_6。此时，水平线圈感应电动势为处于前端三段导线和尾部三段导线感应电动势之差

$$\Delta e_{\text{horizontal}} = e_1 + e_2 + e_3 - e_4 - e_5 - e_6 \tag{4-35}$$

由于 $x_2 = x_4$, $x_1 = x_5$, 各段导线产生的感应电动势满足 $e_1 = e_4$, $e_2 = e_3$, $e_5 = e_6$, 从而可得到水平线圈感应电动势 $\Delta e_{\text{horizontal}}$ 为

$$\Delta e_{\text{horizontal}} = 2(e_3 - e_6) =$$

$$\frac{2v}{\tan\beta}\Big[\int_{x_4}^{x_3} B_z(x)\,\mathrm{d}x - \int_{x_6}^{x_1} B_z(x)\,\mathrm{d}x\Big] \tag{4-36}$$

设 $u(x) = \int B_z(x)\,\mathrm{d}x$, 进一步将式 (4-36) 进行简化得

$$\Delta e_{\text{horizontal}} = [u(x_3) + u(x_6) - u(x_1) - u(x_4)]2v/\tan\beta \tag{4-37}$$

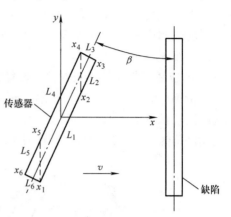

图 4-77 与缺陷走向存在夹角的水平线圈扫查原理图

根据漏磁场垂直分量表达式, 绘制出 $u(x)$ 曲线, 如图 4-78 所示。从图中可以看出, $u(x)$ 在缺陷中心幅值最大且左右对称。当水平线圈敏感方向与缺陷走向形成夹角时, 感应电动势输出实质为检测线圈外侧两角点与内侧两角点的 $u(x)$ 值之差与 $2v/\tan\beta$ 的乘积。

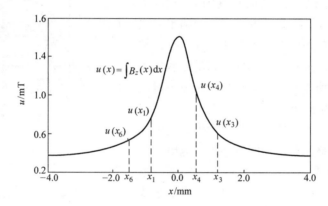

图 4-78 水平线圈中 $u(x)$ 位置关系曲线

设 x 为水平线圈中心点坐标, 则可获得水平线圈四角点的 x 轴坐标, 即

$$\begin{cases} x_1 = x - \dfrac{l}{2}\sin\beta + w \cdot \cos\beta \\[2mm] x_3 = x + \dfrac{l}{2}\sin\beta + w \cdot \cos\beta \\[2mm] x_6 = x - \dfrac{l}{2}\sin\beta - w \cdot \cos\beta \\[2mm] x_4 = x + \dfrac{l}{2}\sin\beta - w \cdot \cos\beta \end{cases} \tag{4-38}$$

进一步设线圈宽度参数 $w = 0.3253\text{mm}$, 线圈长度 $l = 12.5\text{mm}$, 水平线圈运行速度为 1m/s, 根据式 (4-37), 绘制水平线圈感应电动势与夹角 β 的关系曲线, 如图 4-79 所示。从图中可以看出, 随着夹角 β 不断增大, 水平线圈感应电动势不断减小; 当水平线圈与缺陷

走向平行时感应电动势幅值最大，当两者垂直时几乎没有感应电动势输出。

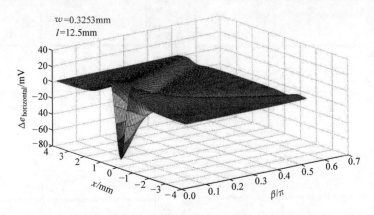

图 4-79　水平线圈感应电动势与夹角 β 的关系曲线

　　利用钢板漏磁检测试验研究水平线圈敏感方向与缺陷走向夹角对检测信号幅值的影响，感应线圈的长度、宽度和高度分别为 11mm、2mm 和 2mm，线径为 0.13mm，共 30 匝，水平线圈中心提离值 $h^{\ominus}$ 为 1.5mm。一共进行四组试验，使水平线圈与不同走向缺陷平行放置进行检测，如图 4-80 所示。水平线圈以恒定速度 0.5m/s 依次通过缺陷 C_{rk1}、C_{rk2}、C_{rk3} 和 C_{rk4}，获得如图 4-81 所示的检测信号。

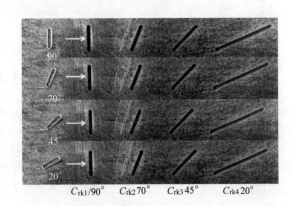

图 4-80　水平线圈以不同布置方向扫查不同走向缺陷示意图

　　从图 4-81 中可以看出，按不同方向布置的水平线圈产生了不同的漏磁信号幅值输出：当水平线圈以 90°方向依次扫过四个缺陷时，检测信号依次减小，其中 C_{rk1} 缺陷信号幅值最大，C_{rk4} 缺陷信号幅值最小；当水平线圈以 70°方向依次扫过四个缺陷时，C_{rk2} 缺陷信号幅值最大，C_{rk1} 信号幅值次之，然后依次为 C_{rk3} 和 C_{rk4}；当水平线圈以 45°方向依次扫过四个缺陷时，C_{rk3} 缺陷信号幅值明显增加，C_{rk4} 信号幅值有所增加，而 C_{rk1} 和 C_{rk2} 信号幅值均降低；当水平线圈以 20°方向依次扫过四个缺陷时，C_{rk4} 缺陷信号幅值增加，其余三个缺陷信号幅值都降低，而且 C_{rk1}、C_{rk2} 和 C_{rk3} 信号幅值依次由小到大排列。

　　绘制不同走向缺陷检测信号峰值与水平线圈布置方向的关系曲线，如图 4-82 所示。从图中可以看出，当水平线圈以不同方向扫查同一缺陷时将产生不同的检测信号幅值。当水平线圈敏感方向与缺陷走向平行时，信号幅值最大；随着两者方向夹角的增大，信号幅值逐渐降低。

　　$\ominus$　此处的 h 表示水平线圈的提离值，后面用 H 表示垂直线圈的提离值。

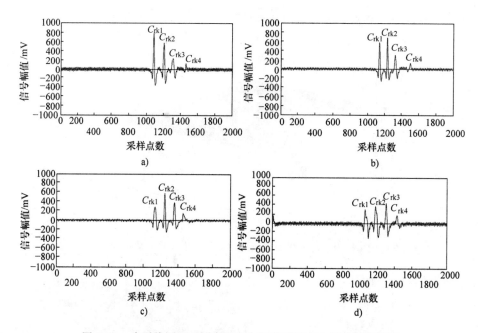

图 4-81　水平线圈以不同布置方向扫查不同走向缺陷信号波形

a）线圈以 90°方向扫查缺陷信号波形　　b）线圈以 70°方向扫查缺陷信号波形

c）线圈以 45°方向扫查缺陷信号波形　　d）线圈以 20°方向扫查缺陷信号波形

图 4-83 所示为垂直线圈敏感方向与缺陷走向存在一定夹角时的漏磁场扫查原理图，线圈长度为 l，宽度为 $2w$，线圈中心提离值为 H，垂直线圈敏感方向与缺陷走向之间的夹角为 β。建立如图所示坐标系 (x, y)，缺陷走向平行于 y 轴，垂直线圈运动方向与 x 轴平行。

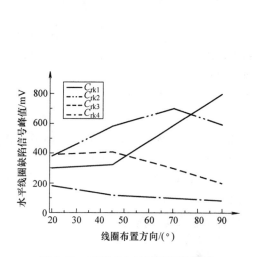

图 4-82　不同走向缺陷检测信号峰
值与水平线圈布置方向关系曲线

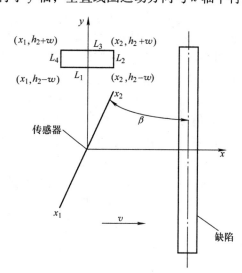

图 4-83　与缺陷走向存在夹角
的垂直线圈扫查原理图

垂直线圈由四段导线 L_1、L_2、L_3 和 L_4 组成，其感应电动势输出分别为 e_1、e_2、e_3 和 e_4，

由于 $e_2 = e_4 = 0$，则可获得垂直线圈感应电动势输出 $\Delta e_{\text{vertical}}$ 为

$$\Delta e_{\text{vertical}} = e_1 + e_2 - e_3 - e_4 = e_1 - e_3 \tag{4-39}$$

垂直线圈四角点坐标分别为 $(x_1, h_2 - w)$、$(x_1, h_2 + w)$、$(x_2, h_2 - w)$ 和 $(x_2, h_2 + w)$，获得垂直线圈感应电动势输出 $\Delta e_{\text{vertical}}$ 为

$$\Delta e_{\text{vertical}} = \frac{v}{\tan\beta}\Big[\int_{x_1}^{x_2} B_z(x, h_2 - w)\,\mathrm{d}x - \int_{x_1}^{x_2} B_z(x, h_2 + w)\,\mathrm{d}x\Big] \tag{4-40}$$

同样，设 $u(x) = \int B_z(x)\,\mathrm{d}x$，可将式（4-40）进一步简化为

$$\Delta e_{\text{vertical}} = \frac{v}{\tan\beta}\big[u(x, h_2 - w) - u(x, h_2 + w)\big] = \frac{v}{\tan\beta}\Delta u \tag{4-41}$$

根据漏磁场垂直分量表达式绘制出 $u(x)$ 曲线，如图 4-84 所示。从图中可以看出，当垂直线圈敏感方向与缺陷走向形成夹角时，感应电动势输出实质为位于不同提离值的顶部和底部导线 $u(x)$ 值之差与 $v/\tan\beta$ 的乘积。

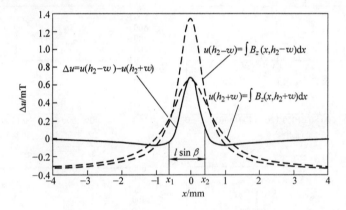

图 4-84　垂直线圈中 $u(x)$ 位置关系曲线

设 x 为垂直线圈中心点坐标，l 为线圈长度，β 为垂直线圈敏感方向与缺陷走向夹角。根据图 4-83 可获得垂直线圈四角点的 x 轴坐标为

$$\begin{cases} x_1 = x - \dfrac{l}{2}\sin\beta \\[2mm] x_2 = x + \dfrac{l}{2}\sin\beta \end{cases} \tag{4-42}$$

设线圈宽度参数 $w = 0.15\text{mm}$，线圈长度 $l = 12.5\text{mm}$，垂直线圈运行速度为 1.0m/s，根据式（4-42）绘制垂直线圈感应电动势与夹角 β 的关系曲线，如图 4-85 所示。从图中可以看出，随着夹角 β 的不断增大，垂直线圈感应电动势不断减小。当垂直线圈敏感方向与缺陷走向平行时，感应电动势输出最大；

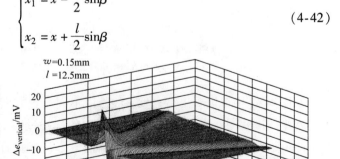

图 4-85　垂直线圈感应电动势与夹角 β 的关系曲线

当两者垂直时，几乎没有感应电动势输出。

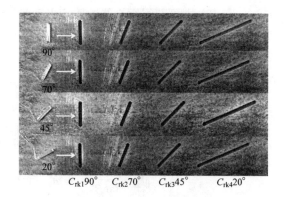

图 4-86　垂直线圈以不同布置方向扫查不同走向缺陷示意图

采用与水平线圈相同的试验方法，研究垂直线圈敏感方向与缺陷走向夹角对漏磁检测信号的影响。将感应线圈垂直摆放，垂直线圈中心提离值 H 为 2mm。同样本试验分为四组，分别使垂直线圈以不同的布置方向依次扫查四个缺陷 C_{rk1}、C_{rk2}、C_{rk3} 和 C_{rk4}，速度为 0.5m/s，如图 4-86 所示，并获得不同走向缺陷的信号幅值与垂直线圈布置方向的关系曲线，如图 4-87 所示。

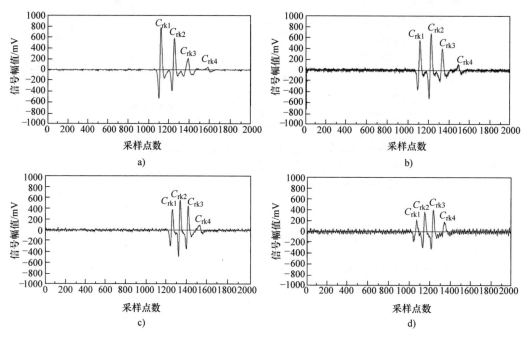

图 4-87　垂直线圈以不同布置方向扫查缺陷信号波形
a）线圈以 90°方向扫查缺陷信号波形　　b）线圈以 70°方向扫查缺陷信号波形
c）线圈以 45°方向扫查缺陷信号波形　　d）线圈以 20°方向扫查缺陷信号波形

从图 4-87 中可以看出，当垂直线圈以不同布置方向扫查四个缺陷时，检测信号变化规律与水平线圈相同：当垂直线圈以 90°方向依次扫过四个缺陷时，检测信号依次减小，其中 C_{rk1} 缺陷信号幅值最大，C_{rk4} 缺陷信号幅值最小；当垂直线圈以 70°方向依次扫过四个缺陷时，C_{rk2} 缺陷信号幅值最大，C_{rk1} 信号幅值次之，然后依次为 C_{rk3} 和 C_{rk4}；当垂直线圈以 45°方向依次扫过四个缺陷时，C_{rk3} 缺陷信号幅值明显增加，C_{rk4} 信号幅值有所增加，而 C_{rk1} 和 C_{rk2} 信号幅值均降低；当垂直线圈以 20°方向依次扫过四个缺陷时，C_{rk4} 缺陷信号幅值增加，其余三个缺陷信号幅值都降低，而且 C_{rk1}、C_{rk2} 和 C_{rk3} 信号幅值依次由小到大排列。

绘制不同走向缺陷检测信号峰值与垂直线圈布置方向的关系曲线，如图 4-88 所示。从图中可以看出，当垂直线圈以不同布置方向扫查同一缺陷时将产生不同的检测信号幅值。当垂直线圈敏感方向与缺陷走向平行时，信号幅值最大，随着两者方向夹角的增大，信号幅值逐渐降低。

2. 多向性阵列感应线圈消除方法

与标准缺陷相比，斜向缺陷检测信号幅值更低的原因有：一方面，钢管漏磁检测采用轴向和周向复合磁化方式对钢管进行局部磁化，从而导致与磁化方向形成夹角的斜向缺陷漏磁场强度更低；另一方面，在缺陷漏磁场拾取过程中，检测

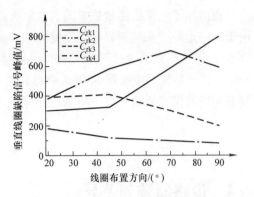

图 4-88　不同走向缺陷检测信号峰值
与垂直线圈布置方向的关系曲线

线圈敏感方向与斜向缺陷会形成一定夹角，从而降低缺陷检测信号的幅值。为实现具有不同走向的同尺寸缺陷的一致性检测与评价，提出基于多向性阵列感应线圈的布置方法。水平线圈与垂直线圈布置方法相同，以水平线圈作为消除方法的阐述对象。

在实际生产过程中，当生产工艺参数确定后，同批钢管中自然缺陷走向往往大致相同。如图 4-89 所示，设钢管中存在斜向缺陷 1，并与磁化场方向形成夹角 α_0，由于在物料运输过程中可能出现钢管方向倒置，因此，斜向缺陷走向也可能会与磁化场方向形成夹角 $\pi - \alpha_0$，如斜向缺陷 3。对此，在探头内部布置多向性阵列感应线圈 S_1、S_2 和 S_3，分别与磁化场 B_0 形成夹角 α_1、α_2 和 α_3。其中，第一排阵列感应线圈 S_1 对斜向缺陷 1 进行扫查，根据水平线圈敏感方向与缺陷走向夹角对检测信号幅值的影响规律，线圈敏感方向应该与缺陷 1 走向平行，即 $\alpha_1 = \alpha_0$；第二排阵列感应线圈 S_2 用于检测标准垂直缺陷 2 和校验设备状态，因此线圈敏感方向与磁化方向垂直，即 $\alpha_2 = 90°$；第三排阵列感应线圈 S_3 方向与缺陷 3 走向平行，即 $\alpha_3 = \pi - \alpha_0$。

从而，通过多向性阵列感应线圈布置方式可以最大限度地提高斜向缺陷的检测信号幅值，并消除线圈敏感方向与缺陷走向夹角引起的检测信号幅值差异。图 4-90 所示为针对钢管上有 30° 斜向自然缺陷而制作的多向性阵列感应线圈探头芯。

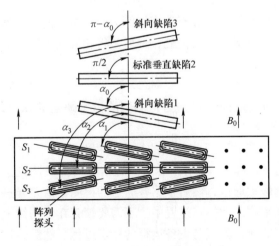

图 4-89　多向性阵列感应线圈布置方法

图 4-90　多向性阵列感应线圈探头芯

在消除了水平线圈敏感方向与缺陷走向夹角引起的检测信号差异之后，需要进一步消除由于缺陷走向带来的漏磁场强度差异，为此对斜向缺陷检测通道进行增益补偿。阵列感应线圈 S_1、S_2 和 S_3 分别通过斜向缺陷 1、标准缺陷 2 和斜向缺陷 3 之后输出信号峰值分别为 e_1、e_2 和 e_3，设阵列感应线圈 S_1 和 S_3 增益补偿参数分别为 α_1 和 α_3，经补偿后使得不同走向缺陷具有相同的信号幅值，进一步则可获得 α_1 和 α_3，即

$$\begin{cases} e_2 = e_1 \cdot a_1 \\ e_2 = e_3 \cdot a_3 \end{cases} \longrightarrow \begin{cases} a_1 = e_2/e_1 \\ a_3 = e_2/e_3 \end{cases} \tag{4-43}$$

4.4　传感器阵列差异

钢管自动化漏磁检测系统通常采用多通道阵列检测探头技术来提高检测速度，因此，不可避免地存在各漏磁检测传感器的灵敏度和提离值不同。同时由于每个信号通道的放大滤波电路差异，最终会造成在检测相同裂纹时每个通道拾取的信号幅值不一致。为此，需要对阵列检测探头通道灵敏度进行标定，通过增益调整的方式使各检测通道的灵敏度相同。

标定是在正常工作采集前对各检测通道一致性的预处理。在漏磁检测中，一般在检测设备使用了一定的次数或时间后将要进行一次标定处理，包括：

（1）校准通道基准　　通道基准是信号图形化显示的基线，校准通道基准一方面是为了检测信号最大化图形显示；另一方面，校准通道基准是同多通道融合处理的必要条件。最常用的校准通道基准的方法是每个通道对自身通道的所有数据求均值，即

$$C_i = \sum d_{ij}/L_n \tag{4-44}$$

式中，C_i 是第 i 个通道的基准；L_n 为第 i 个通道的数据长度；d_{ij} 为第 i 个通道第 j 个数据的采样值。

（2）校准通道增益　　通道增益是信号图形化显示的放大倍数，不仅影响图形化的显示效果，更重要的是通道增益的校准是缺陷判断的重要参数。检测设备对不同材质、不同规格的被测物件的灵敏度会有不同，且各传感器灵敏度之间也会有一定差异，所以校准通道增益是标定处理中的重要环节。

校准通道增益与具体的检测应用，特别是与具体的标样有着密切的关系。常用的校准通道增益的方法是：将标样上标准缺陷的峰值校准到对应门限值处，一般是将相同缺陷逐一或一次性能地被传感器检测到。

$$Y_i = THp/(d_{i\max} - C_i) \tag{4-45}$$

式中，Y_i 是第 i 个通道的增益；TH 为门限值；$d_{i\max}$ 是第 i 个通道检测到的指定缺陷的峰值；C_i 为经校准过的第 i 个通道的基准；p 为单位转换系数。

为提高钢管漏磁检测多通道标定的速度与正确性，可将复杂的标定过程分为两个步骤，也即静态标定与动态标定。首先，使用"电子标定器"产生标准的磁场信号对探头阵列进行校准，将标准磁信号依次遍历探头中每一个磁敏通道，然后根据各通道的检测幅值差异进行增益调整，最终使所有传感器到达相同的灵敏度。此标定过程中，不需要钢管在传输线上运动，称为静态标定，此方法可用在探头出厂的质量测试与设备运行的标定过程。然后，进一步利用含有人工缺陷的样管进行复核。此种方法可极大地提高校样效率和标定精度。

4.4.1　静态标定方法

电子标定器是一种标准的磁信号发生器。如图 4-91 所示，永久磁铁在标定器中做高速旋转运动，形成脉动磁信号源，产生的磁场信号遍历检测探靴中的磁敏感元件，形成标定磁信号。电子标定器包括操作手柄、套筒、外罩、电池及充电器。其主要有以下特点：

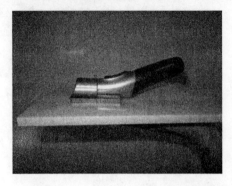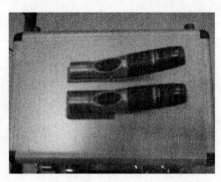

图 4-91　电子标定器实物图

1）采用一个永磁源，信号稳定一致。

2）永磁源做高速、高精度旋转运动，磁场源与探头之间相对运动的速度不会影响标定准确性。

3）采用离线方式对单个探靴依次标定。

4）精度高，可靠性高，工作性能稳定。

5）手提便携式设计，体积小巧，携带使用方便。

采用电子标定器对检测探头进行静态标定的流程如下：

（1）准备工作　检测信号系统处于工作状态。安装检测软件，并将标定探头、前置放大器、数据采集卡以及显示计算机依次连接好，如图 4-92 所示。

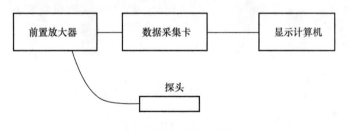

图 4-92　标定接线示意图

（2）标定　首先进入软件标定界面，如图 4-93 所示。

将标定器放在探头检测面上，用标定器的定位边紧贴在探头一侧进行左右定位，如图 4-94所示。

打开标定器，开始输出磁场信号。检测过程中，推动标定器从探头的一端较匀速地滑向另一端。每个通道的信号通过前置放大器、数据采集卡，最终被检测软件获取及保存。

保存数据，关闭标定器。

（3）数据分析，调节增益　打开数据软件采集的数据，如图 4-95 所示。

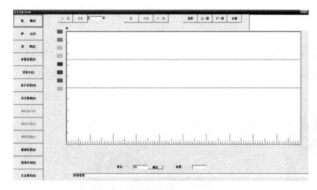

图 4-93　软件标定界面　　　　　　　　　图 4-94　标定器工作示意图

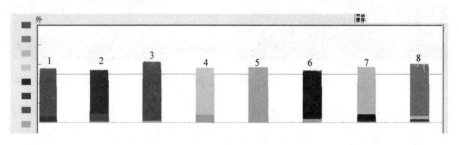

图 4-95　探头各个通道采集的数据

　　图 4-95 中，通道 1 波高 55.5dB，通道 2 波高 55dB，通道 3 波高 57dB，通道 4 波高 56dB，通道 5 波高 56dB，通道 6 波高 55dB，通道 7 波高 56dB，通道 8 波高 56.5dB。之后，将门限设置为大多数通道信号的波高处，如图 4-96 所示。

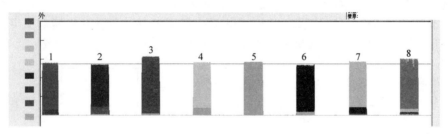

图 4-96　调节门限后的信号

　　将通道 1 增益提高 0.5dB，通道 2、6 增益提高 1dB，通道 3 增益减小 1dB，通道 8 增益减小 0.5dB。调节后再用标定器重复步骤（2），得到的信号如图 4-97 所示。

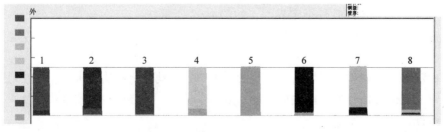

图 4-97　标定调整后得到的信号

图 4-97 中，8 个通道的信号幅值一样，探头的标定结束。

4.4.2　动态标定方法

动态标定方法是指采用带有人工缺陷的钢管重复通过检测系统，来对阵列检测通道进行标定。在标定过程中，需要调整钢管的角度与位置使钢管上的同一缺陷依次经过不同的检测通道。

钢管横向缺陷检测系统的标定方法为，在钢管表面刻制一个环形槽，一次性通过所有横向缺陷检测传感器，或者通过不断调整刻制有标准横向缺陷钢管的角度，使缺陷依次经过所有横向检测通道，最终可根据各通道产生的信号幅值差异进行增益调整，使得缺陷无论以何种角度进入横向检测主机各通道均能获得一致的检测信号幅值。

纵向缺陷检测系统的标定则可利用刻制在样管上的长轴向裂纹一次性通过所有纵向缺陷检测传感器，或者刻制有标准纵向缺陷的钢管慢慢向前运动，使缺陷依次经过所有纵向检测通道，同样，最后根据各通道的信号输出差异来调整通道增益，使得所有传感器产生相同的信号幅值。常用的标定方法对样管的制作要求较高，如样管上的环形槽和长裂纹。如果用于标定的缺陷尺寸或形位尺寸精度不满足相应要求，则会降低标定的效果和准确性。

第 5 章 高速检测中的涡流效应与磁后效

目前，我国具有世界上最先进的钢管生产工艺和最新的轧管机组，钢管的最大生产速度高达 960 支/h。为匹配钢管的在线高速生产速度，钢管在线漏磁检测速度要求也越来越高，为 3m/s 以上。此外，高速铁轨、煤矿钢丝绳及石油管道等检测速度要求也很高，如高速列车运行速度高达 100m/s。

漏磁检测速度较低时，铁磁性介质的磁化过程与静态磁化区别不大。然而，随着检测速度不断提高，漏磁检测过程中将会产生电磁感应和动态磁化机理问题。

一方面，由于铁磁性介质与磁化场之间存在相对运动，铁磁性介质切割磁力线会在其内产生感应涡流，也即，存在涡流效应。钢管中产生的涡流会形成感生磁场，其与原始磁化场共同作用于钢管，进而改变钢管的磁化状态，最终影响缺陷漏磁场的强度与分布。

另一方面，工件高速通过磁化场时，动态磁化机理作用突显。在动态磁化过程中，当铁磁性材料处于变化很快的磁场作用下时，其磁感应强度不能立即随磁化场的变化而变化，而是出现某些滞后，这种磁感应强度在时间上的滞后就是磁后效。因此，当工件高速通过磁化场时，会导致工件在尚未达到饱和状态的情况下就已经离开磁化场，从而导致检测灵敏度和可靠性降低。

建立涡流效应与磁后效作用机理是突破漏磁检测速度瓶颈的基础，对丰富和完善漏磁检测理论具有重要意义。之后，依据感生磁场和动态磁化过程对漏磁场的影响提出相应的补偿方法，以适应钢管漏磁检测的高速度要求，并对其他工件的高速漏磁检测提供参考。

5.1 高速漏磁检测的涡流效应

钢管作为油气开采与运输过程的重要部件被大量使用，对其进行质量检测是钢管安全生产应用的前提。随着钢管连轧工艺的发展，在线检测速度要求不断提高。在漏磁检测中，钢管高速运动时产生的感生磁场将引起局部磁化场的变化，使得该部位缺陷产生的漏磁场发生改变，进而造成检测设备的判别异常，造成质量事故。

根据楞次定律，当钢管穿过磁化线圈时，钢管内部将产生涡流，同时磁化线圈中也会感应出电流。钢管中感生涡流产生的磁场和磁化线圈中感生电流产生的磁场共同作用钢管之后，钢管局部的磁化状态将发生变化。在钢管慢速运动时，这一磁化状态变化并不明显，但随着速度的提升，会越来越严重，特别是在钢管进入和离开磁化线圈时。根据漏磁检测原理，由于磁化状态的改变，相同当量的缺陷在管头、管体和管尾处会产生出不同强度的漏磁场，经信号系统拾取与计算处理之后，将引起不同部位缺陷对应的检测信号幅值不一致，从而会影响钢管质量的一致性评价。

5.1.1 高速运动中的电磁感应

钢管穿过磁化线圈时会发生如下两种电磁感应现象：

1）当钢管在横向漏磁检测磁化器内运动时，钢管切割磁力线而在其内部形成感生涡流。

2）钢管磁介质在管头进入磁化线圈和管尾离开磁化线圈时，由于磁化线圈的磁通总量发生急剧变化，线圈中会产生感生电流。

1. 钢管内产生的感生涡流

钢管横向缺陷漏磁检测方法采用穿过式线圈产生轴向磁化场，并在磁化线圈内布置检测传感器。当钢管沿着轴向移动时，处于磁化线圈内的钢管段被磁化至近饱和状态，如存在缺陷将在钢管表面产生泄漏磁场，然后被磁敏感元件拾取并依次转换为模拟信号和数字信号，最终由计算机信号处理系统实施报警和分类。

如图 5-1 所示，以钢管轴线为中心建立圆柱坐标系。沿着钢管运动方向，以磁化线圈为中心将钢管划分为进入区和离开区，在磁化线圈中施加如图所示的磁化电流，磁力线分布特征为：在进入区磁力线从空气中进入钢管，并在磁化线圈中部汇聚，然后在离开区折射入空气中。

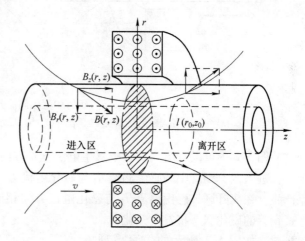

如图 5-1 所示，将磁感应强度矢量 $\boldsymbol{B}(r,z)$ 分解为轴向分量 $\boldsymbol{B}_z(r,z)$ 和径向分量 $\boldsymbol{B}_r(r,z)$，即

$$\boldsymbol{B}(r,z) = \boldsymbol{B}_z(r,z) + \boldsymbol{B}_r(r,z) \tag{5-1}$$

图 5-1　钢管漏磁检测系统磁化场分布

从图 5-1 中可以看出，轴向分量 $\boldsymbol{B}_z(r,z)$ 在进入区和离开区方向一致，沿着钢管前进方向，其强度在进入区逐渐增大，并在磁化线圈中部达到极大值，之后在离开区逐渐减小。径向分量 $\boldsymbol{B}_r(r,z)$ 在进入区方向指向钢管内部，并在磁化线圈中部发生转变，在离开区方向指向钢管外部。

为了研究与钢管同轴圆环 $l(r_0,z_0)$ 的涡流分布，设圆环半径为 r_0，轴向位置为 z_0。根据楞次定律，当圆环移动时，轴向分量 $\boldsymbol{B}_z(r,z)$ 的强度变化导致圆环磁通量也发生改变，从而在圆环中产生感生电动势。因磁化场为轴对称，建立圆环感应电动势 $\varepsilon(r_0,z_0)$ 方程为

$$\varepsilon(r_0,z_0) = -\frac{\mathrm{d}\varPhi}{\mathrm{d}t} = -\int_S \frac{\partial B_z(r,z) \cdot \mathrm{d}S}{\partial z/v} = -\int_S \frac{\partial B_z(r,z)}{\partial z}\mathrm{d}S \cdot v \tag{5-2}$$

式中，$\varPhi$ 为圆环通过磁通量；S 为圆环面积；v 为钢管运行速度。

由式（5-2）可知，感应电动势 $\varepsilon(r_0,z_0)$ 与钢管运动速度 v 成正比。设圆环 $l(r_0,z_0)$ 的线电导率为 γ，进一步得到钢管圆环上感生涡流 $J(r,z)$ 方程为

$$J(r_0,z_0) = \frac{\varepsilon(r_0,z_0)}{2\pi r_0 \gamma} = -\int_S \frac{\partial B_z(r,z)}{\partial z}\mathrm{d}S \cdot v/2\pi r_0 \gamma \tag{5-3}$$

根据式（5-3），沿钢管前进方向，在进入区，轴向分量强度逐渐增强，感生涡流方向与原磁化电流方向相反；在磁化线圈中间位置，由于轴向分量变化率为零，故此部位无感生涡流产生；在离开区，轴向分量强度由中间最大值逐渐减小，于是形成与原磁化电流方向相

同的感生涡流，最终钢管中感生涡流分布如图 5-2a 所示。如果改变磁化电流方向，根据式 (5-3)，同样可得出钢管内感生涡流分布，如图 5-2b 所示。

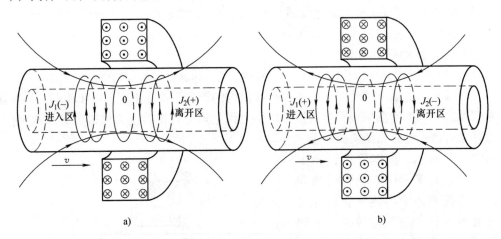

图 5-2　钢管中感生涡流分布示意图

a) 正方向导入磁化电流时感生涡流分布　b) 反方向导入磁化电流时感生涡流分布

从图 5-2 中可以看出，钢管中感生电流分布方向由磁化电流方向和钢管运动方向共同决定。在进入区，钢管中的感生涡流 J_1 与磁化电流方向相反；在磁化线圈中间位置无感生涡流产生；在离开区，感生涡流 J_2 与磁化电流方向相同。从而，在感生涡流产生的磁场作用下，钢管的磁化状态将发生变化。

建立如图 5-3 所示的仿真模型。钢管直径为 400mm、壁厚为 15mm、长度为 3000mm、材质为 25 钢（电导率为 2×10^6 S/m）。磁化线圈内径为 440mm、外径为 750mm、厚度为 160mm，磁化电流密度 $i = 1.0 \times 10^7$ A/m^2，电流方向如图 5-3 所示。

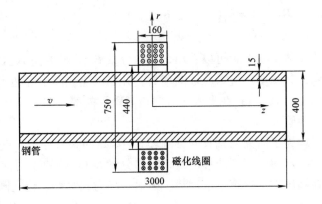

图 5-3　感生涡流仿真模型几何尺寸参数

对钢管中的感生涡流分布进行仿真研究。磁化线圈固定不动，钢管运行速度设置为 1m/s，钢管从左端进入并向右端移动，当钢管中心与磁化线圈中心重合时获取感生涡流分布云图，如图 5-4 所示。从图中可以看出，进入区的感生涡流方向与磁化电流方向相反，离开区的感生涡流方向与磁化电流方向相同，在线圈中部感生涡流几乎为零。进入区和离开区的涡流分布相对于线圈呈对称分布，方向相反，强度基本相同，仿真结果与图 5-2 所示的涡流分布理论分析结论相同，其中感生涡流最大值为 1.4×10^5 A/m^2。

为了研究感生涡流与钢管运行速度的关系，分别取速度 0.1m/s、1m/s、2m/s、5m/s、8m/s、10m/s、20m/s、30m/s、40m/s 和 50m/s 进行仿真。当钢管中部与磁化线圈重合时提取涡流密度最大值和最小值，绘制成如图 5-5 所示的涡流密度与运行速度关系曲线。从图中可以看出，感生涡流与钢管运行速度成近似正比关系。钢管低速运动时感生涡流很小，可忽略不计；当运行速度增至 $50\mathrm{m/s}$ 时，涡流密度为 $2.01 \times 10^6 \mathrm{A/m^2}$，此时，感生涡流已接近传导电流密度。因此，高速运动时，感生涡流对钢管漏磁检测的影响不可忽视。

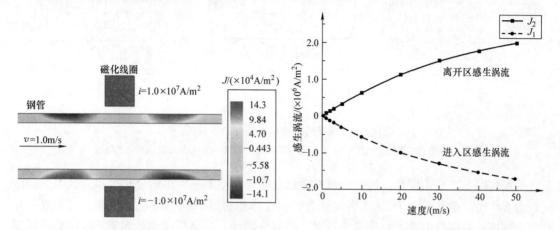

图 5-4　钢管内部感生涡流分布仿真云图　　　　图 5-5　钢管中感生涡流与运行速度关系曲线

2. 磁化线圈中产生的感生电流

当钢管端部进入和离开磁化线圈时，线圈中的磁通量发生变化而产生感生电流。设磁化电源提供的电压为 U_0，磁化线圈电阻为 R，则磁化电源在线圈中产生的初始传导电流为 $I_0 = U_0/R$。磁化线圈通过的磁通总量为 Φ，当磁化线圈中磁通总量发生变化时，根据楞次定律，线圈中将产生感生电动势 $U_1 = -\Delta\phi/\Delta t$，对应的感生电流 $I_1 = U_1/R = -\Delta\phi/(\Delta t R)$，此时，磁化线圈中通过的电流 I 为初始传导电流和感生电流之和，即

$$I = I_0 + I_1 = \frac{(U_0 - \Delta\phi/\Delta t)}{R} \tag{5-4}$$

当线圈中没有钢管时，磁化线圈磁通总量为线圈自身产生的静态磁通量，其与磁化电流强度成正比，当磁化电流不变时，线圈磁通总量也不发生变化。此时线圈中通过的电流为磁化电源产生的初始磁化传导电流 $I = I_0$。

当管头进入磁化线圈时，具有高磁导率的钢管磁介质进入磁化线圈内部，使得线圈内部的磁通总量增大。根据式（5-4），磁化线圈中会产生与初始磁化传导电流方向相反的感生电流，此时线圈中通过的电流为 $I = I_0 - I_1$，如图 5-6a 所示。

当管体通过磁化线圈时，线圈内部磁介质总量及分布特性基本不变，从而线圈内部的磁通总量也保持恒定。根据式（5-4），磁化线圈基本无感生电流产生，此时，磁化线圈中通过的电流与无钢管时相同，为磁化电源产生的初始磁化传导电流 $I = I_0$，如图 5-6b 所示。

当管尾离开磁化线圈时，由于线圈内部的高磁导率磁介质不断减少，导致磁化线圈的磁通总量也不断减少。根据式（5-4），磁化线圈中会产生与初始磁化传导电流方向相同的感生电流，此时线圈中通过的电流为 $I = I_0 + I_1$，如图 5-6c 所示。

钢管内的磁场包括：磁化线圈通过电流 I 产生的磁场和钢管中感生涡流 J 形成的磁场。磁化线圈的磁通总量包含了由感生涡流 J 产生的部分磁通量，因此钢管中的涡流效应会对磁化线圈中的感生电流产生一定影响。

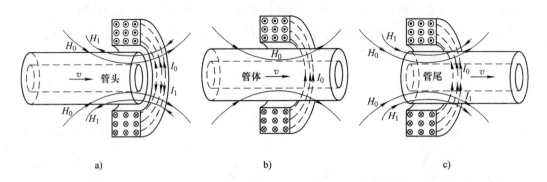

a)   b)   c)

图 5-6   磁化线圈感生电流分布示意图

a) 管头磁化线圈感生电流   b) 管体磁化线圈感生电流   c) 管尾磁化线圈感生电流

采用如图 5-3 所示模型，进一步研究磁化线圈中产生的感生电流变化规律。其中，线圈匝数为 600 匝，磁化电流为 5A。当钢管管头、管体和管尾分别与磁化线圈耦合时提取磁化线圈内部产生的感生电流，如图 5-7 所示。仿真分两种：一是考虑钢管涡流效应时分析线圈感生电流与运动速度的关系，二是忽略钢管涡流效应而单独分析线圈感生电流与钢管运动速度关系。分别取速度 0.1m/s、1m/s、2m/s、5m/s、8m/s、10m/s、20m/s、30m/s、40m/s 和 50m/s 进行仿真，获得如图 5-8 所示的磁化线圈感生电流与运动速度关系曲线。其中 I_{1cs}、I_{2cs} 和 I_{3cs} 分别为考虑钢管涡流效应时在管头、管体和管尾处线圈中产生的感生电流，I_{1c}、I_{2c} 和 I_{3c} 分别为忽略钢管涡流效应时磁化线圈中产生的感生电流。

图 5-8 所示的仿真结果与图 5-6 所示的理论分析结论相同：当管头进入磁化线圈时，线圈中产生的感生电流幅值为负，即与磁化电流方向相反；当管体通过磁化线圈时，线圈中基本无感生电流产生；随着管尾离开磁化线圈，此时线圈中产生与磁化电流方向相同的感生电流。根据楞次定律，线圈中产生的感生电流会阻碍线圈磁通量的变化：当管头进入磁化线圈时，线圈中会产生反向感生电流来阻碍磁通量的增大；当管体与磁化线圈耦合时，由于线圈磁通量基本不变而无感生电流产生；当管尾离开磁化线圈时，线圈中会产生同向感生电流来阻碍磁通量的减小。

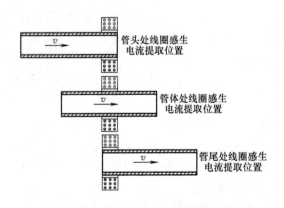

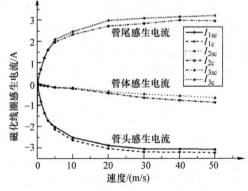

图 5-7   磁化线圈感生电流仿真示意图   图 5-8   磁化线圈感生电流与运行速度关系曲线

另外，从图 5-8 中可以看出，在运行速度较低时，磁化线圈中感生电流随着速度的增加而快速上升；当速度达到一定幅值时，磁化线圈中的感生电流基本保持不变。因为感生电流只能减缓磁化线圈磁通量的变化速度，而不能改变磁通量的变化趋势。

从图 5-8 中还可以看出，钢管中的涡流会削弱磁化线圈中产生的感生电流，即

$$\begin{cases} |I_{1cs}| < |I_{1c}| \\ |I_{2cs}| < |I_{2c}| \\ |I_{3cs}| < |I_{3c}| \end{cases} \tag{5-5}$$

根据楞次定律，钢管中的涡流同样会阻碍钢管中磁通量的变化。当钢管进入和离开磁化线圈时，钢管中的磁通量变化规律同样先增大后减小。由于磁化线圈磁通总量包含了钢管磁通量，所以，感生涡流在阻碍钢管磁通量变化的同时也阻碍了线圈磁通量的变化速率，最终削弱了线圈感生电流的强度。

5.1.2 感生磁场对缺陷漏磁场的影响

钢管高速漏磁检测中有两种电磁感应现象：钢管内部的感生涡流和磁化线圈中的感生电流。这两种电磁感应场作用于钢管之后，将改变钢管的磁化状态，从而会影响缺陷漏磁场的强度与分布。

1. 感生磁场对管体缺陷漏磁场的影响

当钢管管体通过磁化线圈时，线圈内部基本无感生电流产生，因此对管体缺陷漏磁场的影响主要是由钢管中产生的感生涡流磁场造成的。根据图 5-2 可知，钢管进入区产生的感生涡流与磁化电流方向相反，在离开区两者方向相同，在线圈中间位置基本没有感生涡流产生，进一步可获得的感生磁场空间分布如图 5-9 所示。从图中可以看出，感生涡流在进入区与离开区形成的磁场具有对称性且方向相反。结合线圈产生的磁化场，形成如图 5-10 所示的钢管高速运动时管体处磁场总体空间分布。从图中可以看出，在钢管进入区线圈磁化场 H_0 与感生涡流磁场 H_{1J} 方向相反，在离开区 H_0 与 H_{2J} 方向相同。从而经过磁场叠加后，离开区的磁场强度大于进入区的磁场强度，进一步造成离开区钢管磁化强度大于进入区钢管磁化强度，最终导致位于离开区的同尺寸缺陷产生的漏磁场强度高于进入区。

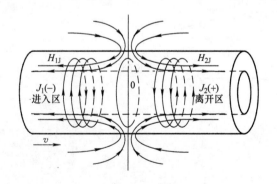

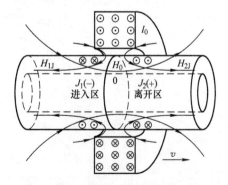

图 5-9　钢管中感生涡流磁场分布　　　　　图 5-10　管体处磁化场总体空间分布

当钢管在磁化线圈中间静止不动时，磁化场以线圈为中心对称分布，此时磁化场强度在线圈中部最大，往钢管两侧逐渐降低。当钢管低速运行时，感生涡流磁场强度较低，对线圈磁化场分布影响较小，此时感生涡流相对于磁化线圈对称分布。当运行速度提高时，感生涡

流磁场强度不断增大，其叠加于线圈磁化场之后，使得整体磁化场最大值点由线圈中部逐渐移至离开区，同时感生涡流对称点也会由磁化线圈中部处移至离开区内。

采用图 5-3 所示的模型仿真研究钢管感生涡流分布与运动速度的关系，仿真速度分别为 0.5m/s、5.0m/s、20m/s 和 50m/s 时提取感生涡流分布云图，如图 5-11 所示。

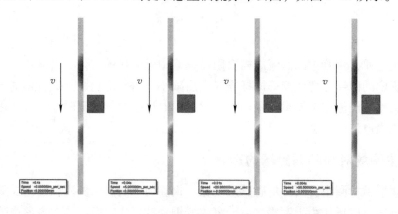

图 5-11　不同运行速度下钢管感生涡流分布云图

从图 5-11 中可以看出，当钢管低速运行时，感生涡流场关于磁化线圈对称分布，随着检测速度的不断提高，感生涡流场对称分布点逐渐向离开区偏移。

采用图 5-3 所示的模型对钢管不同区域磁感应强度与运行速度进行仿真分析。当运行速度分别为 0.1m/s、0.5m/s、1.0m/s、5.0m/s 和 30m/s 时提取钢管内部从 −80～80mm 范围内的磁感应强度，如图 5-12 所示。从图中可以看出，当运行速度较低时，钢管磁感应强度以线圈为中心对称分布；随着运行速度的不断提高，磁感应强度逐渐减小，而且钢管离开区磁感应强度大于进入区。从而，感生磁场会引起管体缺陷漏磁场差异：同一缺陷在不同运行速度下漏磁场强度不同，速度越高，强度越低；另外，当运行速度相同时，相同当量缺陷在进入区产生的漏磁场强度低于在离开区产生的漏磁场强度。

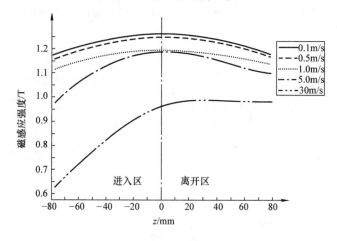

图 5-12　不同运行速度下管体磁感应强度空间分布

建立如图 5-13 所示带有缺陷的仿真模型，研究感生磁场对管体缺陷漏磁场的影响，其中，圆环缺陷的深度和宽度分别为 6mm 和 4mm。钢管从左侧进入线圈并以恒速通过，当缺陷与线圈中心重合时，提取缺陷漏磁场轴向分量信号。漏磁场提取路径 l_1 以线圈为中心从 $-10 \sim 10$mm 的范围内，且与钢管表面之间的提离距离为 0.5mm。分别取速度 1m/s、10m/s、20m/s、30m/s 和 50m/s 进行仿真，获取缺陷漏磁场轴向分量，如图 5-14 所示。

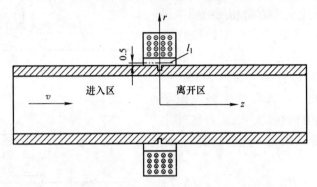

图 5-13　感生涡流对管体缺陷漏磁信号影响的仿真模型

从图 5-14 中可以看出，随着钢管运行速度的不断提高，缺陷漏磁场轴向分量中心幅值不断降低，并且离开区的漏磁场强度大于进入区。究其原因，由于钢管中存在不同方向的感生涡流，导致离开区磁场强度大于进入区磁场强度。并且，随着检测速度的不断提高，磁化场对称中心逐渐移至离开区内。

2. 感生磁场对管端缺陷漏磁场的影响

钢管中产生的感生涡流磁场和磁化线圈中产生的感生电流磁场对管端磁化状态的影响剧烈。钢管漏磁检测实施过程中，磁敏感元件一般放置在磁化线圈

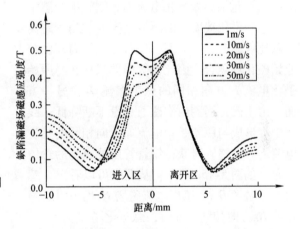

图 5-14　缺陷漏磁场轴向分量与钢管运行速度关系曲线

内部并贴近钢管表面，因此，在讨论感生磁场对钢管磁化状态的影响时，主要分析位于磁化线圈内部的钢管耦合区域。钢管与轴向磁化场的耦合过程主要分成三个阶段：管头进入磁化线圈、管体通过磁化线圈和管尾离开磁化线圈。

在管头进入磁化线圈的过程中，产生磁场的电流源包括原始磁化电流 I_0、钢管中的感生涡流 J 和磁化线圈中的感生电流 I_1。当管头进入磁化线圈时，一方面，仅存在钢管进入区与原始磁化场耦合，钢管内只产生与原始磁化电流 I_0 方向相反的感生涡流 J_1；另一方面，由于磁化线圈磁通总量不断提高，线圈中会形成与原始磁化电流 I_0 方向相反的感生电流 I_1，最终，可获得钢管管头处磁场的总体分布，如图 5-15a 所示。从图中可以看出，感生涡流磁场 H_{1J} 和感生电流磁场 H_1 均与原始磁化场 H_0 方向相反，此时，总磁化场 H 为

$$H = H_0 - H_{1J} - H_1 \tag{5-6}$$

随着钢管的进一步深入磁化线圈，钢管管体与轴向磁化场耦合。由于磁化线圈内部磁介

质总量基本不变，磁化线圈磁通总量也基本保
持不变，因此磁化线圈内部基本无感生电流产
生。此时产生磁场的电流源主要包括原始磁化
电流 I_0 和钢管中的感生涡流 J。在进入区，钢
管中形成与原始磁化电流 I_0 方向相反的感生涡
流 J_1；在离开区，钢管中形成与原始磁化电
流 I_0 方向相同的感生涡流 J_2，最终，可获得
钢管管体处磁场的总体分布，如图 5-15b 所
示。从图中可以看出，进入区感生涡流磁场
H_{1J} 与原始磁化场 H_0 方向相反，而离开区感生
涡流磁场 H_{2J} 与原始磁化场 H_0 方向相同，此
时，总磁化场 H 为

$$H = H_0 - H_{1J} + H_{2J} \qquad (5-7)$$

在管尾离开磁化线圈的过程中，产生磁场
的电流源包括原始磁化电流 I_0、钢管中的感生
涡流 J 和磁化线圈中的感生电流 I_1。当管尾离
开磁化线圈时，一方面，仅存在钢管离开区与
原始磁化场耦合，因此钢管内部只存在与原始
磁化电流 I_0 方向相同的感生涡流 J_2；另一方
面，由于磁化线圈内部磁通总量不断降低，线
圈中会形成与原始磁化电流 I_0 方向相同的感生
电流 I_1，最终，可获得钢管管尾处磁场的总体
分布，如图 5-15c 所示。从图中可以看出，感
生涡流磁场 H_{2J} 和感生电流磁场 H_1 均与原始磁
化场 H_0 方向相同，此时，总磁化场 H 为

$$H = H_0 + H_{2J} + H_1 \qquad (5-8)$$

从钢管与磁化场动态耦合过程可以看出，
由于在管头、管体与管尾处产生不同强度和空
间分布的磁化场，从而导致钢管不同部位的磁
化状态存在差异。根据式（5-6）、式（5-7）
和式（5-8）可得出，运动钢管管尾处磁化场
强度最强，管体次之，而管头磁化场最弱。进
一步地，相同当量缺陷将在钢管管头、管体和
管尾处产生不同强度的漏磁场。

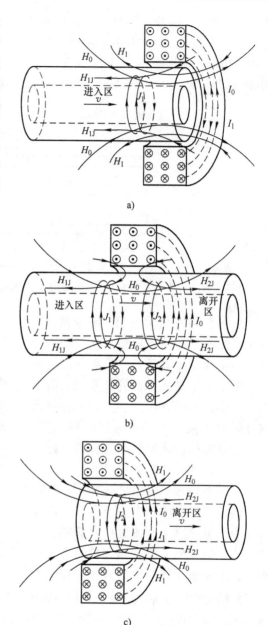

图 5-15　感生磁场对钢管磁化作用原理图
　　a）感生磁场对钢管管头磁化作用原理图
　　b）感生磁场对钢管管体磁化作用原理图
　　c）感生磁场对钢管管尾磁化作用原理图

研究感生磁场对钢管管端磁化状态的影
响，仍采用图 5-3 所示的模型。为分析钢管中感生涡流和线圈感生电流对管端磁化状态的影
响，仿真环境分两种：一是同时考虑钢管中感生涡流和线圈感生电流的情况下，分析感生磁
场对管端磁化状态的影响；二是单独分析线圈感生电流对管端磁化状态的影响。当钢管运动
至如图 5-16 所示的三处位置时，分别提取钢管管头、管体和管尾的磁感应强度，并绘制成

与运行速度的关系曲线, 如图 5-17 所示。其中, B_{1sc}、B_{2sc} 和 B_{3sc} 分别为同时考虑钢管感生涡流和线圈感生电流时钢管管头、管体和管尾的磁感应强度; B_{1c}、B_{2c} 和 B_{3c} 分别为单独考虑线圈感生电流时钢管管头、管体和管尾的磁感应强度。

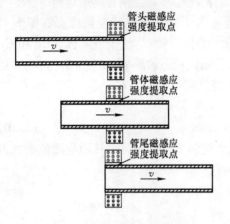

图 5-16　感生磁场对管端磁
　　感应强度影响的仿真模型

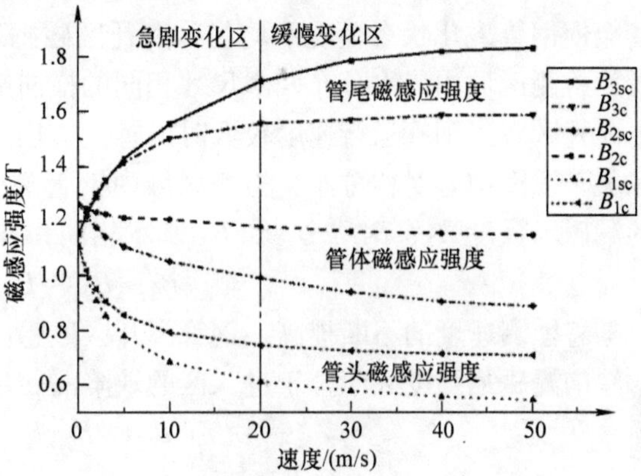

图 5-17　钢管磁感应强度与运行速度关系曲线

从图 5-17 中可以看出, 当钢管低速运行时, 钢管管头、管体和管尾的磁感应强度差别较小。随着运行速度的不断提高, 规律曲线可分为两部分: 急剧变化区和缓慢变化区。在急剧变化区, 当运行速度提高时, 钢管管头磁感应强度急剧降低, 管体磁感应强度缓慢减弱, 管尾磁感应强度急剧增强; 在缓慢变化区, 钢管管头、管体和管尾磁感应强度变化缓慢并最终基本保持不变。

从图 5-17 中还可得出, 钢管感生涡流和磁化线圈感生电流对钢管磁化状态的综合影响大于线圈感生电流的单独作用, 即

$$\begin{cases} B_{1sc} < B_{1c} \\ B_{2sc} < B_{2c} \\ B_{3sc} > B_{3c} \end{cases} \tag{5-9}$$

数值有限元仿真结果与图 5-15 理论分析结论相同, 钢管高速运动时发生的电磁感应现象包含钢管中产生的感生涡流和磁化线圈产生的感生电流, 并且两者产生的感生磁场对钢管磁化状态的影响贡献相当, 都不能被忽略。

综上所述, 感生磁场引起端部缺陷漏磁场差异为: 钢管运行速度越高, 管头、管体和管尾处的钢管磁感应强度差别越大, 造成相同当量的缺陷在管尾处产生的漏磁场最强, 管体次之, 管头最弱。

5.1.3　消除感生磁场影响的方法

在钢管高速漏磁检测实施过程中, 感生磁场引起了钢管中磁化状态的差异, 进而产生不同的缺陷漏磁场, 导致检测设备误判或者漏判。消除这一影响的目的, 就是让同尺寸缺陷产生同样的漏磁检测信号, 以实现钢管质量的一致性评价。

1. 管体漏磁场差异消除方法

钢管横向缺陷漏磁检测系统主要由穿过式磁化线圈和位于线圈内部的探头阵列组成。在钢管通过检测系统时，探头阵列中某一个传感单元对局部缺陷的扫查具有随机性，因此必须保证探头中所有传感单元扫查同尺寸缺陷时获得相同的检测信号。当钢管高速运行时，感生磁场会使钢管磁化状态呈现不均匀，离开区磁感应强度大于进入区磁感应强度。如图 5-18 所示，检测区域内依次分布四个尺寸相同的横向缺陷，其中 C_2 和 C_{21} 位于进入区，C_{22} 和 C_{23} 位于离开区。当钢管运行速度较低时，感生磁场对钢管磁化状态的影响可以忽略。此时，磁化场关于线圈中心对称分布，检测区域内钢管磁感应强度差异较小，C_2、C_{21}、C_{22} 和 C_{23} 产生的漏磁场强度 B_2、B_{21}、B_{22} 和 B_{23} 基本相同，即

$$B_2 \approx B_{21} \approx B_{22} \approx B_{23} \tag{5-10}$$

随着检测速度的不断提高，钢管离开区磁感应强度逐渐大于进入区，从而导致位于离开区的缺陷漏磁场强度大于位于进入区的缺陷漏磁场强度，即

$$B_{23} > B_2 ; B_{22} > B_{21} \tag{5-11}$$

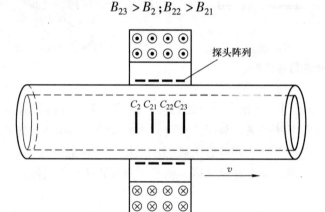

图 5-18　感生磁场引起的管体缺陷漏磁场差异示意图

感生磁场造成处于不同空间位置对应传感器单元检测到了不一致的缺陷漏磁场信号。消除管体缺陷漏磁场差异有两种途径：一方面，可以通过消除钢管中的感生涡流来消除磁化状态的差异；另一方面，还可采取修正传感单元的增益使检测信号达到一致。由于钢管内产生的感生涡流无法消除，为此，提出通过修正阵列传感单元增益来消除同尺寸缺陷产生的漏磁信号差异，如图 5-19 所示。

在钢管中部刻制标定圆环作为标定信号源，将钢管以稳定速度依次通过 n 个检测传感

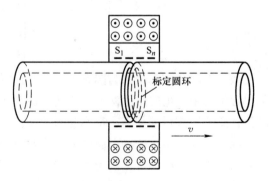

图 5-19　基于阵列传感单元增益修正的管体漏磁场差异消除方法示意图

器单元 S_1、S_2、$\cdots$、S_i、$\cdots$、S_n 时，圆环产生的漏磁场信号分别为 V_{S_1}、V_{S_2}、$\cdots$、V_{S_i}、$\cdots$、V_{S_n}。设阵列传感器单元增益修正参数分别为 a_1、a_2、$\cdots$、a_i、$\cdots$、a_n，且 V_S 为标定参考幅值。进一步可获得阵列传感单元增益修正参数，即

$$\begin{cases} V_S = a_1 V_{S_1} \\ V_S = a_2 V_{S_2} \\ \vdots \quad\quad \vdots \\ V_S = a_i V_{S_i} \\ \vdots \quad\quad \vdots \\ V_S = a_n V_{S_n} \end{cases} \rightarrow \begin{cases} a_1 = V_S/V_{S_1} \\ a_2 = V_S/V_{S_2} \\ \vdots \quad\quad \vdots \\ a_i = V_S/V_{S_i} \\ \vdots \quad\quad \vdots \\ a_n = V_S/V_{S_n} \end{cases} \tag{5-12}$$

在基于阵列传感单元增益修正的管体漏磁场差异消除方法中，刻制有标定圆环的钢管以稳定速度通过检测探头时，标定信号源具有单一性并能够一次性遍历每个传感器单元。由于感生涡流磁场的作用使得管体形成了非均匀的磁感应强度，从而导致圆环在经过不同传感器单元时产生的漏磁信号幅值存在差异。在对自然管进行检测之前，先利用带有标定圆环的样管对传感器单元增益进行修正，并且必须保证钢管检测速度与标定速度相同。最终，采用标定圆环作为励磁源来修正传感器单元的增益，可有效消除同尺寸缺陷在管体不同位置处产生的检测信号差异。

2. 管端漏磁场差异消除方法

感生磁场对钢管管端磁化状态的影响主要来自钢管中产生的感生涡流和磁化线圈产生的感生电流，因此，消除管端缺陷漏磁场差异包括两个方面内容：一方面需要消除当钢管端部进入和离开磁化线圈时由于磁通量剧烈变化而在线圈中产生的感生电流；另一方面需要消除当钢管端部与磁化线圈耦合时仅存在单一方向感生涡流磁场的影响。

感生磁场会引起钢管管端磁化状态发生变化，进一步导致位于钢管管头、管体和管尾的具有相同尺寸的缺陷产生不同的漏磁场强度。如图 5-20 所示，在感生磁场的作用下，位于钢管管头、管体和管尾处的缺陷 C_1、C_2 和 C_3 产生的漏磁场 B_{C_1}、B_{C_2} 和 B_{C_3} 的强度依次增大，即

$$B_{C_1} < B_{C_2} < B_{C_3} \tag{5-13}$$

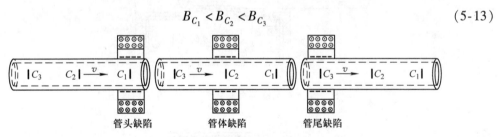

管头缺陷　　　　管体缺陷　　　　管尾缺陷

图 5-20　感生磁场引起的管端缺陷漏磁场差异示意图

为消除感生磁场引起的管端漏磁场差异，将感生磁场的影响由钢管本体转移到延伸区内。如图 5-21 所示，在钢管端部补充铁磁性物质，使钢管整体长度向两端延伸，从而在端部发生的电磁感应现象将转移到延伸区内。由于延伸区的存在，当钢管端部进入和离开磁化线圈时，磁化线圈内

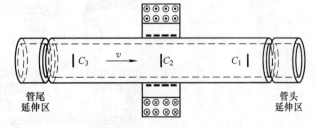

图 5-21　基于延伸导磁极靴的管端
缺陷漏磁场差异消除方法示意图

部磁介质总量已基本进入稳定状态，线圈磁通量保持恒定而不会产生感生电流；由于在钢管进入区和离开区同时产生反向的感生涡流磁场，从而减弱了单一方向感生涡流磁场的剧烈影响。将钢管端部进行延伸之后，管端缺陷漏磁场差异与管体相似，仅存在钢管进入区和离开区产生的感生涡流磁场，因此可采用管体缺陷漏磁场差异消除方法进一步处理。

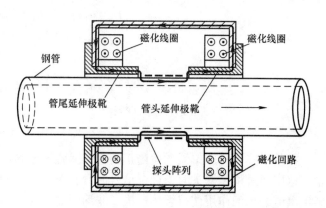

图 5-22　基于延伸导磁极靴的漏磁检测设备原理图

图 5-22 所示为含有延伸导磁极靴的钢管自动化漏磁检测设备，主要包括双层磁化线圈、管头延伸极靴、管尾延伸极靴、磁化回路以及探头阵列等。

当钢管管头进入检测区域时，管头与管头导磁延伸极靴形成对接，此时磁化线圈内部铁磁性物质总量变化缓慢，线圈的磁通总量基本保持不变，从而极大地削弱了磁化线圈中产生的感生电流，如图 5-23 所示。同样，当钢管管尾离开检测区域时，其与管尾导磁延伸极靴对接，此时，磁化线圈中产生的感生电流也将大大削弱，如图 5-24 所示。

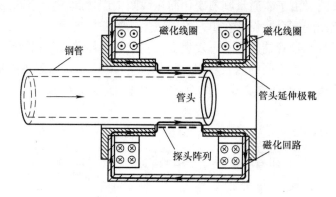

图 5-23　管头缺陷漏磁场差异消除方法原理图

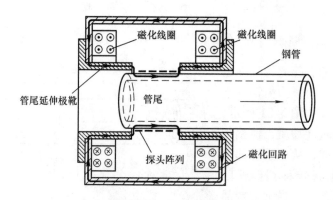

图 5-24　管尾缺陷漏磁场差异消除方法原理图

　　对钢管整体同尺寸缺陷产生的漏磁场强度差异而言，感生磁场对钢管管端缺陷漏磁场的影响远大于管体。一方面，由于管端进入和离开磁化线圈时，剧烈的磁通量变化会在线圈中产生较大的感生电流；另一方面，由于仅在钢管进入区或者离开区产生单一方向的感生涡流，相应的感生磁场将在管头减弱并在管尾增强缺陷漏磁场。施加延伸极靴后将钢管端部的电磁感应作用转移到延伸区，从而可有效削弱感生磁场对钢管端部缺陷漏磁场的影响。

　　建立 EMT – P48/180 钢管高速漏磁检测系统，如图 5-25 所示。钢管漏磁检测系统包括输送辊道、磁化电源、磁化线圈和探头信号系统等。图 5-26 所示为输送辊道，在变压器控制下实现变速输出。图 5-27 所示的磁化电源具有恒压和恒流两种功能模式，当采用恒压模式时，磁化线圈中通过的电流为初始磁化电流与线圈感生电流叠加之和；如将磁化电源设置为恒流模式，电源内部的稳流模块电路将对线圈感生电流进行补偿，从而保证线圈中通过的电流值始终保持不变。磁化线圈的内径、外径和厚度分别为 400mm、800mm 和 300mm，线圈总匝数为 5000 匝。图 5-28 所示为探头系统，实现钢管周向 360°全覆盖检测。

图 5-25　EMT – P48/180 钢管高速漏磁检测设备

图 5-26　钢管变频输送辊道

图 5-27　磁化电源

图 5-28　横向漏磁检测探头阵列

首先，分析磁化线圈中产生的感生电流与钢管运动速度关系。将磁化电源设置为恒压模式，电压设定为20V，当磁化线圈中没有钢管时，线圈内部电流为19A。管端缺陷漏磁场差异测试样管如图5-29所示，在样管两端及中部刻制三个尺寸相同的圆环缺陷。如图5-26所示，利用变频输送辊道驱动钢管分别以速度1.0m/s、1.3m/s、1.6m/s、1.9m/s、2.2m/s、2.5m/s通过漏磁检测设备。当钢管管头、管体和管尾分别通过磁化线圈时，测量线圈中通过的电流值，获得磁化线圈内部通过电流与运行速度关系曲线，如图5-30所示。

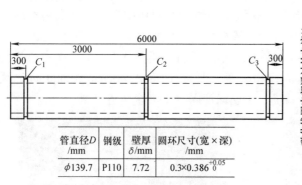

管直径D /mm	钢级	壁厚 δ/mm	圆环尺寸(宽×深) /mm
ϕ139.7	P110	7.72	$0.3×0.386^{+0.05}_{0}$

图5-29 管端缺陷漏磁场差异测试样管

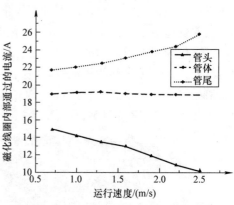

图5-30 恒压模式下磁化线圈内部
通过电流与运行速度关系曲线

从图5-30中可以看出，当钢管不同部位运动至磁化线圈中时，磁化线圈内部通过电流幅值差异较大：管尾处线圈内部电流最大，管体次之，管头最弱；并且，随着钢管运行速度不断提升，管头处线圈内部电流不断减小，管体基本不变，管尾处电流不断增加，试验结果与图5-18所示的仿真结论吻合。钢管在进入和离开磁化线圈时，线圈磁通总量发生剧烈变化而在其中产生感生电流。当管体通过磁化线圈时，由于线圈中磁通量基本不变而无感生电流产生。

进一步分析感生磁场对缺陷漏磁场的影响。在恒压模式下，对处于管头、管体和管尾的圆环缺陷进行检测，当钢管运行速度为1.0m/s时检测信号如图5-31所示。从图中可以看出，不同位置处的圆环缺陷产生的信号幅值不同，其中管尾处缺陷幅值最大，管体次之，管头处缺陷信号最小。

在恒压模式下，同尺寸缺陷多样漏磁场产生源包括磁化线圈中产生的感生电流和钢管中的感生涡流。为单独分析钢管中

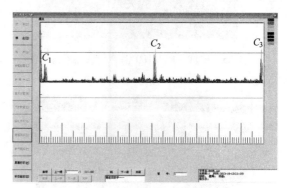

图5-31 恒压模式下圆环缺陷漏磁检测信号

感生涡流对缺陷漏磁场的影响，可将磁化电源设置为恒流模式以消除磁化线圈感生电流的影响。分别在恒压和恒流两种模式下对样管缺陷进行检测，样管分别以速度1.0m/s、1.3m/s、1.6m/s、1.9m/s、2.2m/s和2.5m/s通过检测设备并记录缺陷漏磁信号幅值，最终获得不同位置圆环缺陷检测信号幅值与运行速度的关系曲线，如图5-32所示。

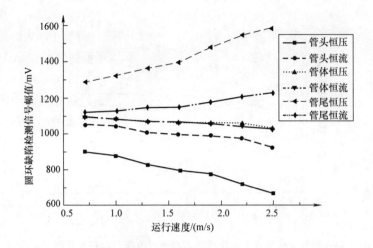

图 5-32　圆环缺陷检测信号幅值与运行速度的关系曲线

从图 5-32 中可以看出，当磁化电源设置为恒压模式时，管尾缺陷信号最强，管体次之，管头缺陷信号最弱；随着检测速度的提高，管头缺陷信号幅值不断减弱，管体基本不变，管尾逐渐增加，三者幅值差异逐渐增大。将磁化电源设置为恒流模式消除磁化线圈感生电流影响之后，同样，管尾缺陷信号最强，管体其次，管头最弱。当钢管运行速度相同时，与恒压模式相比，不同位置缺陷在恒流模式下产生的检测信号差异更小。

从图 5-32 中还可以看出，感生磁场在管端引起的缺陷漏磁场差异远大于管体；线圈感生电流磁场引起的管端缺陷漏磁场差异大于钢管感生涡流磁场；在管体处磁化线圈中几乎不产生感生电流，管体缺陷漏磁场差异源主要来自钢管中产生的感生涡流。

根据图 5-22 所示的设备方案制作了相应的管端延伸导磁极靴，如图 5-33 所示。将延伸极靴固定在横向磁化线圈上，在完全相同的条件下进行测试，获得在恒压模式下磁化线圈内部通过电流与运行速度的关系曲线，如图 5-34 所示。

图 5-33　延伸导磁极靴系列

从图 5-34 中可以看出，磁化线圈电流幅值变化规律与未施加延伸极靴时相同，仍然是管头处电流幅值最小，管体基本不变，而管尾处电流幅值最大，并且随着运行速度的增加，差异逐渐增大。但是，延伸极靴极大地削弱了磁化线圈中产生的感生电流，与未施加延伸极靴相比，当运行速度为 2.5m/s 时，管头处线圈电流由 10.2A 上升至 16.2A，管尾处线圈电流由 25.8A 降为 21.9A。

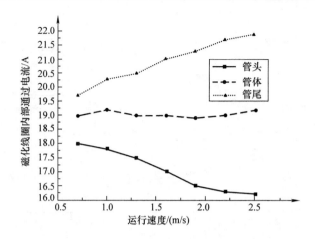

图 5-34　施加延伸极靴时磁化线圈内部通过电流与运行速度的关系曲线

同样,将磁化电源设置为恒压和恒流两种模式,在施加延伸极靴的情况下,对样管上不同位置圆环缺陷进行检测,获得相应漏磁检测信号幅值与运行速度的关系曲线,如图 5-35 所示。

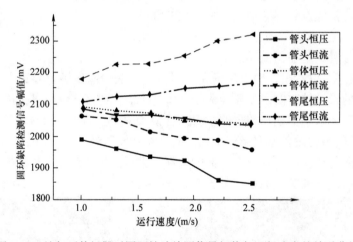

图 5-35　施加延伸极靴时圆环缺陷检测信号幅值与运行速度的关系曲线

从图 5-35 中可以看出,一方面,施加延伸极靴之后缺陷漏磁信号变化规律与未施加极靴时相同。感生磁场造成管尾圆环缺陷漏磁信号强度最高,管体次之,而管头缺陷漏磁信号强度最低,并且磁化线圈感生电流对管端缺陷检测信号的影响大于钢管中的感生涡流。另一方面,由于延伸导磁极靴的作用,感生磁场对端部缺陷漏磁场的影响由钢管本体转移到延伸极靴上,从而有效削弱了管端缺陷漏磁信号差异。此外,由于延伸极靴降低了整个磁化回路的磁阻,故从整体上增强了所有缺陷的漏磁信号幅值。

为分析比较延伸导磁极靴的缺陷漏磁场差异消除效果,分别计算不同运行速度下钢管管端圆环缺陷漏磁场检测信号的幅值差异,见表 5-1。从表中可以看出,延伸极靴可有效消除感生磁场引起的同尺寸缺陷漏磁场差异。当钢管运行速度为 2.5m/s 时,磁化电源设置为恒流模式并施加延伸极靴时,感生磁场引起的不同位置同尺寸缺陷检测信号差异为 0.45dB,已能满足钢管检测要求。因此,在钢管漏磁检测过程中,可根据钢管外径制作对应尺寸的延伸导磁极靴，从而可消除由于感生磁场带来的管端缺陷漏磁场差异。

表 5-1　钢管管端圆环缺陷检测信号幅值差异

运行速度/（m/s）	1.0	1.3	1.6	1.9	2.2	2.5	备注
灵敏度差异/dB	3.52	4.42	4.88	5.56	6.65	7.50	恒压模式未施加极靴
	0.79	1.10	1.23	1.37	1.85	1.96	恒压模式施加极靴
	0.65	1.08	1.27	1.53	1.90	2.51	恒流模式未施加极靴
	0.09	0.15	0.18	0.24	0.39	0.45	恒流模式施加极靴

注：钢管缺陷检测信号差异为 $20\lg(V_3/V_1)$，V_3 和 V_1 分别为管尾和管头圆环缺陷检测信号幅值。

当钢管管体通过磁化线圈时，缺陷漏磁场差异主要受钢管感生涡流磁场的影响。由于进入区感生涡流磁场与原始磁化场方向相反，而在离开区两者方向相同，因此感生涡流造成磁化场分布不均匀，进而引起缺陷漏磁场差异。

为消除感生磁场引起的管体同尺寸缺陷漏磁场差异，以圆环作为标定信号源对阵列传感单元增益进行修正，样管如图 5-36 所示。检测信号系统共 32 个通道，初始采集时各通道增益统一设置为 200，如图 5-37 所示。当样管以速度 1.0m/s 通过检测探头时，获得编号 25～32 八个通道缺陷漏磁信号波形，如图 5-38 所示，其中每一条曲线代表一个通道。从图中可以看出，标定圆环在各传感单元中产生的漏磁信号幅值不同。进一步，将目标信号幅值 V_s 设置为 90，根据式（5-12）算法获得各通道的修正参数，如图 5-39 所示。将标定圆环再次以相同速度通过横向检测系统时获得如图 5-40 所示的检测信号，其中一条曲线为一个通道。从图中可以看出，经过增益修正之后，各通道之间的缺陷信号差异基本得到消除。

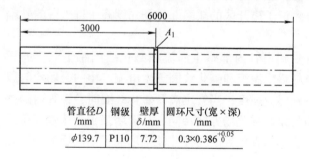

管直径D/mm	钢级	壁厚δ/mm	圆环尺寸(宽×深)/mm
$\phi139.7$	P110	7.72	$0.3\times0.386^{+0.05}_{0}$

图 5-36　钢管管体缺陷漏磁场差异标定样管

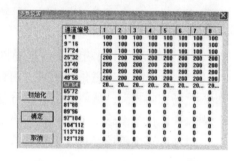

图 5-37　传感器单元原始增益参数

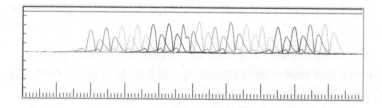

图 5-38　增益修正前圆环在各传感器单元中产生的漏磁信号波形

当钢管通过磁化线圈时会产生两种电磁感应现象：一方面，钢管电介质切割磁力线而产生感生涡流；另一方面，磁化线圈由于内部钢管磁介质总量发生变化而产生感生电流。钢管感生涡流和线圈感生电流产生的磁场会改变磁化场的强度与分布，进一步改变钢管的磁化状态，最终导致不同位置的同尺寸缺陷产生不同的漏磁场。可得出以下结论：

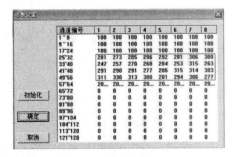

图 5-39　修正后各传感器单元增益参数

1) 钢管电介质通过磁化线圈时，在进入区内形成与原始磁化电流方向相反的感生涡流；在离开区形成与原始磁化电流方向相同的感生涡流；在中间区域基本没有感生涡流产生。

2) 当钢管管头进入磁化线圈时，线圈中形成与原始磁化电流方向相反的感生电流；随着钢管进一步深入磁化线圈，当管体通过磁化线圈时，线圈中无感生电流产生；当管尾离开磁化线圈时，线圈中产生与原始磁化电流方向相同的感生电流。

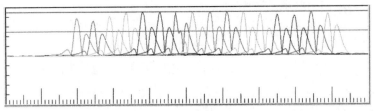

图 5-40　增益修正后圆坏在各传感器单元中产生的漏磁信号波形

3) 管体同尺寸缺陷漏磁场差异主要来自钢管内部的感生涡流磁场的影响。在进入区，感生磁场与原始磁化场方向相反；在离开区，感生磁场与原始磁化场方向相同。从而使得钢管离开区磁感应强度高于进入区，最终导致位于离开区的缺陷漏磁场强度高于进入区的缺陷漏磁场强度。

4) 管端同尺寸缺陷漏磁场差异同时受到钢管内部感生涡流和磁化线圈感生电流的影响。当钢管管头进入磁化线圈时，钢管内部感生涡流和磁化线圈感生电流产生的磁场均与原始磁化场方向相反，从而降低了钢管管头磁感应强度；当管尾离开磁化线圈时，钢管内部感生涡流和磁化线圈感生电流产生的磁场均与原始磁化场方向相同，从而增强了管尾磁感应强度。最终，感生磁场导致位于钢管管头、管体和管尾处的同尺寸缺陷形成了依次增加的漏磁场强度。

5) 为实现高速运行时钢管同尺寸缺陷的一致性检测与评价，基于阵列传感单元增益修正和延伸导磁极靴的检测方法可消除同尺寸缺陷漏磁场差异，使得同尺寸缺陷在管体和管端处产生相同的漏磁检测信号。

6) 此外，在研究磁化线圈内部感生电流形成机制及变化规律的基础上，可采取在管头处提前增加磁化电流并在管尾处提前减小磁化电流的控制方式，用于抵消线圈中的感生电流，从而可有效提高磁化电流的稳定性。

5.2　高速漏磁检测的磁后效现象

在漏磁无损检测中，往往没有去考虑铁磁性构件运动速度对漏磁场形成的影响。但随着检测速度的不断提高，高速运动对检测机理和检测性能的影响将会表现出来，除了钢管中存在的涡流效应，还有更深层次的磁后效现象，速度越快，磁后效影响越明显。

在静态或低速磁化过程中，不需要考虑磁化建立所需的时间；在高速漏磁检测中，这一建立时间虽然非常短，但影响重大。磁感应强度（或磁化强度）随磁场变化的延迟现象称为磁后效现象。如图 5-41 所示，当外磁场从 0 突然阶跃变化到 H_m 时，磁性材料的磁感应强度并不是立即全部达到稳定值 B_m，而是一部分瞬时到达 B_2，另一部分缓慢趋近稳定值。

磁化强度逐渐达到稳定状态的时间称为磁化弛豫时间，这一过程称为磁化弛豫过程。单弛豫时间磁后效可表示为

$$B - B_2 = (B_m - B_2) \times (1 - e^{-t/\tau}) \qquad (5\text{-}14)$$

式中，B 为任一时刻的磁感应强度；B_2 为瞬时达到的那部分磁感应强度；B_m 为稳定后的磁感应强度，τ 为弛豫时间参量。

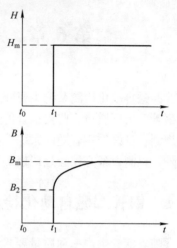

图 5-41　磁化时的磁后效

当铁磁体被磁化时，磁矩的方向将发生变化，而且为了满足自由能最低的要求，价电子也在离子之间扩散，但这种扩散不是和磁场的变化同时完成的，在时间上有一定的滞后性。根据一般电子或离子扩散理论，电子或离子的扩散是具有一定弛豫时间的，弛豫时间 τ 为

$$\tau = \tau_\infty e^{Q/kT} \qquad (5\text{-}15)$$

式中，Q 为激活能；k 为波尔兹曼常数；T 为温度；τ_∞ 为 $T \to \infty$ 时的弛豫时间。

由式（5-15）可知，升高温度会使弛豫时间减少，但在实际检测过程中不可行。

在钢管进入磁化线圈后，钢管中发生的变化有：磁畴壁的位移、磁化矢量的转动、价电子在离子之间的扩散。这三种过程都会有一定的阻尼，钢管中磁感应强度的变化不能瞬间完成。磁畴壁位移的阻力主要来自材料内部结构的不均匀，如内应力的不均匀和杂质空洞分布的不均匀。对于磁化矢量的转动，由于其在外磁场作用下完成，故需考虑静磁能。磁矩转动是在晶格上进行的，所以又要考虑晶格各向异性能，如果物质中有应力，就会产生另一种各向异性能，同样会对晶格转动起阻碍作用。因此，弛豫时间受多种因素的影响，目前还没有直接的理论计算方法。

在漏磁检测中，随着磁化器与被测构件间相对运动速度的提高，磁后效现象的影响不能忽略。可以采用加长沿磁化场方向上的磁化器长度来减小这一影响，但对具有回转运动的循环磁化过程，磁后效现象将会直接影响漏磁检测的灵敏度，并且难以消除。

为此，在理论上和试验中，一方面寻求钢管磁化弛豫时间的计算和测量方法，将有利于精确评价磁后效的影响程度；另一方面，寻求新的漏磁检测方法来消除磁后效影响，将是高速或超高速漏磁检测需要研究的问题。对此，在研制高速漏磁检测设备时，应尽可能地去探索如何减少或者避免磁后效现象。

第6章 钢管漏磁自动化检测系统

漏磁自动化检测系统主要配置在钢管生产线上,其必须与钢管生产速度相匹配,用于保证钢管的出厂质量,监控钢管的生产工艺。合理的工艺布局与系统配置、有效的探头扫查路径规划、良好的钢管随动跟踪性能、精确的缺陷定位与标记是钢管漏磁自动化检测的核心。此外,检测设备必须经过严格的性能测试,确保其可靠性与稳定性后,才能投入使用。

6.1 钢管漏磁自动化检测工艺与设备配置

随着钢管生产率和质量要求的不断提高,钢管漏磁检测的速度与精度不断面临新的挑战。由于可靠性高、稳定性好以及制造维护成本低,基于钢管螺旋前进的检测方式获得了广泛应用。这里介绍一套适用于直径为 $\phi112 \sim \phi365$mm 的无缝钢管及焊管的自动化漏磁检测设备。为适应管径变化范围,有效避免钢管在传输过程中的绕动、摆动和跳动对检测信号的影响和对探头的冲击,并实现检测速度的合理匹配,综合分析检测的多种运动形式,本方案选择已广泛使用的钢管螺旋前进,纵、横向探头主动张合,纵、横向探头为条状探靴检测的扫查形式,可实现高精度、无漏检的高效检测。其中对辊轮角度固定不变,不同钢管直径对应的螺距发生变化。

6.1.1 检测工艺描述

钢管漏磁检测是钢管自动化生产线中比较靠后的工艺环节。钢管生产过程包括:轧制、调质、定尺、矫直、吹吸灰、检测、打标、测长和称重,最后打包成捆出厂。

在漏磁检测过程中,钢管主要经历上料、旋转前进、检测、喷标、退磁和下料六个阶段。

(1)上料 钢管从上料台架经上料机构翻到辊轮上。

(2)旋转前进 辊轮带动钢管旋转前进。

(3)检测 纵、横探头对钢管进行全覆盖扫查。

(4)喷标 对疑似缺陷的位置进行标记。

(5)退磁 将钢管中的剩磁消除。

(6)下料 钢管从输送辊轮上卸到出料台架上。

6.1.2 设备主要技术参数

设备型号:EMT – P112/365

设备包括检测主机系统和检测辅机系统。

1)检测主机系统包含纵向内外伤检测主机系统、横向内外伤检测主机系统、退磁器、检测信号处理系统、气动压紧机构、喷标器、标定器等。

2)检测辅机系统包含传送对辊轮、变频调速系统、安全挡板、风刀脱水机构以及上料、下料机构等。

漏磁检测系统工艺布置如图6-1所示。

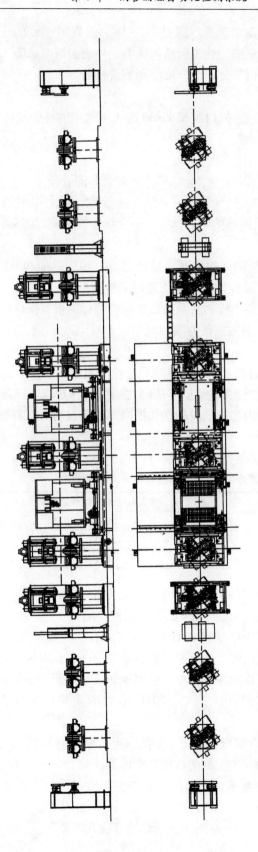

图 6-1 漏磁检测系统工艺布置

钢管漏磁检测系统的具体要求包括：漏报率：0%，误判率：≤2%。检测的缺陷包括：内表面横向缺陷、内表面纵向缺陷、外表面横向缺陷、外表面纵向缺陷、外表面斜向缺陷及孔洞等。而且，要求对检测的钢管分选出合格品和不合格品。

设备主要性能指标如下：

1) 设备检测的钢管范围：在 $\phi112 \sim \phi365mm$ 的大纲列出的外径规格钢管。

2) 检测设备应满足以下标准。

产品标准：

API SPEC 5CT 第 9 版《美国石油学会标准——套管和油管规范》，2012 年。

ISO 11960—2014《石油和天然气工业——油气井套管或油管用钢管》。

API SPEC 5L 第 44 版《美国石油学会标准——管线管规范》，2008 年。

漏磁检测标准：

ISO 10893—3—2011《钢管的无损检测　第 3 部分：用于纵向和/或横向缺陷探测的无缝和焊接铁磁性钢管（埋弧焊除外）自动全周边磁漏检测》

ASTM E570—2009《铁磁性钢管制品漏磁通量检验的标准推荐操作法》

GB/T 12606—1999《钢管漏磁探伤方法》

参考标准：

YB/T 4083—2011《钢管自动涡流探伤系统综合性能测试方法》

3) 缺陷位置分辨精度：软件具备喷枪与缺陷之间的选择功能。设备配备 4 支喷枪，其基本功能为：纵向外伤、纵向内伤、横向外伤和横向内伤。自动对报警缺陷进行喷标，沿钢管轴向偏差 $\leqslant \pm 50mm$。

4) 纵、横向缺陷检测灵敏度要求（表 6-1）：

表 6-1　钢管漏磁检测系统灵敏度要求

名义壁厚 T/mm	最大内刻槽深度/外刻槽深度之比
$8 < T \leqslant 12$	2.0（10% 壁厚）
$12 < T \leqslant 15$	2.5（12.5% 壁厚）
$15 < T \leqslant 20$	3.0（15% 壁厚）

外表面横向深度（含焊缝部位）为壁厚 5% 的人工刻槽缺陷。

外表面非焊缝部位纵向深度为壁厚 5% 的人工刻槽缺陷。

外表面焊缝部位纵向深度为壁厚 10% 的人工刻槽缺陷。

内表面焊缝部位横向、纵向深度为下列非焊缝部位横向、纵向深度的 1.5 倍。

内表面非焊缝部位纵向、横向深度标准：壁厚≤8mm 时，纵向、横向深度为 5% 壁厚的人工刻槽缺陷，其余执行 ISO 10893—3—2011 标准的要求：纵向、横向人工刻槽长度 25mm。

斜向外伤：长度为 50mm，深度为 N10（缺陷深度占壁厚的 10%），方向纵向偏 <45°。

能够按照校验样管上的内外人工刻槽自动区分内外缺陷。

其中：①内外表面刻槽宽度不大于槽深；②外表面槽深值最小为 0.3mm；③内表面槽深值最小为 0.4mm，槽深值最大为 3.0mm。

5) 孔洞检测灵敏度：$\phi1.6mm$ 通孔（包括焊缝部位）。

6）内外伤区分准确率：90%。

7）误判率：≤2%。

8）漏报率：0%。

9）端部盲区：纵向检测装置管端盲区长度≤250mm；横向检测装置管端盲区长度≤250mm。

10）内外伤检测灵敏度：采用单独门限分别设置内、外伤检测灵敏度。

11）稳定性：整套系统连续工作 2h 后检测灵敏度波动不得超过 2dB。

12）内外表面覆盖率：100%。

13）内外表面重叠率：≥20%。

14）退磁后磁场强度：≤10Gs。

15）具备声光报警功能。

16）设备使用环境。

检测探头工作温度：-10～80℃。

检测探头防水等级：IP65。

检测主机防水等级：IP65。

辊轮电动机防水等级：IP65。

检测探头工作湿度：0～95%。

计算机系统工作温度：0～40℃。

计算机系统工作湿度：0～45%。

17）钢管测长精度：≤5‰。

18）盲区控制精度：20mm。

19）设备周向灵敏度偏差≤3dB。

20）设备信噪比：外表面人工刻槽：≥8dB；内表面人工刻槽：≥6dB。

21）检测能力：检测速度变频可调 0.6～1.2m/s。

22）检测结果处理。能够按照缺陷的类型自动区分和标记内外缺陷，并给出相应的分选信号。能够按照检验批号保存和输出检验数据。能够保存、打印和输出样管动态校验记录图和每根生产管料的检验记录图。

23）自动分选：输出合格及不合格分类信号。

24）操作方式：自动操作、标定（单根）操作、手动检修操作。可实现机旁控制钢管夹送辊道的启停。

25）发现缺陷时，系统自动进行声光报警，并给出内外缺陷的分选信号。

26）用样管标定设备后，标定结果可以存储，检测该规格的钢管时可直接调用。

27）用样管标定设备和实际检测可分别计数。

28）纵向检测装置可在检测线上，也可移出检测线。

29）横向检测装置可在检测线上，也可移出检测线。

30）软件：包括设备正常运转的所有软件和满足产品大纲要求的程序，所有软件均为授权软件，所有应用软件不加密。

31）检测装置和 PLC 装置应留有通过以太网与招标方上位机通信的接口，并负责与上位机网络的开通。

32）设备的防护等级：安装于操作室的电气设备防护等级≥IP30，安装于机组旁的电气设备防护等级≥IP54。

33）检测设备具有自动、半自动（标定）、手动、调整（检修）四种操作模式。

① 自动操作模式：管料进入设备控制范围后，设备能够按照选定的模式，在无需人工干预的情况下完成该管料加工的操作模式。该模式要求所有的传感器、控制信号完好。第一根管料需要人工确认来启动，在启动后，能够自动完成本次循环并启动下一循环。

② 半自动（一次循环和标定）操作模式：半自动模式将自动加工过程按照工艺等原则分成几个阶段，每个加工阶段都需要人工确认来启动，在启动后，自动完成对应阶段的工作。该模式需要对每个阶段的加工结果进行确认。该模式也可控制整个加工过程的一次循环。

③ 手动操作模式：每个机械部件的动作都需要人工完成的生产模式。点动一次按钮，PLC 保持输出，直至一个机械部件完成动作。

④ 调整（检修）操作模式：在该模式下，设备的每个动作都需要人工持续干预，如果存在高低速控制，如比例阀、变频控制等，设备则需要在低速下运行。该模式一般不用于原料加工，而用于设备的调整。

6.1.3 设备主要组成

钢管漏磁检测系统主要有纵向检测系统、横向检测系统、退磁系统、标记系统、压紧装置、输送辊道装置、气动系统、润滑系统、防水装置、电气系统、信号处理系统，以及消除噪声、振动，并保证安全的辅助装置。图 6-2 所示为钢管漏磁检测设备主机系统的布置图，一般要求包括 1 套纵向主机、1 套横向主机和 5 套压紧扶正装置。下面逐一简要介绍各个系统的要求与特点。

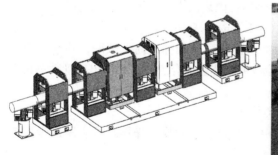

图 6-2　钢管漏磁检测设备主机系统的布置图

1. 纵向检测系统（图 6-3）

纵向检测系统用于检测钢管上的纵向或偏纵向缺陷。纵向检测系统主要由纵向磁化器系统（包括磁化器、电动升降对中系统等）、纵向检测探头跟踪机构、纵向内外伤检测探靴、纵向信号处理器和信号采集器等组成。纵向检测系统配置外移功能，可实现在线和离线的位置调换。当更换钢管规格时，主要的调整包括：纵向极靴位置、纵向探头进给位置和纵向主机中心高。

纵向探靴由检测探头芯和脱套方式的耐磨套组成；纵向探靴为条状，因而，探靴对所有规格钢管通用。

2. 横向检测系统（图 6-4）

横向检测系统用于检测钢管上的横向或偏横向缺陷。横向检测系统由横向磁化器系统（包括磁化器、电动升降对中系统等）、横向检测探头跟踪机构、横向内外缺陷检测探靴、横向信号前置处理器和信号采集器等组成。横向检测系统配置外移功能，可实现在线和离线的位置调换。

横向探靴由检测探头芯和脱套方式的耐磨套组成；横向探靴为条状，因而，探靴对所有规格钢管通用。当更换钢管规格时，主要调整主机中心高和探头进给距离。

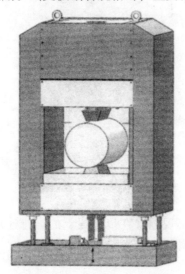 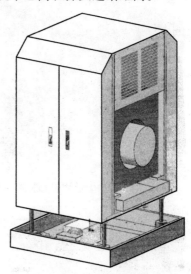

图 6-3　纵向检测装置总装图　　　　　图 6-4　横向检测装置总装图

3. 退磁系统

退磁系统包括穿过式磁化线圈和退磁电源两部分，采用直流退磁方式，它的作用是消除检测后在钢管上的剩磁。在工作过程中，退磁器采用分段式消磁的方法将管中剩磁消掉，即在钢管的长度方向上将钢管分成两部分，并利用可编程逻辑控制器（PLC）控制退磁电源的电流通断，以保证将钢管头尾部的剩磁消除干净。

4. 标记系统

标记该系统共配置 4 套喷标装置，可分别对钢管的纵向外伤、纵向内伤、横向外伤和横向内伤进行独立标记。标记方法为：当钢管中存在疑似缺陷时，利用 PLC 控制喷枪在相应位置喷洒油漆，用于后续人工复查。

5. 压紧装置（图 6-5）

由于钢管的直线度、圆度误差，以及传输辊道的安装误差和磨损，钢管在通过检测设备时容易发生跳动，因此需要设计压紧扶正装置来抱紧钢管，以平稳通过检测装置。压紧装置共 5 套，保证每个检测主机的两边至少有 2 套压紧装置。电动调整压紧装置的高度以适应不同的钢管规格。钢管经过检测主机时由程序自动控制压紧机构动作，保证钢管平稳通过检测装置。当更换钢管规格时，需要调整压紧扶正装置中压紧轮的中心高位置。

6. 输送辊道装置（图 6-6）

输送辊道系统主要包含三段辊道：一组进料辊道、一组机内辊道和一组出料辊道。上料机构从待检台架上取料，经过检测进口传送辊道输送到检测主机，经过检测后，系统自动给下料机构信号，完成合格管和可疑管的自动分选，进入各自料架。

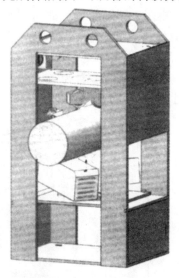

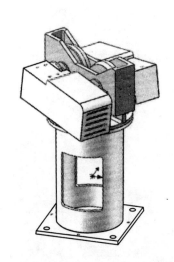

图 6-5　压紧装置总装图　　　　图 6-6　输送辊道装置总装图

整个输送辊道装置由变频器进行调速控制，实现钢管在传输线上的运行速度为 0.6 ~ 1.2m/s，并可根据要求对速度进行调整，以匹配不同的钢管生产速度。

7. 电气系统

检测系统的自动化程度较高，需依赖高配置的控制系统将整个工作过程的所有进程串连起来，使各个工作环节紧密衔接、配合工作，实现检测、管料补给及后处理等工序的自动化。电气系统主要由控制柜、PLC 控制系统及变频调速（西门子系列）系统等组成，规范地选用各类电子元器件，布线整洁，资料齐全，维护非常方便。其总体控制结构如图 6-7 所示。

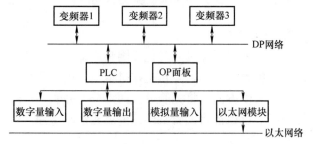

图 6-7　电气系统总体控制结构图

系统网络主要由 DP 网络和以太网络组成，DP 网络主要用于系统内部设备之间组态通信，而以太网络主要用于控制系统的远程监控。

8. 信号处理系统

计算机信号处理系统是检测系统的一个核心组成部件。它首先对输入的 128 通道信号进行处理、采集，将模拟输入信号转化成计算机可以处理的数字信号，并将数字信号传送给计算机；再以计算机为平台，利用检测软件对信号进行处理、定性定量分析、波形显示、打印以及由此产生的其他控制信号输入输出等（声光报警、喷标）。该系统主要由横向 64 通道信号输入、纵向 64 通道信号输入、一台信号处理计算机以及检测软件部分组成。信号处理系统总体结构如图 6-8 所示。

纵、横向信号前置处理器：前置处理器位于纵、横向检测主机内，其作用是将探头输出

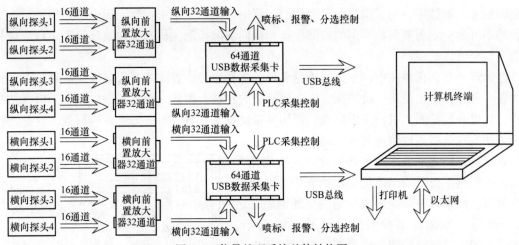

图 6-8　信号处理系统总体结构图

的检测信号不失真地进行放大、滤波等处理，提高检测信号的信噪比和抗干扰能力。

64 通道 USB 数据采集卡：主要将模拟信号经过 A－D 转换器转换成数字信号，进而由 USB 总线传输至计算机进行数据处理并显示。信号采集的启停由 PLC 进行控制，并输入喷标、报警和分选控制信号。

6.2　探头检测轨迹规划

根据钢管在线和离线检测工艺要求，给出如图 6-9 所示的钢管漏磁检测系统总体布局。检测流程如下：钢管经矫直和吹灰后进入待检台架，然后由上料机构运送至输送辊轮，并依次通过横向和纵向检测主机；为保证钢管运行的平稳性，采用夹送辊装置对钢管实施压紧扶正；计算机对检测数据进行实时处理和分析，如存在缺陷计算机会发出报警信号并控制标记系统对缺陷进行定位标记；之后，利用退磁系统消除钢管中的剩余磁场；最后，分选系统根据检测结果对钢管进行自动分类，经下料机构分别进入成品和疑似品台架；疑似品进行修复后需进行再检测，不合格钢管直接回炉。

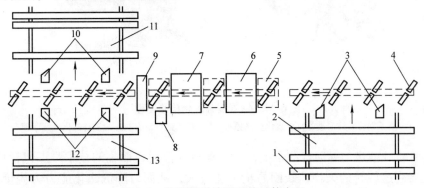

图 6-9　钢管漏磁检测系统总体布局

1—待检钢管　2—待检台架　3—上料机构　4—传送对辊轮　5—夹送辊　6—横向检测主机　7—纵向检测主机
8—缺陷标记系统　9—退磁器　10—成品下料机构　11—成品台架　12—疑似品下料机构　13—疑似品台架

针对被检测缺陷的特征，无损检测方法在实施中应该选用不同的检测方式和结构。由于检测时的方向敏感性，为了实现钢管中轴向、周向缺陷的全覆盖检测，无论采用何种检测方法，均不可避免地需要两种类型的检测设备：横向缺陷检测主机和纵向缺陷检测主机，这样才能实现全方位的检测。

在钢管的自动化检测中，全方位检测实现的主要手段，首先是要保证探头能够扫查到钢管的各个部位；其次是要让检测探头感应到缺陷的存在。因此，除了漏磁检测原理以及传感器外，这里介绍检测主机的工作形式，即如何带动探头实现100%无遗漏的扫查，这是不同检测方法实现全覆盖检测的共性问题。

钢管漏磁检测系统采用复合磁化方式实现全方位的缺陷检测。由于轴向磁化场沿钢管中心线呈轴对称分布，在钢管中部易形成均匀的全断面磁化区域。钢管纵向缺陷漏磁检测原理如图6-10所示，由于采用周向局部磁场作为励磁源，沿钢管周向靠近极靴的区域磁化不均匀且背景磁场杂乱，仅在中间 DZ_1 和 DZ_2 区域形成较均匀磁化。为实现钢管纵向缺陷的全表面覆盖检测，需要检测探头与钢管之间形成旋转扫查，进一步结合钢管的轴向运动，最终使得纵向检测探头在钢管表面上形成螺旋扫查轨迹。

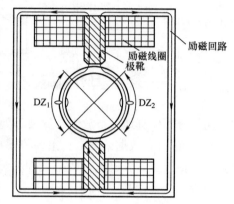

图 6-10 钢管纵向缺陷漏磁检测原理

如图6-11所示，钢管自动化漏磁检测主要有基于钢管直线前进和螺旋前进的两种实现方法。基于钢管直线前进方法中，轴向磁化器和横向探头固定不动，从而横向探头在钢管表面形成直线扫查轨迹；周向磁化器和纵向探头高速旋转，从而使得纵向探头在钢管表面形成螺旋扫查轨迹。当钢管螺旋前进时，横向和纵向检测主机的磁化器和探头均固定不动，此时横向和纵向探头在钢管表面上形成相同的螺旋扫查轨迹。

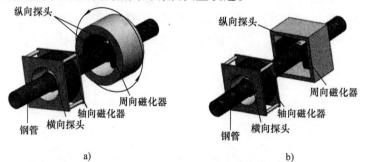

a)   b)

图 6-11 钢管复合磁化检测原理

a）基于钢管直线前进的复合磁化检测原理　b）基于钢管螺旋前进的复合磁化检测原理

基于钢管直线前进的纵向检测系统在提高运行速度时，面临的技术难点包括：一方面，考虑到磁化器高速旋转的失稳，线圈质量不能过大，从而以降低磁化能力为代价；另一方面，高速旋转时集电环传输大电流，触点处容易产生火花，从而限制了线圈磁化电流的提升。此外，旋转探头的检测信号采用分时复用方式由少量的集电环进行传输，受重复频率的限制，检测探头的独立通道数量拓展受限，难以实现以多通道冗余检测为基础的高分辨率和缺陷类型识别。然而，采取如图6-11b所示的基于钢管螺旋前进的检测方案，可实现高速高精度漏磁检测。由于周向磁化器和探头固定不动，线圈质量和磁化电流不受限制，可利用超强磁化方式实现厚壁钢管的高灵敏度检测，并且因传感器检测信号采用并行方式传输，可根据需求任意拓展通道数量，这一方式解决了旋转式探头的诸多困难。但基于钢管螺旋前进的漏磁检测系统也存在输送辊道较为复杂的不利因素，在选择漏磁检测工艺时，需要根据钢管的生产工艺和检测要求来选取和设计。

对于自动化钢管漏磁检测系统而言，检测轨迹规划决定着钢管检测运动方式的选择，同时也在很大程度上影响着装备的机械结构。这里，简要对现今主要存在的 4 种钢管检测运动方式进行分析与比较，归纳总结出两种不同类型（直线型和螺旋线型）的扫查方式，依次分析不同轨迹类型的探头布置方案、单探头架与多探头架扫查轨迹区域及其影响因素等问题，最后分析了保证钢管全覆盖检测的充要条件。

6.2.1 钢管自动检测的运动方式

自动化钢管漏磁检测系统可分为以下四类。

（1）探头原地旋转、钢管直行式　如图 6-12 所示，这种检测方式具有检测速度快、效率高、检测实施较为容易等优点。不过，该方式对旋转机械装置的要求很高，依靠电容和碳刷耦合传递检测信号和保证元件供电。另外，探头的高速旋转易产生周期性干扰信号，增加信号处理的难度。目前，国外进口设备主要采用此种检测方式，价格十分昂贵，且维修和售后服务极不方便。但国内在高质量电容和碳刷电脉冲技术、大直径集电环加工精度等方面还很不成熟，故很少采用此种方式。

（2）探头直行、钢管原地旋转式　如图 6-13 所示，这种检测方式的优点是对机械结构和信号传递的要求不高，可快速调整扫查螺距。在检测速度要求较低的前提下探头数量可以最少，可作为移动式检测系统。但其检测主机部分占地面积较大，且不适用于钢管的在线检测。

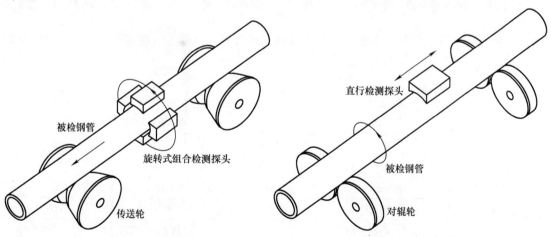

图 6-12 探头原地旋转、钢管直行式示意图　　　图 6-13 探头直行、钢管原地旋转式示意图

（3）探头原地不动、钢管直行式　如图 6-14 所示，这种检测方式最容易实现，因为探头和钢管都不需要旋转，钢管只需直行从检测主机中穿过，即可完成检测工作。这种检测方式检测速度快，信号传输容易，适用于大规格钢管的漏磁检测。然而对于漏磁法而言，该方

法无法对纵向裂纹进行检测。此外，对于超声检测，一般通过增加探头数来保证钢管内外壁的全方位扫查。为了保证全覆盖检测，需要在钢管轴向上布置大量探头，以弥补单检测探头的漏检区域，因此增加了信号处理的难度和设备成本。

（4）探头原地不动、钢管螺旋前进式　通常，传送轮的旋转平面与钢管前行方向平行，钢管将直线前进。若将传送轮旋转一个角度，传送轮与钢管之间的摩擦力方向将不再与钢管前行方向平行，从而搓动钢管螺旋前进。

如图 6-15 所示，这种检测方式探头数量较少，结构简单。采用高精度调整机构可使得检测探头相对于钢管的位置保持不变，并能可靠地锁紧或实现良好的机械跟踪，保证动态下探头与钢管距离保持恒定。同时，这种检测方式对机械装置的设计、安装及调试要求不高，便于与其他设备进行连接，不影响车间的正常生产，可提高检测效率。但此种方式需要钢管螺旋前进，传输线结构较为复杂。同时，螺距大小的选择也是一个两难的问题：螺距大，检测效率高，但检测信号易受钢管运动偏差的影响；螺距小，则前进速度低，检测效率不高。

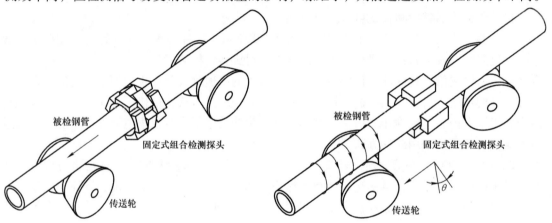

图 6-14　探头原地不动、钢管直行式示意图　　图 6-15　探头原地不动、钢管螺旋前进式示意图

综合来看，以上四种较为常见的检测运动方式都有各自的适应性和优缺点。将这四种检测运动方式进行对比，见表6-2。

表6-2　检测运动方式综合对比

运动方式	探头原地旋转、钢管直行	探头直行、钢管原地旋转	探头原地不动、钢管直行	探头原地不动、钢管螺旋前进
机械装置	复杂	较简单	较简单	较复杂
探头数量	较少	较少	较多	较少
信号处理	传输困难	较简单	数据量大	较简单
场地面积	较小	较大	较小	较小
控制系统	复杂	较简单	较简单	较简单
制造成本	较高	较低	较高	较低
轨迹形式	螺旋线型	螺旋线型	直线型	螺旋线型

总结可得，探头与钢管的相对运动方式即探头扫查轨迹可以分为两种：一种是直线型扫查轨迹，以"探头原地不动、钢管直行式"为代表；另一种是螺旋线型扫查轨迹，以"探

头原地旋转、钢管直行式""探头直行、钢管原地旋转式"和"探头原地不动、钢管螺旋前进式"为代表。

6.2.2　自动漏磁检测的扫查轨迹

探头扫查轨迹将影响组合检测探头的类型、结构、数量和布置方法等，下面来分析直线型扫查轨迹与螺旋线型扫查轨迹的特点及其影响因素。

1. 直线型扫查轨迹

直线型扫查轨迹的实现较为简单，只需探头原地不动、钢管直行穿过检测主机即可。为了实现钢管全覆盖检测，需要在钢管轴向上布置若干圈探头架，以弥补单圈检测探头的漏检区域。这是因为单个探头架的有效检测范围比其本身的轴向长度或周向长度要小，因此即使将探头架无缝隙地首尾连接覆盖钢管的周向一圈，在相邻探头架之间还是会有漏检区域。

在直线型扫查轨迹的自动化钢管检测设备中，通常采用瓦状式探头架，使探靴的跟踪弧面贴紧钢管表面，确保内部探头与钢管之间的提离值保持恒定。一般轴向长度较小，而周向长度较大。如图 6-16 所示，单探头架沿轴向布置两排或两排以上的点探头，以弥补单排检测探头内部相邻点探头间的检测盲区，覆盖范围由周向有效检测长度决定。图 6-17 所示的单探头架直线型扫查轨迹即由单探头架沿着钢管某条母线进行直线扫查得到。沿钢管周向展开的单探头架直线扫查区域如图 6-18 所示，其中 L 代表单探头架周向长度，L' 代表单探头架周向有效检测长度，K 代表单探头架轴向检测长度。理想情况下，只要钢管前行的直线度和检测探头架的跟踪效果能够得到保证，沿钢管周向展开的单探头架直线扫查区域就是一个简单的矩形，矩形的长等于钢管长度，矩形的宽等于单探头架的周向有效检测长度。

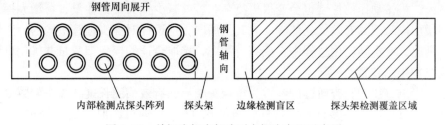

图 6-16　单探头架内部阵列点探头布置示意图

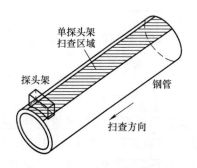

图 6-17　单探头架直线型扫查轨迹

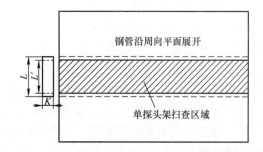

图 6-18　沿钢管周向展开的单探头架直线扫查区域

自动化检测过程中，一般通过在钢管轴向上布置多圈探头架，以实现全覆盖检测。以双圈探头架为例，图 6-19 所示为沿钢管周向展开的 6 探头架扫查区域。其中，L 代表单探头架周向长度，L'代表单探头架周向有效检测长度，πd_1代表钢管周长，N_1、N_2、N_3、N_4、N_5、N_6、…为检测探头架编号。

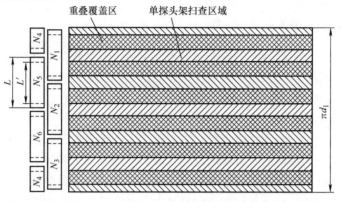

图 6-19　沿钢管周向展开的 6 探头架扫查区域

多探头架的有效扫查范围总和须比钢管周长大，并且具有相应的重叠覆盖区，通常要求保证有不低于 20% 的检测重叠率。因此探头架数量 N、单探头架周向有效检测长度 L'、钢管外径 d_1 之间需满足以下关系式：

$$NL' > 120\% \pi d_1 \tag{6-1}$$

由式（6-1）可看出，当待检钢管外径 d_1 确定后，检测探头架数量 N 和单探头架周向有效检测长度 L' 成反比。若要减小探头架的外形尺寸，以增加探头跟踪机构的灵活性，可增加探头架的数量，但又势必会造成探头跟踪机构数量的增加，整个检测主机的机械结构将会变得庞大，机械动作的控制也会变得更复杂。若要减少探头架的数量，可增大探头架的外形尺寸即增加探头架的有效检测范围，尤其是周向，但这样对探头跟踪机构的灵活性也提出了挑战。因此，在实际应用过程中，应综合考虑，选取合适的探头架数量并优化设计探头架结构及其机械跟踪装置。

综上，影响直线型扫查轨迹的参数为单探头架周向有效检测长度、探头架数量、圈数与排列方式等。理论上，各参数的关系只要满足式（6-1）即可，但对信号处理、控制系统、机械结构等而言，应重点考虑并优化设计。

2. 螺旋线型扫查轨迹

螺旋线型扫查轨迹的设计和实现要比直线型复杂，下面从检测机理、探头布置等方面进行分析。三种比较典型的实现方式中，以"探头原地不动、钢管螺旋前进式"为例进行分析。为了实现全覆盖检测，该方式并不需要在周向布置大量探头架，因此可减少探头数量，降低信号处理的难度，同时也可降低设备成本。

此种方式中的探头架为瓦状式或条状式。瓦状式探头架的外形需根据被检钢管外径而定，即一种瓦状式探头架只适用于一种规格的钢管。相反，条状式探头架具有通用性，但其机械跟踪性能却不如瓦状式探头架，唯有依靠良好、稳定的机械跟踪辅助装置。条状式探头架沿钢管轴向长度较长，而周向长度较短。内部点探头的布置工艺与瓦状式探头架类似，沿钢管周向布置两排或两排以上的点探头，互相弥补相邻点探头间的漏检区域，因此只存在探头架两端的边缘漏检区域。故单探头的有效检测区域与其沿钢管轴向的长度相关。单探头架螺旋线型扫查轨迹如图 6-20 所示，沿钢管周向展开的单探头架螺旋扫查区域如图 6-21 所示。图中，L 为单探头架轴向长度，L' 为单探头架轴向有效检测长度，K 为单探头架周向长度，P 为扫查螺距。

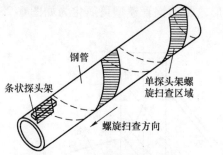

图 6-20　单探头架螺旋线型扫查轨迹　　　图 6-21　沿钢管周向展开的单探头架螺旋扫查区域

　　为了实现全覆盖检测，可在钢管截面周向上布置若干个条状探头架，互相弥补各自的检测盲区。图 6-22 所示为均匀布置方式沿钢管周向展开的多探头架螺旋扫查区域。图中，L 为单探头架轴向长度，L' 为单探头架轴向有效检测长度，N_1、N_2、N_3、N_4 为检测探头架编号，P 为扫查螺距。为了保证有不低于 20% 的检测重叠覆盖率，L'、P、探头架数量 N 应满足关系式：

$$NL' > 120\% P \tag{6-2}$$

　　由式（6-2）可得，N 和 L' 的选取和设计与被检钢管外径没有直接关系。螺距恒定时，两者成反比，在实际设计和生产制造中，应综合考虑，选取合适的探头架数量并优化设计探头架结构及其机械跟踪装置。值得注意的是，螺旋线型扫查轨迹存在着端部检测盲区，应利用其他方法（如磁粉法、涡流法）进行补充检测。若扫查螺距减小或探头架数量增多，则端部检测盲区的面积将会减小。

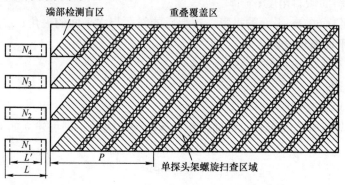

图 6-22　均匀布置方式沿钢管周向展开的多探头架螺旋扫查区域

　　除了探头架轴向有效检测长度外，影响螺旋线型扫查轨迹的另一个关键参数为扫查螺距。螺距由对辊轮直径或 V 形轮斜面倾斜角度、钢管外径、对辊轮或 V 形轮偏转角度、对辊轮中心距等参数共同决定。螺距、探头架长度等参数影响检测覆盖率和检测效率；钢管前进速度 v 决定检测速度的快慢；钢管转速 n 则影响钢管运动的平稳性。因此，对扫查螺距进行数学建模并得到计算公式是十分有意义的。这里，对 V 形轮上的钢管螺旋运动进行数学分析，得出扫查螺距的数学计算公式。

假设 V 形轮与钢管之间的摩擦搓动为刚性作用，则 V 形轮搓动钢管时是以点接触相互作用的。以其中的某一接触点 A 为坐标原点建立笛卡儿直角坐标系，以过 A 点且垂直于钢管轴向的截面为 xy 平面，以钢管轴向为 z 轴方向。V 形轮驱动钢管模型可简化为如图 6-23 所示，其俯视图如图 6-24 所示。

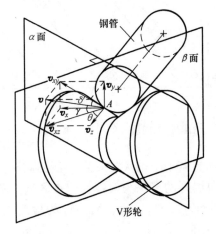 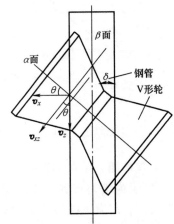

图 6-23　V 形轮与钢管作用速度分解　　　图 6-24　V 形轮驱动钢管模型俯视图

如图 6-23 和图 6-24 所示，设

v——V 形轮与钢管接触点 A 处的切向线速度；

α 面——过接触点 A 且平行于 V 形轮轴线的竖直面；

β 面——过接触点 A 且垂直于 α 面的竖直面；

θ 角——V 形轮倾斜角度；

δ 角——V 形轮斜面倾斜角度；

δ' 角——V 形轮斜面在 xy 平面的投影，投影后的斜面与水平面的夹角；

γ 角——v 与水平面所形成的夹角；

d_1——钢管外径；

n——钢管转速；

P——钢管螺旋运动螺距。

假设 V 形轮与钢管之间无相对滑动，相对运动为纯滚动，则可建立如下方程组：

$$v = v_x + v_y + v_z \tag{6-3}$$

$$v = v_{xz} + v_y \tag{6-4}$$

$$v = v_{xy} + v_z \tag{6-5}$$

$$v_{xy} = v_x + v_y \tag{6-6}$$

$$v_{xz} = v_x + v_z \tag{6-7}$$

$$P = v_z/n = \pi d_1 v_z / v_{xy} \tag{6-8}$$

联立上述方程组，即可得到

$$v_{xy} = v(1 - \cos^2\gamma\cos^2\theta)^{1/2} \tag{6-9}$$

$$v_z = v\cos\gamma\cos\theta \tag{6-10}$$

$$P = \pi d_1 \cos\gamma\cos\theta(1 - \cos^2\gamma\cos^2\theta)^{-1/2} \tag{6-11}$$

由式（6-9）与式（6-10）可以看出，钢管旋转速度 v_{xy} 和前进速度 v_z 均与 v 有关，即与接触点所处的位置相关，而与钢管外径无直接关系，但钢管外径会影响接触点的位置。螺距与接触点位置、钢管外径等都有关系。通常，随着钢管外径的增大，γ 角和钢管前进速度 v_z 会增大，但在实际应用中，由于钢管直径增大，旋转速度变慢，钢管前进速度变化并不明显。另外，管径增大，螺距 P 会增大，这也影响着探头架轴向有效长度的设计和探头架数量的选取。

在螺距 P 的计算公式中，θ 角和钢管外径 d_1 是已知的，因此求解的关键在于 γ 角。由图 6-23 易得到关系式：

$$\tan\gamma = \sin\theta\tan\delta' \tag{6-12}$$

因此可以将求解 γ 角的问题，转化为求解 δ' 角。由于采用解析几何的方法求解 γ 角会使计算变得很复杂，下面介绍一种较为简单的方法来求解 γ 角，只要螺距计算值与实测值的误差在允许范围之内，不会影响到检测探头架的设计即可。

当 V 形轮的 θ 角和 δ 角确定时，V 形轮在传送机构上的位姿也就唯一确定了。建立钢管在 V 形轮上传送的运动模型，确定 V 形轮与钢管轴线的倾斜角度，将钢管相切于 V 形轮斜面，如图 6-25 所示。

以钢管横截面为投影面，将传送模型投影至该面，得到传送模型钢管横截面投影图，如图 6-26 所示。从而可知，不同规格钢管在 V 形轮上的接触点所组成的线为图中所示切线，也即 V 形轮斜面在投射面内的投射线。其与钢管旋转速度 v_{xy} 方向相同，与水平面的夹角即为 δ' 角。由于 V 形轮的位姿已定，故切线是一定的，因此切线与水平面的夹角 δ' 可通过作图法得到，精度可控制到小数点后一位。通过作图法得到的角 δ' 和 V 形轮倾斜角 θ 即可算出不同规格钢管的扫查螺距。

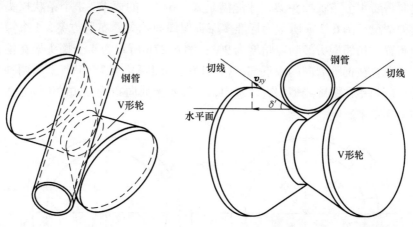

图 6-25　V 形轮传送模型　　　　图 6-26　传送模型钢管横截面投影图

表 6-3 为不同规格钢管扫查螺距的计算值和实测值对比。所选的 V 形轮斜面倾角 δ 为 30°，外形尺寸为 $\phi240\text{mm} \times \phi140\text{mm} \times 250\text{mm}$，倾斜角 θ 为 32°，电动机转速为 1400r/min，减速机速比为 15∶1。由表 6-3 中的数据可知，计算值与实测值相差不超过 20mm。因此该计算方法简单、准确、有效、可行，在误差允许的范围之内。故此方法可视为一种方便快捷的钢管扫查螺距计算方法。

表 6-3　不同规格钢管扫查螺距的计算值与实测值对比

钢管直径/mm	计算数据/mm	实测数据/mm	钢管直径/mm	计算数据/mm	实测数据/mm
48	297.4	282.3	114	512.3	505.9
60	328.5	312.7	127	570.7	553.2
73	361.9	355.9	140	627.4	615.1
89	422.4	405.7	168	754.9	749.6
101	466.8	451.2	180	793.8	795.5

6.2.3　钢管全覆盖无盲区检测

为了实现钢管的全覆盖检测，应保证多个瓦状或条状探头架的有效检测长度沿直线或螺旋线扫查时，有效检测长度合成的扫查范围应覆盖全钢管，且有重叠覆盖区。从探头布置的数量、信号处理的数据量等角度考虑，螺旋线型扫查轨迹要比直线型扫查轨迹更加简洁和方便；但后者相比于前者在机械结构、占地面积等方面又更具优势。因此在实际的设计生产中，要从检测原理、机械系统、控制系统、数据处理与显示系统等多角度出发，综合选择探头扫查轨迹类型。

对于直线型扫查轨迹，为实现全覆盖检测，需在钢管轴向上布置若干圈（至少两圈）探头架，互相弥补各自的检测盲区。只要瓦状探头架的有效检测范围在钢管的周向上无盲区，且相邻探头架间有重叠覆盖区域，即可保证全覆盖检测。对于螺旋线型扫查轨迹，需在钢管的截面周向上布置若干个条状探头架，因此就存在一个问题需要解决，即若干个条状探头架在钢管周向上的布置角度问题。

假设周向需要 4 个条状探头架，才能满足式（6-2）的要求，4 个条状探头架的周向布置有以下两种情况。图 6-27a 所示为标准多探头架周向均匀，布置方案，4 个探头架在钢管周向上均匀布置，相邻探头架间隔角度为 90°；图 6-27b 所示为 4 个探头架在钢管周向上非均匀布置，只布置在钢管周向的中下部，相邻探头架间隔角度为 45°。对这两种布置情况进行对比分析，以观察在螺旋线型扫查轨迹中，多探头架周向布置方式的不同是否会对钢管全覆盖检测的实现带来影响。

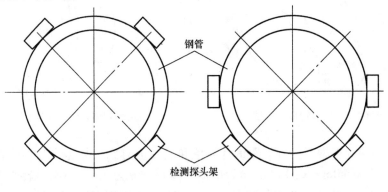

a)　　　　　　　　　　　　　　　　　　　　b)

图 6-27　条状探头架周向布置
a) 周向均匀布置　b) 周向非均匀布置

探头架均匀布置方式沿钢管周向展开的多探头架螺旋扫查区域如图 6-22 所示，图 6-28 所示为探头架非均匀布置方式沿钢管周向展开的多探头架螺旋扫查区域。

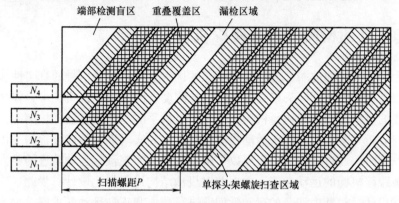

图 6-28　探头架非均匀布置方式沿钢管周向展开的多探头架螺旋扫查区域

对比图 6-22 和图 6-28 可发现，在扫查螺距 P 相同的条件下，不同的多探头架布置方式会对螺旋线型扫查轨迹带来较大的影响。探头架均匀布置方式与非均匀布置方式都存在固有的端部检测盲区，但与后者相比，前者端部检测盲区的总面积稍小且长度更短，即检测无效范围更小；从重叠覆盖区来看，后者的重叠率更高。但最为严重的问题在于后者存在着漏检区域，漏检区域的存在说明这种布置方式是不可接受的，将造成检测结果的不准确和钢管检测质量的失控。由此可见，式（6-2）只是钢管全覆盖检测的必要条件，而非充要条件。在满足式（6-2）的前提下，讨论以下问题。

对于端部检测盲区而言，无法避免，所需要做的是尽量将其减小，尤其是盲区长度，即检测结果不可靠的钢管长度段。决定盲区长度的参数有：钢管扫查螺距 P、检测探头架数量 N、钢管外径 d_1。P 越小、N 越大，端部检测盲区越小。当然，上述变化规律是建立在其他参数不变的前提下的。

为保证全覆盖检测，覆盖率至少应达到 120%。但过大的覆盖率也不可取，因为在相同的条件下，这需要布置更多的检测探头，并且信号处理电路及后续数字处理算法将变得更复杂。

针对漏检区域，在设计扫查螺距时应该保证完全将其消除。没有漏检区域的前提应是在一个扫查螺距 P 范围内，相邻探头架扫查区域之间均有重叠覆盖区。图 6-28 正是因为第一个检测探头架和最后一个检测探头架之间没有重叠覆盖区域，所以在后续扫查中存在漏检区域。这种情况下，可以通过降低扫查螺距 P 以保证全覆盖检测，但又势必会降低钢管检测效率。

通过上述分析可知，在满足式（6-2）的前提下，多探头架应在钢管周向上均匀布置。这样，可将钢管端部盲区长度降到最低，同时具有一定的重叠覆盖率，且信号处理较为简单，路径规划也更加清晰。均匀布置方式也有利于探头跟踪机构的设计和系统布局、信号的传输和分类等。

总而言之，无论是直线型扫查轨迹还是螺旋线型扫查轨迹，钢管全覆盖检测的充分必要条件应是：满足式（6-1）或式（6-2）的前提下，相邻探头架之间还应有重叠覆盖区。当然，在轨迹规划时，应综合考虑探头架有效检测长度、探头架数量、扫查螺距和钢管检测速度等因素，选取最合适的扫查路径、最佳的探头架结构和最优的探头架布置方案，而全覆盖检测则是所有问题考虑的前提和根本。

6.3　高稳定性的检测姿态与跟踪机构

探头作为信号拾取的前端部分，检测姿态的优劣直接影响着信号的真实性和准确性。多自由度探头跟踪机构是保证探头始终处于最优检测姿态的基础，该机构可看作一个由多个连杆和关节组成的机械手，它的执行机构，也就是机械手的终端效应器即检测探头。机械手的运动学建模与分析是实现检测探头运动控制的基础，为实现钢管的连续检测提供可靠的方法和理论依据。同时，通过运动学分析可以了解检测探头实现预定运动轨迹的能力或实现轨迹的情况下探头跟踪机构的运动性能，并据此对机械结构进行优化设计。为此，这里介绍探头最优检测姿态设计，对其中涉及的运动学问题进行建模和正逆运动学求解，也为后续的机械结构设计工作提供指导和帮助。

6.3.1　钢管运动自由度

检测过程中，探头应保持最优检测姿态。对漏磁检测而言，探头应始终垂直于被检钢管圆周外表面并保持紧贴状态，以减小提离效应的影响并增大灵敏度；对超声检测而言，探头应相对于钢管轴心保持相同的入射角度和水层厚度，以防止超声波入射条件发生变化。然而，钢管的运动并不是一个理想状态下的运动。传送线的直线度误差与水平度误差、钢管的直线度误差等都会对探头跟踪机构的跟踪性能提出挑战。

完全确定一个物体的空间位姿所需要的独立坐标的数目，称为这个物体的自由度。刚体在空间自由运动时，确定位置需要 x、y、z 三个独立的空间坐标，为其平动自由度；确定通过质心轴的空间方位（三个方位角中只有两个是独立的）需两个转动自由度；确定刚体绕质心轴转过的角度 θ 为转动自由度。所以空间中自由运动的刚体共有六个自由度，即三个平动自由度和三个转动自由度。如图 6-29 所示，以钢管轴向为 z 轴、钢管截面为 xOy 面建立笛卡儿坐标系，易得描述钢管运动位姿的 6 个自由度，其为沿着 x、y、z 轴的移动自由度和绕 x、y、z 轴的旋转自由度。

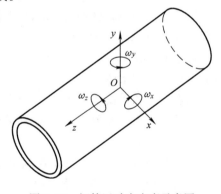

图 6-29　钢管运动自由度示意图

对于基于钢管旋转的自动化检测设备而言，理想状况下钢管只存在沿 z 轴的直线运动和绕 z 轴的旋转运动。然而在检测过程中，由于钢管存在直线度、圆度和传送线制造安装偏差等误差，钢管会存在沿 x、y 轴的微小移动和绕 x、y 轴的微小摆动。为了消除这些附加运动给检测信号带来的异常干扰，检测探头需跟踪钢管的这些运动，并始终保持最优检测姿态。也就是说，探头最优检测姿态的微小浮动自由度实现主要由沿 x、y 轴的移动和绕 y、z 轴的转动这 4 个自由度来完成。同时，由于不同外径规格的钢管在同一组传送轮上螺旋前进，势必会造成钢管中心高度的变化，导致探头跟踪机构还需实现探头的 x、y 轴大幅移动。

探头跟踪机构类似于机械手，是一个开式连杆系，主要由若干个连杆和运动关节组成，每个关节运动副只有一个自由度，即关节数等于自由度数。跟踪机构在各种驱动、传动装置及控制系统的协同配合下，在确定的空间范围内运动。其执行机构或终端效应器即检测探头，自由度是指用来确定手部相对于机身位置的独立变化的参数，它是对探头跟踪机构进行运动和受力分析的原始数据。通过探头跟踪机构的各连杆组合运动，可保证检测探头完成钢管抱合动作和上述 4 个自由度的运动跟踪，确保信号拾取的灵敏度和真实性。

6.3.2　探头跟踪机构的运动学

机构的运动学分析不考虑机构运动的原因——作用力，而只研究机构各部分之间的运动关系。具体而言，机构运动学分析是对给定的机构研究其构件或各关键部位之间的位移、速度和加速度之间关系及变化规律。运动学描述了机械手关节与各连杆之间的运动关系，其运动方程也被称为位姿方程，是进行机械手执行机构运动状态分析的基本方程。通过运动学分析，可获知末端执行机构实现预定轨迹的能力或实现轨迹的情况下机构的运动性能。

1. 机构运动学建模理论

机械手运动学模型建立主要以 Denavit – Hartenberg（D – H）模型为主。下面对 D – H 模型建立的理论基础和一般步骤进行简单介绍，通用连杆—关节组合的 D – H 表示如图 6-30 所示。

机械手可以看成由处于任意平面的若干关节（滑动或旋转）和连杆（任意长度与形状）组成。首先确定相邻关节本地参考坐标系间的变化步骤和变换矩阵，随后联立所有变换矩阵，得到机构的总变换矩阵（基础坐标系与执行坐标系间的关系式），也

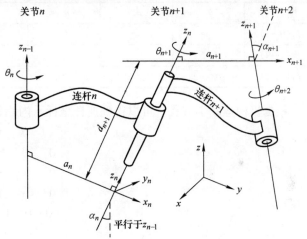

图 6-30　通用连杆—关节组合的 D – H 表示

就得到了表示执行部件的位姿矩阵，建立机构的运动学方程。因此机构运动学建模的关键是实现任意两个相邻坐标系之间的变换，最后写出机构的总变换矩阵。

2. 探头跟踪机构运动学

理想情况下，钢管只存在沿着 z 轴的直线运动和绕 z 轴的旋转运动。探头跟踪机构是由一系列连杆通过两个移动关节和一个转动关节串联而成的三自由度机械手结构，是一个空间开式运动链，链一端固定，另一端自由，用于安装检测探头。探头跟踪机构可简化为由基座、三个连杆（L_1、L_2、L_3）、两个移动关节（A_1、A_2）和一个转动关节（A_3）组成的系统，机构运动简图如图 6-31 所示，图中箭头方向代表了关节运动的参考正方向。

按照 D – H 建模方法和关节本地参考坐标系建立原则，建立如图 6-32 所示的检测探头跟踪机构连杆坐标系，其中 $O_3 - x_3 y_3 z_3$ 为末端执行器的本地坐标系。检测探头跟踪机构连杆结构参数及关节变量见表 6-4，其中 d_2、d_3 为连杆结构参数（系统具体的机械结构确定后，为定值），x、y 为移动关节（A_1、A_2）的变量值，β 为转动关节（A_3）的变量值。

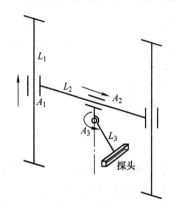

图 6-31 探头跟踪机构运动简图

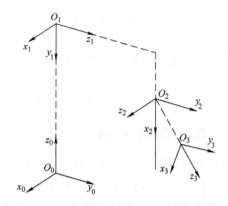

图 6-32 检测探头跟踪机构连杆坐标系

表 6-4 检测探头跟踪机构连杆结构参数及关节变量

连杆号	θ_n	d_n	a_n	α_n	关节变量	关节变量取值范围
$L_1(0-1)$	0	x	0	$-\pi/2$	x	$0\sim600\text{mm}$
$L_2(1-2)$	$\pi/2$	y	d_2	$\pi/2$	y	$0\sim260\text{mm}$
$L_3(2-3)$	$\beta-\pi/2$	d_3	0	$-\pi/2$	β	$0\sim45°$

根据机构运动学方程，可以得到连杆坐标系内相邻坐标系间的变换矩阵：

$$^0\boldsymbol{T}_1 = \boldsymbol{A}_1 = \begin{bmatrix} 1 & 0 & 0 & 0 \\ 0 & 0 & 1 & 0 \\ 0 & -1 & 0 & x \\ 0 & 0 & 0 & 1 \end{bmatrix} \qquad (6\text{-}13)$$

$$^1\boldsymbol{T}_2 = \boldsymbol{A}_2 = \begin{bmatrix} 0 & 0 & 1 & 0 \\ 1 & 0 & 0 & d_2 \\ 0 & 1 & 0 & y \\ 0 & 0 & 0 & 1 \end{bmatrix} \qquad (6\text{-}14)$$

$$^2\boldsymbol{T}_3 = \boldsymbol{A}_3 = \begin{bmatrix} \sin\beta & 0 & \cos\beta & 0 \\ -\cos\beta & 0 & \sin\beta & 0 \\ 0 & -1 & 0 & d_3 \\ 0 & 0 & 0 & 1 \end{bmatrix} \qquad (6\text{-}15)$$

建立检测探头机构的总变换矩阵（探头跟踪机构的执行坐标系相对于基础坐标系的变换矩阵），即探头跟踪机构的运动学方程为

$$^R\boldsymbol{T}_H = {}^0\boldsymbol{T}_1 \cdot {}^1\boldsymbol{T}_2 \cdot {}^2\boldsymbol{T}_3 = \begin{bmatrix} 0 & -1 & 0 & d_3 \\ -\cos\beta & 0 & \sin\beta & y \\ -\sin\beta & 0 & -\cos\beta & x-d_2 \\ 0 & 0 & 0 & 1 \end{bmatrix} \qquad (6\text{-}16)$$

其中，$\boldsymbol{Q} = \begin{bmatrix} 0 & -1 & 0 \\ -\cos\beta & 0 & \sin\beta \\ -\sin\beta & 0 & -\cos\beta \end{bmatrix}$ 表示执行坐标系姿态，$\boldsymbol{P} = \begin{bmatrix} d_3 \\ y \\ x-d_2 \end{bmatrix}$ 表示执行坐标系原点

位置，均是相对于基础坐标系。

6.3.3 探头最优检测姿态的实现

上述探头跟踪机构运动学建模分析是为了辅助检测探头完成钢管抱合动作。但由于钢管存在圆度误差、传送装置存在直线度和水平度误差，因此势必会影响检测探头抱合钢管的紧密程度或造成检测探头与钢管之间的相对角度产生变化，从而降低检测信号的可靠性和准确性。探头最优检测姿态的微小浮动自由度实现主要靠沿 x、y 轴的微小移动和绕 y、z 轴的微小转动这 4 个自由度来完成。

由于检测探头螺旋扫查钢管，因此探头在钢管周向上所处角度的微小变化对检测影响不大。可将沿 x、y 轴的微小移动跟踪进行综合，转化为斜线跟踪，即采用一种相对于这两个方向为斜线的跟踪方式，将探头 x、y 轴的运动转化为斜线运动。对于绕 y、z 轴的微小转动跟踪，则可在前端探头设置 y、z 转动轴，以满足探头的转动跟踪。

对于漏磁检测，介绍一种如图 6-33 所示的前端探头跟踪形式。摇臂即为图 6-31 中的连杆 L_3，摇臂 L_3 绕关节 A_3 的摆动采用气缸驱动，具有实现方式简单、控制方便等优点，最重要的是，可以为检测探头提供主动压紧力作用于钢管外表面，保证检测探头紧贴钢管扫查。将气缸作用力点与探头安装点错开，使得探头摆动幅度更大，且有利于摇臂摆动的跟踪。靠近关节 A_3 作用点的设计可以缩短气缸的行程，且气缸活塞杆伸出长度的缩短也有利于压紧力的实施，减小抖动。当钢管存在 x、y 轴微小移动时，将迫使检测探头在 x、y 轴方向

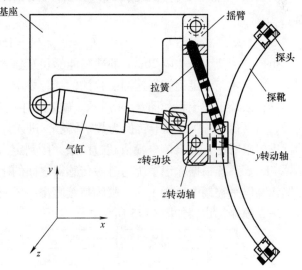

图 6-33 漏磁前端探头跟踪自由度结构

上微小移动，这时可转化为沿气缸活塞杆作用轴线的运动，迫使活塞杆微小收缩或前伸。同时，气缸活塞杆的压紧力可以保证检测探头在收缩或前伸的过程中，始终紧贴抱合钢管。在相对比较恶劣的检测情况下，还可以通过增加气缸气源的压力以增加探头的跟踪稳健性。检测探头在摇臂前端设置有 y、z 转动轴（互相垂直的转动轴），以保证检测过程中探头的随动转动跟踪（转动范围较小，满足跟踪要求即可）。值得注意的一点，在摇臂与 z 转动轴之间连有拉簧，以保证检测探头始终处于抬起状态，有助于探头抱合钢管。

漏磁检测探头一般为条状式。为了满足条状探头的定位要求并节约成本，需要配合使用耐磨靴，每种规格的钢管外径应与耐磨靴内径相等，相互扣合。条状探头具有通用性，更换钢管规格时，仅需更换耐磨靴，极大地延长了探头的使用寿命，节约了设备的使用和维护成本。实践证明，这种前端探头跟踪结构有着很好的钢管抱合和跟踪浮动效果，能够满足自动化无损检测设备中钢管的多自由度跟踪，有助于提升信号的一致性和稳定性。

6.4 缺陷的定位与喷标

钢管作为油气开采与运输过程的重要器件而大量使用，对其进行质量检测是钢管正常生产应用的前提。随着钢管连轧工艺的发展钢管，最大生产节奏达到 960 支/h，在线检测最高要求速度达到 3m/s，与此相对应的漏磁检测系统的运行速度也相继提高。其中，对钢管缺陷进行精确而不遗漏的标记是检测结果有效性的重要前提，对缺陷的复查和寻找，以及钢管的后处理工艺安排具有重要作用。所以，在钢管高速检测过程中，缺陷标记系统是不可或缺的组成部分。

6.4.1 标记系统

假设钢管检测最高检测速度 v_{max} 为 3m/s，缺陷标记分辨率 d_{PX} 为 20mm，则最高标记频率 f_{pr} 为

$$f_{pr} = v_{max}/d_{PX} = 150\text{Hz} \tag{6-17}$$

也即，为使两个相隔 20mm 的缺陷能够相互独立标识且没有遗漏，标记系统每秒钟需标记 150 次，才能满足钢管高速漏磁检测的标记要求。

标记系统工作流程如图 6-34 所示。缺陷产生的漏磁场被磁敏传感器获取之后转换为电信号，然后由 A-D 采集卡转换为数字信号，进入计算机进行信号后处理，输出结果与设置的标准门限对比，如果信号幅值超过门限，则判定为缺陷，并将缺陷信息传输给可编程序控制器 PLC。系统根据标记系统与磁敏传感器之间的距离以及钢管运行速度，经过准确延时之后输出高电平控制电磁阀工作，喷嘴持续喷出一段时间涂料之后停止，并等待下一次缺陷信号到来，喷壶标识器如图 6-35 所示。

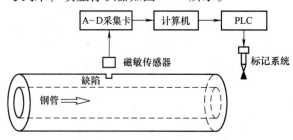

图 6-34　钢管缺陷标识原理

图 6-35　喷壶标识器

为了控制缺陷标识精度，标记系统需要精确控制漏磁检测探头与喷嘴之间的距离，并根据运行速度进行延时设置。对于漏磁阵列探头检测系统，标记系统在确定探头与喷嘴之间的距离时，需要精确到独立的传感器单元，尤其是针对条状探头。一般来说，条状探头整体长度大于 100mm，如果将其看成一个整体，则标识误差将大于 100mm。

一个喷壶的响应时间较长，无法满足标识系统的喷标频率要求。为此，一般采取阵列喷壶对缺陷进行标记，主要有两种布置方案：其一，喷枪沿钢管轴向阵列布置；其二，喷枪沿钢管周向阵列布置。

阵列标记系统相对于单喷嘴标记系统具有更高的标记速度和精度，具有以下特点：

1）将缺陷信息分配给不同喷嘴进行工作，提高标识速度。

2）将连续缺陷信息分点标记，可以提高分辨率，以消除整片连续标记现象。

3）控制器接收到缺陷信息之后，将控制空闲的喷嘴进行工作。

4）多个喷嘴需要循环使用，以保证喷嘴通畅，防止气路阻塞和喷嘴堵塞。

5）寻求最佳标识控制方案以提高标识速度和精度，并能对设备进行良好维护。

图 6-36 所示为多喷嘴联合标记系统，主要由多喷嘴组合、涂料壶、升降框架、控制台和升降电动机构成。多喷嘴系统采用 8 个喷嘴双排阵列组合方式，由 8 个电磁阀独立控制和 8 个涂料壶单独供涂料。由于不同管径钢管中心高不同，从而造成喷嘴与钢管之间的距离发生改变。一般距离越小，涂料行程越小，标识斑点越小，速度越快，因此，喷嘴中心高需根据钢管规格进行调整。

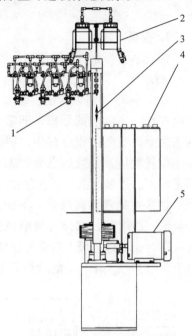

图 6-36　多喷嘴联合标记系统
1—喷嘴　2—涂料壶　3—升降框架　4—控制台　5—升降电动机

6.4.2　喷枪结构

喷枪作为标记系统的执行机构，其结构很大程度上决定了标记系统的性能。考虑到标记工作现场特殊环境，如高温、强振动、多灰尘等，喷枪枪体做成如图 6-37 所示的结构，它可以用于检测过程中棒材、管材、线材、板材等金属件的快速缺陷标记。

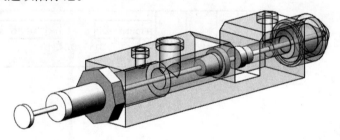

图 6-37　喷枪枪体

图 6-37 所示的喷枪具有如下特点：

1）喷枪最小口径为 0.3mm，最小喷涂量可达 3g/min，可以较大程度地节约涂料。

2）使用圆形空气帽可喷出圆形斑点，其形状正好适用于缺陷标记。

3）带有拉栓，维护清洗方便，配有物料循环功能，可以防止喷枪堵塞。

4）响应速度快，只需 40ms 便可实现启闭，这是实现高速标记的关键。

6.4.3　喷标控制

缺陷标记是钢管检测结果的直接体现，高精度和高分辨率是标记系统的重要性能指标。高精度体现在标记位置与缺陷位置形成精确的空间对应；高分辨率体现为缺陷标记斑点有效而且较小，避免大片连续标记造成缺陷难以辨识；而且两者都必须建立在无漏标记的基础之上。高速标记系统的实现基础为高效的控制方案和策略，根据缺陷信号进行合理有效的标记，可使后处理工艺更加方便快捷，以及时反馈钢管生产工艺中的缺陷。

1. 控制方法

标记系统将涂料从料筒运送到涂料壶，然后经喷嘴标记到钢管上，其气路工作原理如图6-38所示。

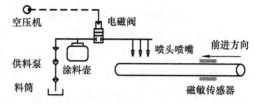

从图6-38中可以看出，喷嘴与磁敏传感器之间存在一定的空间距离，即喷嘴在漏磁检测探头之后。实际工作过程中，要求标记斑点与缺陷位置对应，并且斑点分辨率越高越好，以确定缺陷的数量。由于两者存在一定空间错位，缺陷信号被处理和判断后，不能立即喷标，必须延时一段时间，以保证缺陷位置与标记斑点对应。

图6-38　钢管标记气路工作原理图

为保证标记斑点具有可视性，涂料喷洒必须持续一段时间。而为了让缺陷与缺陷之间具有可分辨性，涂料喷洒时间又不能过长，标记系统控制方案布局如图6-39所示。

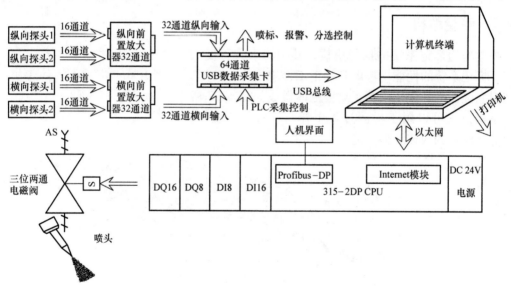

图6-39　标记系统控制方案布局

标记控制信息依次经过：检测探头、前置放大器、采集卡、计算机、控制器、电磁阀和喷头。检测探头将漏磁场量转换为模拟量，并经 A－D 采集卡转换为数字量，通过 USB 总线输入计算机，在计算机内进行相应计算和判断，如果信号超过报警门限，则输出缺陷脉冲信号，通过以太网传输到控制器进行处理。经控制器内部控制指令延时，输出控制高电平并延时一段时间，控制电磁阀持续工作，使喷嘴喷洒涂料至钢管表面，并与缺陷位置相对应。

标记过程中，被检测钢管直线前进速度为 v_a，探头中心与喷嘴之间的距离为 L_{pr}，则缺陷从探头处运动到喷嘴位置的时间为

$$t = L_{pr}/v_a \tag{6-18}$$

为使标记斑点与缺陷位置尽量重合，从漏磁场处获取信号开始到涂料喷洒至钢管表面为止，该信号传输时间应该与缺陷运动时间 t 相等，其包括：漏磁信号从钢管缺陷处传输至采集卡的时间 t_1，信号从采集卡通过 USB 总线传输到计算机的时间 t_2，计算机内信号处理过程时间 t_3，缺陷信号经以太网进入可编程序控制器的时间 t_4，控制器延时时间 t_5，控制器输出信号至电磁阀的时间 t_6，电磁动作时间 t_7 以及涂料从喷嘴喷洒到钢管表面的时间 t_8，并满足以下关系式

$$t = t_1 + t_2 + t_3 + t_4 + t_5 + t_6 + t_7 + t_8 \tag{6-19}$$

式（6-19）表明，缺陷产生的漏磁信号从缺陷处被采集到至最后涂料喷洒到钢管表面经历了一个复杂的信息传递过程。其中，电信号传输时间、USB 总线传输时间以及以太网传输时间可忽略不计，信号处理时间与评判算法、数据量和计算机配置有关，一般用时也较短。但从电磁阀开始动作到涂料喷洒到钢管表面的时间较长，这主要与喷嘴喷腔内气压大小以及喷嘴与钢管表面之间的距离有关。一般情况下，喷嘴与钢管表面距离越近，涂料喷洒时间越短，斑点就越小。因此，喷嘴中心高度必须可调，当更换钢管规格时，通过调整喷嘴与钢管表面之间的距离来实现最好的标记效果。上述所有时间中，除了控制器延时时间 t_5，其余时间基本为定值，在调整钢管运行速度时，延时参数 t_5 需要根据新的检测速度进行调整。

如图 6-40 所示，可将整个标记过程分为三个阶段：第一阶段，磁敏元件拾取到缺陷漏磁场，并将其转换为电信号；第二阶段，控制器获取缺陷标记信号，并运行延时指令；第三个阶段，延时结束，控制器输出控制指令给电磁阀执行标记动作，喷嘴喷洒涂料。

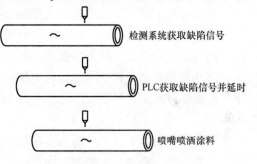

图 6-40　缺陷标记延时工作原理

2. 控制策略

单缺陷单喷嘴模型控制器输入参数包括：缺陷脉冲信号、标记开始延时时间 t 和标记持续延时时间 T，输出参数为标识输出。控制器采用周期上升沿获取法，定期获取缺陷信号，然后根据设置的两个延时参数进行延时并输出给电磁阀，内部工作时序如图 6-41 所示。

从图 6-41 中可以得出，单个缺陷标记周期 T' 为

$$T' = t + T \tag{6-20}$$

当钢管上出现连续缺陷时，会出现以下情况：前一个缺陷还未开始标记或者还未标记完成，又出现新的缺陷，则会产生新的缺陷被遗失标记的状况。所以，为达到所有缺陷都能准确标识而不出现遗漏，需要设置多个参数来储存缺陷信息，并按照先进先出的原则进行标记。为此，设置 N 个定时器，每个定时器输出为 Out，多个电磁阀工作时序如图 6-42 所示。

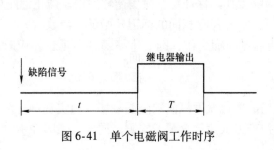

图 6-41　单个电磁阀工作时序

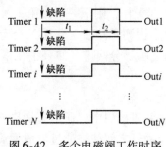

图 6-42　多个电磁阀工作时序

整个定时器系统遵循以下规则：

1）如果定时器 i 没有工作，则由 i 定时器执行延时指令。

2）如果定时器 i 正在执行延时指令，则由定时器 $i+1$ 进行延时。

3）系统输出为所有定时器输出的叠加（Out = Out1 + Out2 + ⋯ + Out$N$）。

根据上述设定原则，如果上一个缺陷被捕获但还未输出，紧接着又出现一个缺陷脉冲，系统将对缺陷信号进行保持。从而当出现连续缺陷时，系统便会全部捕捉，而不会遗漏。其执行流程和结果如图 6-43 所示。

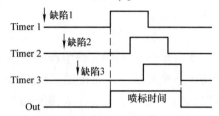

图 6-43 连续缺陷单喷嘴控制模型

在如图 6-43 所示过程中，一个标记周期内连续出现三个缺陷，分别由三个定时器进行上升沿捕获，然后分别延时，共同输出，因此三个连续缺陷点的标记效果为一条连续的标记线，而不会出现遗漏标记的情况。然而，不同位置的缺陷产生了一条连续标记线，虽然没有出现遗漏，但是标记分辨率降低了，遗失了精确的对应关系。为提高标记精确度，将条状探头内部检测元件独立分类，分别设置不同的延时周期，并采用多喷嘴进行标记，多喷嘴标记控制模型如图 6-44 所示。

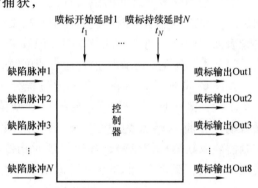

图 6-44 多喷嘴标记控制模型

多喷嘴标记模型是一个多输入多输出的控制模型，其输出主要为 8 个喷嘴，而其输入主要有如下三类：

1）缺陷脉冲：不同检测元件发出的缺陷脉冲，同一检测元件不同时刻发出的缺陷脉冲。

2）标记开始延时：由于不同位置检测元件与喷嘴之间的距离不同，因而延时时间不同。

3）标记持续延时：所有喷嘴采用相同的标记持续延时时间，从而产生相同大小的斑点。

不同检测元件对应不同的延时器，并产生不同的控制指令去驱动 8 个喷嘴。整个控制过程遵循以下原则：

1）喷嘴循环使用，上一次控制喷嘴 i 进行标记，下次将控制喷嘴 $i+1$ 工作；如果是第 8 号喷嘴正在工作，则下一个由第 1 号喷嘴工作。保证每个喷嘴循环使用，防止油路堵塞。

2）每个检测元件独立设置 N 个定时器，并保存相同的标记开始延时参数。

3）由于喷嘴分两排，如果正在指定后排喷嘴工作，则后排喷嘴自动延长相应时间再进行标记。

3. 标记误差

在钢管漏磁检测中，通常施加周向局部磁化激发纵向缺陷漏磁场。为实现钢管全覆盖检测，探头与钢管之间往往通过形成螺旋扫查方式完成全覆盖检测。同样，喷嘴在钢管表面形成的轨迹也为螺旋线。

假设钢管外径为 d_1，扫查螺距为 P，检测探头为双探头，探头有效检测长度为 l_s，标记系统为单标记系统，探头中心与标记系统轴向距离为 L_{pr}，系统理论标记误差为 l_{error}。探头及标记器布置如图 6-45 所示。

将钢管沿轴线展开，得到探头扫查平面图（图 6-46），并获得不同情况下的标记误差 l_{error}，见表 6-5。

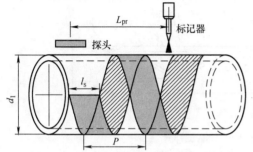
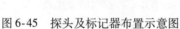

图 6-45 探头及标记器布置示意图

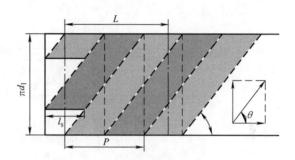

图 6-46 探头扫查平面图

表 6-5 探头位于不同位置处的标记误差

序号	l_{error}	mod (L, P)
1	$\{[\mathrm{mod}\ (L,\ P)\ \pi d_1/P + 1/4]^2 + l_s^2/4\}^{1/2}$	mod $(L,\ P) \leqslant P/4$
2	$\{[\pi d_1 - \mathrm{mod}\ (L,\ P)\ \pi d_1/P - 1/4]^2 + l_s^2/4\}^{1/2}$	$P/4 < \mathrm{mod}\ (L,\ P) \leqslant P/2$
3	$\{[\mathrm{mod}\ (L,\ P)\ \pi d_1/P - 1/4]^2 + l_s^2/4\}^{1/2}$	$P/2 < \mathrm{mod}\ (L,\ P) \leqslant 3P/4$
4	$\{[\pi d_1 - \mathrm{mod}\ (L,\ P)\ \pi d_1/P + 1/4]^2 + l_s^2/4\}^{1/2}$	$3P/4 < \mathrm{mod}\ (L,\ P) \leqslant P$

通过表 6-5 可以看出，标记系统的确存在理论标记误差。提高标记精度的方法主要有两种，一种方法是增加标记器数量，另一种方法是提高条状探头内部传感元件的分辨率，按照探头内部检测元件的空间位置采用独立的延时参数来降低标记误差。如果将喷壶沿着圆周均匀布置 N_1 个喷嘴，并且将条状探头内部检测元件分为 N_2 等份，则相应的标记误差最大值为

$$l'_{error} = l_{error}/ N_1 N_2 \tag{6-21}$$

6.5 漏磁自动检测设备的性能测试

随着钢管生产率和质量要求的不断提高，高速高精度漏磁检测系统的开发迫在眉睫。为了实现钢管高速高精度漏磁检测，需要解决两个层面的问题：从漏磁检测原理来看，在此过程中需要解决检测机理带来的同尺寸缺陷漏磁信号不一致问题，包括消除由感生磁场、壁厚不均、缺陷埋藏深度及走向引起的缺陷漏磁场差异；从漏磁检测系统来看，需要解决钢管高速运动时漏磁场信号拾取一致性问题，即保证相同漏磁场经过检测系统后获得相同的数字信号，从而实现一致性评价。漏磁场信号拾取一致性的影响因素很多，包括：磁化系统均匀性设计、检测探头设计与布置、信号电路、探头阵列、扫查轨迹规划、探头抱合与跟踪系统、信号后处理和钢管输送线稳定性等。

目前国家标准只对检测系统漏磁场信号拾取一致性做了考核规定，而对检测机理带来的同尺寸缺陷漏磁信号不一致问题未做相关要求，如感生磁场、壁厚不均、缺陷走向等因素造成的漏磁场差异使漏磁检测结果不具有严格的可靠性。为此，提出钢管同尺寸缺陷漏磁检测信号差异的全面测试方法，以保证在后续使用过程中检测结果具有良好的可靠性。

6.5.1　样管

测试样管及缺陷分布如图 6-47 所示。

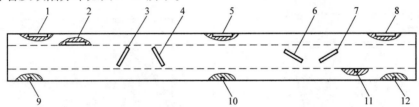

图 6-47　钢管缺陷漏磁检测信号差异测试样管

1—管头纵向外部缺陷 C_1　2—纵向内部缺陷 C_2　3—60°斜向缺陷 C_3　4—60°斜向缺陷 C_4

5—管体纵向缺陷 C_5　6—30°斜向缺陷 C_6　7—30°斜向缺陷 C_7　8—管尾纵向缺陷 C_8

9—管头横向缺陷 C_9　10—管体横向缺陷 C_{10}　11—横向内部缺陷 C_{11}　12—管尾横向缺陷 C_{12}

（1）样管规格

1）管体弯曲度：≤2mm/m。

2）管端弯曲度：≤3mm（管端长度：1.5m）。

3）全长弯曲度：≤20mm。

4）钢管的外径误差：±0.5%。

5）钢管的壁厚误差：±8.0%。

（2）纵向和横向外表面刻槽

1）长度：25mm。

2）宽度：最大 1mm。

3）深度：5% 壁厚（最小深度：0.30mm ±0.05mm）。

4）数量：纵向 3 个，横向 3 个。

5）纵向位置：1 个位于管体中部，2 个起始点距离管端 250mm 向管体延伸。

6）横向位置：1 个位于管体中部，2 个位于距离管端 250mm 处。

（3）纵向和横向内表面刻槽

1）长度：25mm。

2）宽度：最大 1mm。

3）深度：

① 壁厚≤8mm：5% 壁厚（最小深度：0.40mm ±0.05mm）。

② 8mm < 壁厚≤12mm：10% 壁厚。

③ 12mm < 壁厚≤15mm：12.5% 壁厚。

④ 15mm < 壁厚≤20mm：15% 壁厚。

4）数量：纵向 1 个，横向 1 个。

5）纵向位置：以距离管端 400mm 处作为起始点向管体延伸。

6）横向位置：位于距离另一管端 400mm 处。

（4）外表面斜向刻槽

1）长度：25mm。

2）宽度：最大 1mm。

3）深度：5% 壁厚（最小深度：0.30mm ± 0.05mm）。

4）数量：与钢管轴向夹角为 60° 的双向刻槽 2 个，与钢管轴向夹角为 30° 的双向刻槽 2 个。

5）位置：管体中部。

6.5.2　测试方法

根据同尺寸钢管缺陷的多样漏磁场形成机理，包括感生磁场、壁厚不均、内外缺陷位置区分、缺陷走向以及探头系统稳定性等因素，提出表 6-6 所列的缺陷漏磁检测信号差异测试指标。

表 6-6　缺陷漏磁检测信号差异测试指标

序号	测试项目	缺陷	指标	说明
1	探头系统信号拾取一致性	C_5、C_{10}	≤3dB	测试探头各敏感元件灵敏度差异以及探头系统随动跟踪性能
2	感生磁场引起的漏磁场差异	C_1、C_5、C_8，C_9、C_{10}、C_{12}	≤3dB	利用钢管头部、中部和尾部缺陷测试由感生磁场引起的灵敏度差异
3	内外缺陷位置区分正确率	$C_1 \sim C_{12}$	≥90%	利用钢管上所有缺陷进行内外位置区分功能测试，以消除缺陷埋藏深度对检测评价一致性的影响
4	缺陷走向引起的漏磁场差异	C_3、C_4、C_{10}，C_5、C_6、C_7	≤3dB	对钢管不同走向斜向缺陷的灵敏度差异进行测试

（1）探头系统信号拾取一致性　横、纵向探头部件信号拾取一致性分别测试。

使样管中部的外壁人工缺陷（C_5、C_{10}）重复通过检测系统，记录 3 次人工缺陷刚报警时的 dB 值，3 次读数的最大差值即为探头系统信号拾取一致性差异。此差值的绝对值不大于 3dB。连续测试 3 次，3 次结果如不相同，取最劣值。

（2）感生磁场引起的漏磁场差异　横、纵向缺陷漏磁场差异分别测试。

使样管管头、管体和管尾的外壁人工缺陷（C_1、C_5、C_8，C_9、C_{10}、C_{12}）重复通过检测系统，记录 3 次人工缺陷刚报警时的 dB 值，三者之间的最大差值即为感生磁场引起的漏磁场差异。此差值的绝对值不大于 3dB。连续测试 3 次，3 次结果如不相同，取最劣值。

（3）内外缺陷位置区分正确率　将样管重复通过检测系统 25 次，并对样管上的人工缺陷（$C_1 \sim C_{12}$）进行实时区分，并记录下正确区分次数，每正确区分一个缺陷记为 1 次。若在此期间出现的误区分次数较多，可将测试次数增加到 50 次。系统内外缺陷位置区分功能需满足：区分正确率 ≥90%。区分正确率计算公式为

$$区分正确率 = [区分正确次数 / (测试次数 \times 12)] \times 100\%$$

（4）缺陷走向引起的漏磁场差异　横、纵向缺陷走向引起的漏磁场差异分别测试。

使样管外壁具有不同走向的缺陷（C_3、C_4、C_{10}，C_5、C_6、C_7）重复通过检测系统，记录 3 次缺陷刚报警时的 dB 值，三者之间的最大差值即为缺陷走向引起的漏磁场差异。此差值的绝对值不大于 3dB。连续测试 3 次，3 次结果如不相同，取最劣值。

第7章　漏磁检测技术的其他应用

漏磁检测作为一种自动化电磁检测技术，广泛应用于铁磁性构件的无损检测过程中，尤其适用于细长构件的自动化高速检测。漏磁检测技术有以下特点：

1）漏磁检测技术仅适用于铁磁材料。

2）由于自动化信号拾取与磁化场分布特性的要求，被检测构件必须是几何规则的，因此漏磁检测技术尤其适用于细长构件，如油井管、高压锅炉管、气瓶、轴承等。

3）漏磁场分布不受非铁磁介质的干扰，对构件表面清洁程度要求低。

4）由于提离效应的影响，探头与被检测构件之间的提离距离不能太大。

5）漏磁自动化检测需要探头与被检测构件之间形成相对运动，以实现全覆盖检测。

6）漏磁检测技术使用恒磁场作为磁化场，具有较强的穿透力，可实现内部缺陷的检测。但是如果缺陷埋藏深度过大，则漏磁检测灵敏度以及信噪比都会下降，无法满足检测要求。

因此，在选取漏磁作为检测手段时，必须考虑构件的磁化特性、几何形状、表面质量状况、灵敏度要求以及生产工艺布局等因素。

7.1　回收钻杆自动化检测与分级系统

钻杆是钻柱的基本组成部分，其主要作用是传递转矩和输送钻井液，钻杆在服役的过程中承受着拉、压、扭、弯曲等各种复杂的交变应力载荷，同时钻井液、钻井泥浆中溶解的 O_2、CO_2 和 H_2S 等腐蚀介质及地层的氧化物等介质会严重腐蚀钻杆，受应力载荷以及化学腐蚀后的钻杆非常容易失效，进而导致钻井事故发生。2004 年 9 月，中国石油集团石油管工程技术研究院主持召开了第二届全国油井管会议，初步统计油田钻具失效数量是每年 1000 例左右，而其中钻杆失效占据了钻具总失效事故的 50%～60%。现场调查表明，国外 14% 以上的油气井都发生过不同程度的钻柱井下断裂事故。

钻杆服役时处于井底，而井底工况复杂，一般钻井深度都在几千米以上，使得钻杆在役检测变得极其困难。而钻杆的检测又非常重要，尤其对于已经服役一定时间的钻杆，其合理报废对于钻柱事故的预防具有极大的实际工程意义。钻杆无损检测是钻杆检测实际有效的方法，及时对钻杆缺陷进行检测，不仅能够减少钻井事故，还能延长钻杆使用寿命。此外，加强我国油田在役钻杆无损检测，还可以降低钻井风险，提高经济效益，促进我国石油战略的长远可持续发展。

钻杆使用一段时间后，在杆体和接头处极可能出现腐蚀、裂纹和穿孔等，这会导致严重的安全事故并造成巨大的经济损失。因此，钻杆在使用一段时间后必须进行质量检测与修复才能继续投入使用。传统的钻杆质量检测和分级工艺普遍是采用手工方式完成的。钻杆从井场回收至检测修复中心，首先采用手动超声仪对钻杆杆体进行局部抽检，然后利用千分尺和游标卡尺对钻杆接头形位尺寸进行取点测量，最后根据检测数据和分级标准，利用抓管机对钻杆逐根挑拣分级。手工检测分级效率低，并且检测结果易受人为因素影响，已不适应回收钻杆的质量检测要求。因此，建立自动化高效检测分级生产线，对钻杆的质量检测和分级管理十分必要。

7.1.1　检测分级工艺

根据钻杆质量检测、分级管理与修复的相关标准和现场要求，回收钻杆检测分级工艺流程如图 7-1 所示。旧钻杆从井场回收至管子站后，首先经过弯曲矫直、清洗等检测预处理，然后依次经过材质分析、漏磁超声杆体复合检测、接头形位尺寸自动化测量、内壁复检和加厚带复检等工艺过程，最后根据钻杆质量状况进行评价分级和修复处理。

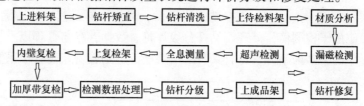

图 7-1　回收钻杆检测分级工艺流程

钻杆不仅具有连接螺纹、密封台面和加厚带等复杂结构，而且尺寸较大（长度约 10m），这为实现自动化检测分级带来了困难。以钻杆的结构特点和检测工艺要求为基础，采用一种基于钻杆螺旋前进的漏磁超声复合杆体无损检测方法和基于激光测量的钻杆接头形位尺寸测量原理，来替代传统的手工方式。检测分级系统布局如图 7-2 所示。

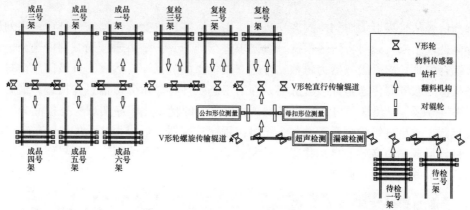

图 7-2　检测分级系统布局

整个系统由漏磁杆体检测设备、超声杆体检测设备、形位尺寸测量设备、翻料装备、V 形轮直行传输辊道、V 形轮螺旋传输辊道、待检料架、复检料架、成品料架等部分组成，并布置有大量物料传感器。

漏磁与超声复合检测是目前应用最为广泛的复合检测方法。漏磁检测方法对钻杆内表面缺陷具有很好的适应性，而超声波对内部缺陷具有更强的探测能力。

钻杆接头承担着钻杆之间传递转矩与密封钻井液的作用，是钻杆最为重要的部位。因此，钻杆接头形位尺寸检测是回收钻杆重复利用必不可少的工序。但由于钻杆接头结构复杂，目前钻杆接头基本都是采用人工采样方式进行测量，其测量结果受人为因素影响大，并且生产率低。基于激光测距测量原理的自动化形位尺寸全息测量系统，具有良好的检测精度、灵敏度和重复性，并且检测过程自动化，极大地提高了生产率。

钻杆下井前必须进行钻杆质量评价和分级管理，之后根据钻杆质量级别分送不同开采工况的井区。目前，大部分分级工作都是通过抓管机逐根挑拣完成的。由于钻杆分级类型复杂，人工分拣效率低下，已不能适应钻杆检测的生产速度。为此，紧接检测工艺，布置一套钻杆在线分级系统，实现钻杆的自动化分级管理是十分必要的。

7.1.2　控制系统

检测分级系统控制软件结构如图 7-3 所示，由用户界面层、应用程序层和运动控制层构成。用户界面层程序用于人机交互、控制检测流程、调整检测工艺以及监测设备运行情况；应用程序层主要应用于检测信号处理、钻杆分级评价、数据储存与管理以及信号传输；运动控制层以可编程序控制器为基础，结合具有通信功能的现场设备实现整个系统内所有设备的自动化控制。

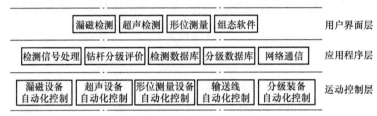

图 7-3　检测分级系统控制软件结构

检测信号从采集卡传送到检测客户机时，由对应客户机上的检测软件进行一系列信号处理并存储处理结果，同时将信号根据分级要求进行处理并将结果通过局域网传送至检测服务器进行综合处理，检测服务器为每根钻杆建立质量监测数据库。然后，分级信息被打包由以太网络从检测服务器传送至分级服务器，而后组态软件将显示分级信息并核查，最后，通过 MPI 网络将分级信息传送至可编程序控制器，由其中的自动化程序实现所有检测分级设备的自动化控制。整个分级检测系统共有 5 个可编程序控制器，形成主从站的 Profibus – DP 网络模式，最终形成一个高效的自动化集散控制系统。图 7-4 所示为组态控制界面，可实时监控设备运行情况并实现生产调度。

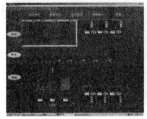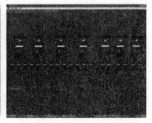

图 7-4　组态控制界面

7.1.3　现场应用

回收钻杆自动化在线检测分级生产线，如图 7-5 所示，它包含了钻杆旋转的自动化漏磁超声复合无损检测系统、基于激光测距测量原理的形位尺寸自动化测量系统以及钻杆自动化分级装备。控制系统采用了基于局域网、以太网、MPI网络和Profibus – DP现场总线的网络化控制方法，集成检测信号和分级信息，实现了对生产线的自动化集散控制。整套回收钻杆检测分级生产线的设备运行稳定，维护方便，每日检测量为600根，可以降低生产成本并保证钻杆质量。

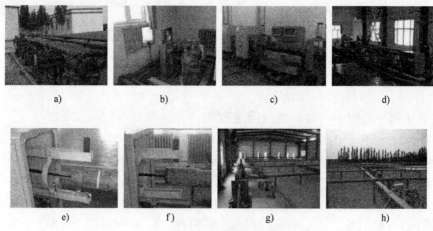

图7-5 自动化检测分级生产线

a）待检料架 b）材质分选 c）漏磁超声检测 d）形位尺寸测量

e）公扣形位测量 f）母扣形位测量 g）复检料架 h）成品料架

7.2 井口钻杆漏磁检测仪器

7.1节所描述的钻杆检测一般都是起钻之后在管子站、井场或井队进行的。钻杆存放现场如图7-6所示。这种方式比较复杂，需要增加运输环节，并且检测设备复杂，成本较高，占地面积广。在满足检测要求的基础上，如果能在起钻的提升过程中，在井口实现对钻杆的初步检测，将会大大降低检测成本，提高检测效率。

图7-6 钻杆存放现场

a）管子站 b）井场 c）井队

针对钻杆检测的实际需求，这里介绍一种用于起钻过程中在井口对钻杆进行漏磁检测的系统。该设备能在钻杆起钻的过程中完成钻杆的检测，不仅省去了后续在管子站、井场或井队的检测过程，而且易于实现自动化，大大降低了现场工人的劳动强度，简化了检测过程，节约了检测成本。

7.2.1 整体方案

井口实际工况复杂，根据井口钻杆起钻的工艺流程以及井口常用工具的配备，井口钻杆漏磁检测总体方案如图7-7所示，箭头所示方向为钻杆提升方向。气动钻杆卡瓦安放在井口平台，励磁线圈轴向隔开一定距离并通过励磁线圈安装机构安装在气动钻杆卡瓦平台上，探头跟踪机构安装在两个励磁线圈之间，钻杆吊卡在起吊钢丝绳的作用下，完成钻杆的起钻。

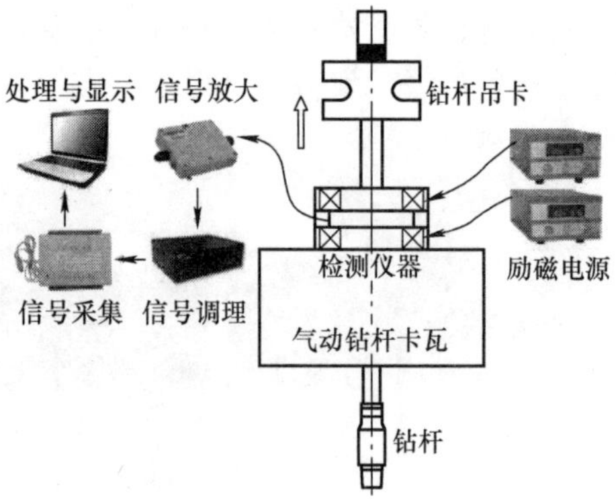

井口钻杆漏磁检测流程分为以下几步：

1）气动钻杆卡瓦气缸通气，卡瓦体沿阶梯卡瓦座锥面上行时向外张开，松开钻杆，钻杆在钻杆吊卡的作用下由钢丝绳匀速起吊。

2）在钻杆起吊过程中，对励磁线圈通以直流电，励磁线圈在轴向产生稳定的磁场，该磁场将钻杆管体磁化到饱和或近饱和状态，当钻杆管体存在缺陷时，缺陷处便会产生相应的漏磁场。

图7-7 井口钻杆漏磁检测总体方案

3）安装在两励磁线圈之间的探头跟踪机构上布置有检测探头，检测探头内装有磁传感器，当钻杆中存在缺陷时，漏磁传感器对漏磁场进行拾取，将漏磁信号转换为电信号，之后依次经过放大、滤波、A－D转化，最后进入计算机的上位机软件进行显示和处理。

4）钻杆检测完成之后，液压大钳提升，对钻杆接头螺纹进行拆扣，之后便可以进行下一根钻杆的起钻和检测。

7.2.2 励磁线圈

井口钻杆检测仪器安装在气动钻杆卡瓦上。对于励磁线圈，需要考虑其制作工艺和安装方式；对于励磁线圈安装机构，要有足够的强度。励磁线圈及其安装机构的结构如图7-8所示，励磁线圈外壳采用不锈钢板焊接而成，漆包线在不锈钢外壳内均匀绕制。励磁线圈通过安装孔实现固定，由上、下盖板，壳体以及支撑板组成。如图7-9所示为井口钻杆漏磁检测仪器的三维模型，主要由励磁线圈、安装机构和探头跟踪机构组成。

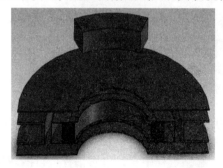

图7-8 励磁线圈及其安装机构的结构

图7-9 井口钻杆漏磁检测仪器三维模型图

7.2.3 现场应用

井口钻杆漏磁检测系统现场应用，如图7-10所示。根据API Spec 5D制作测试标样管缺陷，测试标样管及其缺陷分布如图7-11所示，缺陷主要参数见表7-1。试验中，气动钻杆卡瓦气缸通气，卡瓦平台上升，钻杆吊卡起吊钻杆，漏磁检测仪器对标样管的缺陷进行检测，标样管测试数据如图 7-12 所示。

图 7-10　现场试验测试

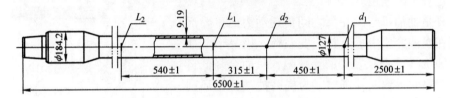

图 7-11　测试标样管及其缺陷分布

表 7-1　缺陷主要参数

参数类型	数据
d_1（通孔）/mm	$\phi 3.2$
d_2（通孔）/mm	$\phi 1.6$
L_1（横向缺陷 N5）/mm	（长×宽×深）$25 \times 1 \times 0.460$
L_2（横向缺陷 N10）/mm	（长×宽×深）$25 \times 1 \times 0.919$

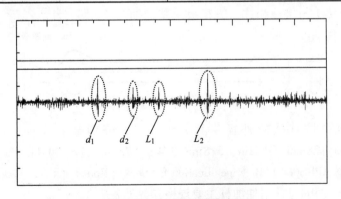

图 7-12　标样管测试数据

　　图 7-12 中，缺陷类型从左向右依次是 $\phi 3.2$mm 通孔、$\phi 1.6$mm 通孔、横向缺陷 N5（刻槽深度为壁厚的 5%，下同）以及横向缺陷 N10。由试验结果可以看出，井口钻杆漏磁检测仪器能够检测出 API Spec 5D 所规定的人工缺陷，且具有较好的信噪比。另外，检测信号背景噪声较大，这是由于提升过程中钻杆的抖动产生的，可以通过滤波算法消除。

7.3 修复抽油杆漏磁检测方法与系统

在石油工业中，目前有多种采油方式，其中机械采油最为普遍和重要，尤其是有杆泵采油，典型的有杆泵抽油系统的组成如图 7-13 所示。早在石油工业问世时，我国所开发的大多数油井开采阶段都已进入了中、高含水期，许多油井的采油方式由原来的自喷式采油转为机械采油方式，有些油井甚至最初的采油方式就是机械采油。据相关资料数据统计，目前全国机械采油井已占油井总数的90%以上，机械采油井中90%以上皆为有杆泵采油方式，可见有杆泵采油方式已在我国的石油开采中占据了举足轻重的地位。

抽油杆是抽油机与深井泵之间传递动力的重要部件，长期在腐蚀介质中承受着交变载荷，极易形成如裂纹、腐蚀坑（麻点）及偏磨等缺陷，从而会降低自身强度，严重时导致断杆事故。为提高抽油杆循环利用率，一种旧抽油杆的再制造新工艺——冷拔复新制造工艺被广泛使用。在此过程中，首先需要对抽油杆进行无损检测，然后根据抽油杆质量状况采取合适的修复工艺。

常规抽油杆整体结构如图 7-14 所示，抽油杆杆体一般为实心圆形断面的钢杆，当杆径较大时，也有空心结构，两端为镦粗的杆头，由外螺纹接头、应力卸荷槽、推承面台肩、方径扳手、镦粗凸缘和圆弧过渡区构成。外螺纹接头与接箍相连，方径扳手装卸抽油杆接头时用于卡住抽油杆钳。

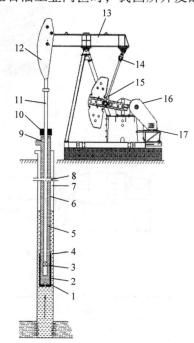

图 7-13 有杆泵抽油系统的组成
1—固定凡尔 2—泵筒 3—柱塞
4—游动凡尔 5—抽油杆 6—动液面
7—油管 8—套管 9—三通
10—盘根盒 11—光杆 12—驴头
13—游梁 14—连杆 15—曲柄
16—减速器 17—电动机

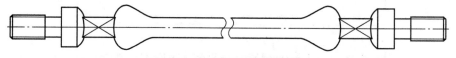

图 7-14 常规抽油杆整体结构

常用抽油杆规格按杆体的外径一共分为 6 种，分别是 $\phi13mm$、$\phi16mm$、$\phi19mm$、$\phi22mm$、$\phi25mm$ 和 $\phi28mm$（1/2in、5/8in、3/4in、7/8in、1in 和 11/8in），长度一般为 7.62m 或 8m。根据 API Spec 11B《Specification for Sucker Rods》标准，常规钢制抽油杆长度一般为 7.62m、8m 和 9m。常用抽油杆主要规格参数见表7-2。

表 7-2 常用抽油杆主要规格参数

规格/in	杆体直径/mm	外螺纹直径/mm	推承面台肩直径/mm	扳手方径宽度/mm	长度/mm
5/8	15.88	33.33	31.80	22.20	7800
3/4	19.35	26.98	38.10	25.50	7620
7/8	22.23	30.16	41.30	25.50	8000
1	22.40	34.92	50.80	33.33	9140

抽油杆作为连接井上抽油机和井下抽油泵柱塞之间的连杆，其产生的最典型缺陷形式就是磨损。抽油杆与抽油管之间的磨损形式主要包括机械磨损、磨料磨损和电化学腐蚀。

机械磨损是单纯的抽油杆杆体与油管体发生偏磨，影响因素众多，常见诱因包括井眼轨迹形状、杆柱结构及工作参数的配合。这种常见的杆体缺陷主要表现在两个方面：在杆体挠度相对较小的位置，抽油杆的接箍与抽油管内壁极易产生碰撞摩擦，由于油管的摩擦面相对较大，因此磨损程度较轻，但是杆体接箍和杆头部分磨损严重；在抽油杆杆体挠度相对较大的地方，抽油杆的接箍与抽油管内壁产生摩擦碰撞的同时，杆本体与油管内壁也会产生摩擦，磨损比较严重，导致杆体出现严重偏磨。

腐蚀缺陷是一种广泛存在的电化学现象，受介质环境的影响巨大。杆体的偏磨与腐蚀缺陷并不是简单的累加，而是两者结合，相互作用，促使更大的破坏产生。当杆体表面被活化，成为电化学腐蚀的阳极，则形成大阴极小阳极的电化学腐蚀，而产出液是强电解质，具有强腐蚀性，对电化学腐蚀起到一个催化作用。其中，阳极则首当其冲，即发生杆体偏磨的位置会优先发生电化学腐蚀，导致产生杆体偏磨的表面更加粗糙，加剧磨损。抽油杆杆体的常见缺陷如图 7-15 所示。

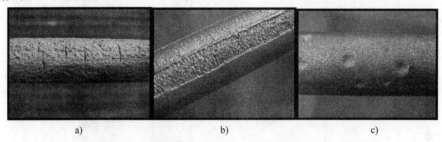

图 7-15　抽油杆杆体的常见缺陷
a）周向裂纹　b）偏磨　c）点状腐蚀

7.3.1　检测原理

直流磁化利用直流磁化线圈产生恒定的磁场对被检测构件进行磁化，其可分为恒定直流磁化和脉动电流磁化。恒定直流磁化对电源要求较高，整流后产生波动范围较小的直流电，以免产生磁场波动而降低检测信号的信噪比。磁化电流的大小因被测构件的截面积不同而发生变化，磁化强度的大小通过控制输入电流的大小来实现调节。脉动电流磁化在电气实现上相对容易，是剩磁法检测中较常使用的直流磁化方式。

交流磁化是向磁化器中施以交变电流，进而产生交变的磁化场。但由于趋肤效应，磁化场仅存在于被检测构件表面，因此，交流磁化适合用于铁磁性构件表面或近表层缺陷的检测。

永磁磁化以永久磁铁作为磁源对铁磁性构件施加磁化。在永久磁铁磁化中通常采用磁铁、衔铁以及铁磁性构件构成磁回路。它的磁化场与恒定直流磁化产生的磁场有相通性，但磁化强度的调整不如后者方便，其磁路一旦确定磁化强度大小便不可调整。永磁磁化的吸力很大，对抽油杆的前行和检测探头的合拢均会带来不便。

检测系统主要是针对水平放置在修复车间内的在用抽油杆（即旧抽油杆）进行检测。考虑抽油杆杆径较细且两端存在较大的变径区域，永磁磁化的吸力大且尺寸规格确定后无法进行磁化强度的调节,对抽油杆的水平运动、磁化的均匀性和检测探头张紧均造成不利影响。直流线圈磁化器具有可调节磁化强度的灵活性,该方式能够在抽油杆杆体内部产生稳定、均匀的磁化场,获得分辨率良好的缺陷漏磁场。此外,从漏磁信号处理角度来看,缺陷漏磁场承载着缺陷的相关信息,为了更好地辨识出抽油杆的缺陷信号,励磁电流与缺陷信号频率之间的差距越大越好。对于一般的检测速度来说,缺陷信号的频率范围是几十赫兹到上百赫兹,故励磁电流频率应该采用低频或者高频。

对于细长铁磁性构件,磁化方式有单磁化线圈和双磁化线圈两种方式,如图7-16所示。单磁化线圈方式中,为了满足检测一致性要求,通常将检测探头放置于磁化器内部。从而导致线圈内外径增大,磁通量在抽油杆杆体外的空气中损失大,磁化效率低且磁化效果差。采用双励磁线圈进行轴向磁化时,不仅可以缩减线圈内外径,增大抽油杆的磁化强度,增加抽油杆的有效磁化区域,提高磁化效率,而且检测探头可以布置在两个检测线圈中间部位。根据霍姆赫兹线圈的磁场分布,双线圈轴向磁化在抽油杆杆体内部更易形成密集而均匀的轴向磁化场,有助于提高检测信号的灵敏度和稳定性。

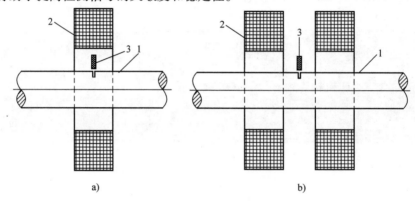

图7-16　两种不同的磁化方式

a) 单线圈轴向磁化方式　b) 双线圈轴向磁化方式

1—抽油杆杆体　2—励磁线圈　3—检测探头

以直径 ϕ25mm 抽油杆中心线为中心建立 2D 对称有限元模型,利用 ANSYS 仿真软件计算获得不同磁化方式下的抽油杆中心线方向的磁感应强度,如图 7-17 所示。

从图 7-17 分析可知,双线圈在抽油杆杆体内更易获得均匀且磁化强度相对较大的轴向磁化场,均匀轴向磁化场接近 2.2T,且两磁化线圈的轴向间距达到了 150mm。基于双线圈轴向直流磁化的抽油杆漏磁自动检测方案如图 7-18 所示,通过轴向布置两个直流励磁线圈将抽油杆杆体磁化到饱和或近饱和状态,当抽油杆杆体表面有缺陷存在时,抽油杆杆体缺陷处局部材

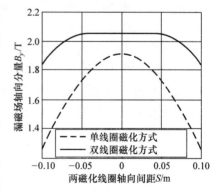

图 7-17　线圈磁化方式效果比较

料的磁导率会降低,磁阻增大,抽油杆杆体内部的磁力线会发生畸变,从而导致部分磁力线泄漏到空气中,形成缺陷的漏磁场,然后被处于双励磁线圈中间的漏磁传感器拾取,继而将

漏磁信号转换为电压信号，之后经过信号放大器进行信号放大和滤波处理，并进入 A – D 转换器，完成对漏磁信号的调理和采集，最终漏磁检测数字信号进入计算机上位机软件进行分析处理和显示。

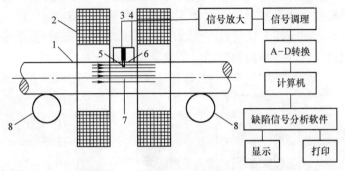

图 7-18　基于双线圈轴向直流磁化的抽油杆漏磁自动检测方案

1—抽油杆杆体　2—励磁线圈　3—检测探头　4—传感器　5—杆体缺陷　6—缺陷漏磁场　7—内部磁力线　8—传送轮

7.3.2　整体方案

抽油杆漏磁自动检测总体布局如图 7-19 所示。抽油杆漏磁自动检测系统主要包括：料架、气动翻料机构、传送机构、气动压紧扶正装置、检测探头气动跟踪机构。气动翻料机构完成待检测抽油杆从上料架到传送轮以及下料分选区的传递工作；气动压紧扶正装置主要用于压紧和扶正抽油杆杆体，使其平稳地通过检测设备；检测探头气动跟踪机构用于实现探头紧贴杆体表面，并保证抽油杆接箍的顺利通过。

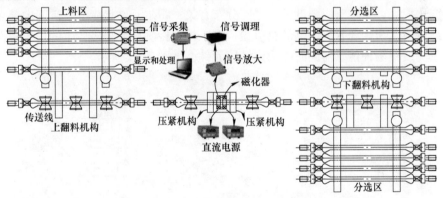

图 7-19　抽油杆漏磁自动检测总体布局

抽油杆漏磁自动检测流程分为以下几步：

1）气动上翻料机构将待检测抽油杆从上料架送至传送线，抽油杆在传送机构的驱动下匀速传送至检测主机。

2）对磁化器通以直流电，使得磁化器产生稳定的轴向磁化场，将抽油杆杆体轴向磁化至饱和或近饱和状态。当抽油杆杆体存在缺陷时，缺陷处便会产生相应的漏磁场。

3）缺陷漏磁场被漏磁传感器拾取，并转换为电压信号，之后依次经过信号放大、滤波、A – D 转换，然后完成采集，最后进入计算机的上位机软件进行显示和处理。

4）抽油杆检测完成之后，利用退磁器实现退磁，之后进行下一根抽油杆的循环检测。

1. 压紧扶正装置

如图 7-20 所示，检测主机由前后两个压紧扶正装置、中间检测探头板以及磁化器集于一体，组成一个完整的检测设备单元。气动压紧扶正装置如图 7-21 所示，主要由两个单级卧式摆线针形电动机、上下压紧轮、底部支撑气囊和顶部超薄传动气缸组成。压紧扶正装置的主要功能是实现传动构件的导向和驱动，使其平稳通过检测探头板。

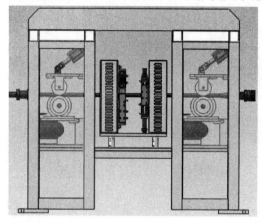 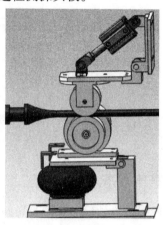

图 7-20　检测主机主视图　　　　　　　图 7-21　气动压紧扶正装置

2. 检测探头

在漏磁检测中，被检测的量包括磁感应强度和磁感应强度的梯度，两者存在根本区别。感应线圈和霍尔元件的应用也存在根本的不同：感应线圈感应的是空间内磁感应强度的梯度，也即变化程度，与磁感应强度及其空间分布有关；霍尔元件感应的是空间内某点的磁感应强度的绝对值。为实现各类缺陷的全覆盖检测，根据检测杆体缺陷产生的信号特性选择霍尔元件和感应线圈两种传感器同时作为磁敏感元件，如图 7-22 所示。

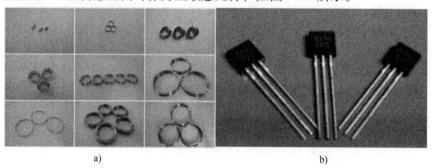

a)　　　　　　　　　　　　　　　　　b)

图 7-22　磁敏感元件
a）感应线圈　b）霍尔元件

根据霍尔元件和感应线圈的输出特性，感应线圈双排交错布置，相邻感应线圈串联输出，感应线圈平放布置，可最大限度地拾取缺陷漏磁信号轴向分量；霍尔元件单排立装布置，有效拾取缺陷漏磁信号轴向分量，相邻霍尔元件检测信号并联输出，磁敏感元件全覆盖布置，如图 7-23 所示。将 16 个感应线圈及 8 个霍尔元件均布于整圆周范围内，相邻感应线圈的中心距约为 8mm，相邻感应线圈串联输出；相邻霍尔元件中心相距约为 11mm，相邻霍尔元件并联后单通道输出，检测元件布置时需注意方位保持一致。

同时，在感应线圈中放置聚磁铁心，感应线圈和聚磁铁心的长、宽、高尺寸分别为：6mm×2mm×3mm 和 5mm×1.5mm×3mm。为给传感器提供良好的工作环境，并延长使用寿命，将感应线圈和霍尔元件安装在瓦状探靴内部，并且在探靴工作表面喷涂耐磨陶瓷。检测探靴的结构设计如图 7-24 所示，单个瓦状探靴的有效覆盖角度为 α，相邻瓦状探靴交错 β 角度布置，从而实现抽油杆的全覆盖检测。

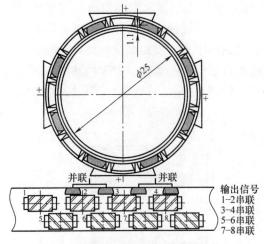

图 7-23　漏磁检测阵列传感器结构

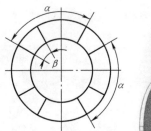

图 7-24　检测探靴的结构设计

7.3.3　现场应用

抽油杆漏磁自动化检测系统实物如图 7-25 所示，该系统可检测的抽油杆规格范围为 $\phi19 \sim \phi48$mm。通过对磁化器、传感器和检测探靴的设计，可对抽油杆杆体表面的裂纹、点状腐蚀等缺陷进行全面可靠的检测。整个检测过程可实现自动化，包括抽油杆上料、传送、检测、分级、标记和退磁等所有检测过程，具有良好的工程应用价值，为抽油杆的修复提供了基础。

图 7-25　抽油杆漏磁自动化检测系统实物

7.4　冷拔钢棒交流漏磁检测方法与装置

在钢棒的生产过程中会产生裂纹、夹杂和分层等缺陷而影响钢棒质量，其中，钢棒的表面纵向裂纹约占所有缺陷的 70%。针对钢棒的实际缺陷类型，一般采用复合检测的方法对其质量状况进行综合评定，如超声法主要检测钢棒的内部纵向裂纹、漏磁法主要检测钢棒的表面轴向裂纹。

钢棒轴向裂纹将严重影响产品质量，生产过程中有效检出钢棒中的轴向裂纹特别是微裂纹尤为必要。对于表面精拔加工的轴承生产用钢棒，采用交流漏磁检测能够有效探测微小裂纹。针对钢棒表面轴向裂纹，直流磁化漏磁检测一般难以适用。

这里，介绍一种基于钢棒螺旋运动、探头固定的钢棒纵向裂纹自动检测方法与装置。采用 C 形局部交流磁化器对钢棒进行励磁，并采用相应的阵列传感器来拾取裂纹漏磁信号，最后通过计算机处理系统实施定量化检测与评估，获得稳定的检测灵敏度，具有广泛的应用价值。

7.4.1 检测原理

漏磁检测方法分为直流漏磁和交流漏磁，图 7-26 所示为钢管和钢棒周向直流磁化时磁场分布对比。由图可知，钢管易被磁化至饱和状态，缺陷漏磁场比较大；而钢棒磁化时，由于为实心，磁力线没有环绕至钢棒表面，而直接穿过钢棒中心，表面纵向裂纹几乎没有漏磁场泄漏，为此，类似钢管轴向裂纹的直流漏磁方法难以在钢棒上实施。由于趋肤效应，交流磁场集中于工件表面，对表面轴向裂纹的检测将更为敏感，所以，钢棒轴向裂纹的检测宜采用交流漏磁检测方法。

图 7-26　钢管和钢棒周向直流磁化时磁场分布对比

常用的交流漏磁磁化器有穿过式线圈磁化器和局部磁轭式磁化器，用于纵向裂纹检测的仅能采用后者。图 7-27 所示为采用局部磁轭式磁化器的钢棒交流漏磁检测原理图。磁化器由 C 形高导磁材料和励磁线圈组成，其中励磁线圈环绕制在 C 形高导磁材料上，励磁线圈中施加一定频率的交流电流。检测元件与磁化器一起与钢棒形成相对螺旋运动，当检测元件扫查至裂纹区域时可获得裂纹信号。

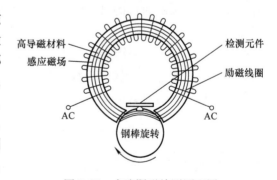

图 7-27　交流漏磁检测原理图

7.4.2 整体方案

钢棒交流漏磁检测系统方案如图 7-28 所示。检测单元由交流漏磁磁化器和阵列传感器组成；信号处理过程中，检测中缺陷处的交流漏磁场与交流激励场相叠加，为调制信号，因此需要对信号进行解调处理，滤除原交流励磁信号，保留裂纹信号，然后再进行放大滤波处理。

为实现钢棒纵向裂纹的全覆盖自动化检测，检测探头需要在钢棒表面形成螺旋线扫查路径。目前，主要有两种实现方式：①检测单元静止，钢棒做螺旋推进运动；②检测单元旋转，钢棒做直线运动。第二种多出现在进口的检测设备中，旋转机构包括周向磁化器、检测探靴、集电环、初步调理电路等，结构庞大、价格昂贵。相比之下，采用第一种运动方式可避免主机的回转运动，使系统结构得到大大简化，检测成本低。这里采用基于钢棒螺旋推进的运动方式。

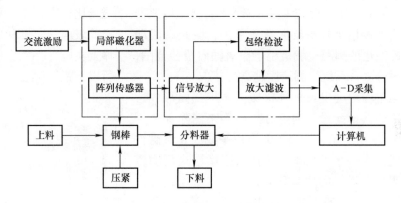

图 7-28　钢棒交流漏磁检测系统方案

7.4.3　检测探头

轴向裂纹检测应具备两大要素：一是外加磁场方向应最大限度地与轴向裂纹垂直，以激励出最大强度的漏磁场；二是磁场测量单元应该具有足够的灵敏度。

1. 交流漏磁磁化器

钢棒直径越小，轴向裂纹的检测稳定性越难以保证。图 7-29 所示为 C 形磁化器检测状态图。

该方案有如下优点：

1）经过钢棒的有效主磁通更大，并且

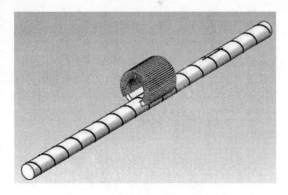

图 7-29　C 形磁化器检测状态图

能保证磁场方向同轴向裂纹正交，裂纹漏磁场更大。

磁化器所产生的磁通路径有两条：一是经过钢棒的主磁通 Φ_δ，二是不经过钢棒的漏磁通 Φ_y，即在磁化器两极之间传递的磁通。故在磁路内的总磁通为

$$\Phi_0 = \Phi_\delta + \Phi_y \tag{7-1}$$

常规交流漏磁检测一般使用 U 型磁轭，磁极平面一般与钢棒表面相切。本方案的 C 形磁极用弧面与钢棒表面贴合，气隙漏磁通量少，有效增大进入钢棒的主磁通量。

2）对于小规格钢棒，磁极与钢棒表面贴合不好，会使传感器检测区域偏离磁化中心区，对信号产生干扰。在自动化检测中，这种动态偏离将引起较大的干扰，降低检测信噪比和灵敏度。C 形磁化器及其磁极实现了较好的对中，检测信号稳定，振动干扰小。

在检测不同直径的钢棒时，钢棒中心高会发生变化，浮动对中机构可良好地实现探头跟踪，减少干扰噪声。利用滑轨滑块机构可实现检测探头装置的整体上下移动，以适应钢棒的中心高变化。气缸可使检测单元在钢棒螺旋前进过程中紧密贴合钢棒，避免提离值的变化对检测信号的影响，如图7-30所示。

2. 阵列传感器

为提高检测速度并满足全覆盖一致性检测，传感器设计成阵列式，以增加探头轴向覆盖范围，防止缺陷漏检。钢棒螺旋前进的螺距一般稍小于探头轴向覆盖范围，钢棒运行螺距越大，系统检测速度越高。

由于检测过程中会出现多种机械电气干扰而形成背景噪声，将传感器单元设计为差分式结构来消除部分干扰信号。如图7-31所示，检测单元由扁平线圈及聚磁铁心组成，虚线框为一个差分单元。探头耐磨层采用陶瓷片，实践证明具有很好的耐磨效果，在具体应用过程中只需定期更换陶瓷片，即可延长探头的使用寿命。

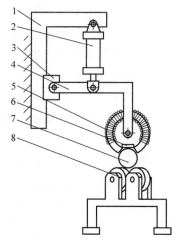

图7-30　C形磁化器及探头跟踪机构
1—滑轨　2—气缸　3—滑块　4—摇臂
5—交流磁化器　6—检测探头
7—被检钢棒　8—对辊轮

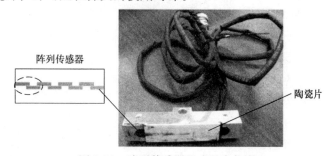

图7-31　阵列传感器组成及实物图

7.4.4　现场应用

钢棒轴向裂纹自动检测装置如图7-32所示，系统由信号励磁源、计算机、采集卡、信号处理电路、辅机装置和检测单元等组成。图中所示装置仅用了1个检测单元，其轴向覆盖范围为50mm，调节辊道的摆角，使ϕ24mm钢棒行驶螺距小于50mm。当检测单元增加到8个时，检测螺距达到500mm，检测直线速度可提升到60m/min。

待检钢棒如图7-33所示，表面共有四个轴向裂纹，长均为40mm，宽均为0.2mm，裂纹深依次为0.30mm、0.15mm、0.25mm和0.30mm。

对钢棒表面进行自动化检测，所得信号如图7-34所示。由检测信号可知，该装置对表面不同深度的轴向裂纹有稳定可靠的检测能力，且信噪比较好。

交流漏磁法对钢棒表面轴向裂纹具有较高的检测灵敏度。局部磁轭磁化器易与阵列传感器实现一体化，采用C形局部磁化器和阵列传感器设计，使得检测结构更简单、小型化，有利于自动化检测的实施。该系统裂纹检测深度最浅可达0.15mm，检测速度可达60m/min，满足钢棒自动化检测需求。

图 7-32　钢棒轴向裂纹自动检测装置

图 7-33　钢棒轴向裂纹分布示意图

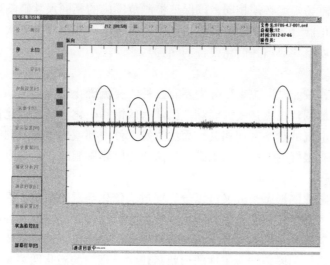

图 7-34　钢棒表面轴向裂纹检测信号

7.5　汽车轮毂轴承旋压面漏磁检测方法与装置

2014 年汽车工业经济运行情况数据显示，2014 年我国累计生产汽车 2372. 29 万辆，同比增长 7. 3%，销售汽车 2349. 19 万辆，同比增长 6. 9%。汽车轮毂轴承是汽车生产的必备零部件，按照平均 1 辆汽车使用 4 个轮毂轴承来估算，2014 年全国消费的汽车轮毂轴承将近 1 亿个。由此可见，汽车轮毂轴承的市场十分庞大，这也为轮毂轴承相关配套产业带来了很大商机。

轮毂轴承单元汽车结构中，除了要具备轴承应有的支承旋转轴的作用外，还肩负着保证底盘的结构强度及刚度等任务。当轮毂轴承发生早期失效时，轮毂轴承的振动和噪声将明显增强，结果就是汽车行驶过程中会有强烈的震颤感，并且有较大的噪声产生。而在目前广泛使用的第三代汽车轮毂轴承中，存在失效风险的重要部位之一是轮毂轴承的旋压面。由于旋压成形面的作用是保证轴承内外圈的紧密连接，因此一旦旋压面出现断裂事故，将导致轴承的内外圈分离，进而导致车轮与车体的分离，这将导致十分严重的事故。因此，及时准确地发现轮毂轴承旋压面上的裂纹对于车辆行驶安全性具有十分重要的意义。一方面，汽车轮毂轴承的旋压面对轴承的结构强度十分重要；另一方面，从公开的资料看，国内目前尚无适用于轮毂轴承旋压面无损检测的专业设备。为此，介绍一套专用于汽车轮毂轴承旋压面无损检测的设备。

7.5.1 磁化装置

磁化在漏磁检测中是实现检测的第一步，这一步骤决定着被检测对象能否产生出可被检测和可被分辨的磁场信号，同时也左右了检测信号的性能特性和检测装置的结构特性。

磁化装置在漏磁检测系统中的主要作用是对工件施加适当磁场，与缺陷相互作用后产生漏磁场。这个施加的磁场应当满足以下条件：磁场需要足够均匀，从而使得测量信号与缺陷特性之间具有良好的线性关系；磁场必须足够强，从而可以在缺陷处产生一个可被测量的漏磁场；检测范围的磁场幅度必须相同，以保证检测范围内的相同尺寸缺陷产生的信号幅值相同。其中，设计磁化器时，首先要保证能够产生足够强度的漏磁场，其次应当考虑减小磁化器的尺寸和质量，以节约成本并简化设备的结构。

1. 磁化方式

工件的磁化方式按照励磁源来划分主要有三种。直流磁化较为均匀，且能够通过调节励磁电流的大小方便地调整励磁强度，能够把工件有效饱和磁化。交流磁化具有趋肤效应，它的检测深度与磁化电流的频率密切相关，无法激发工件内部或内壁缺陷的漏磁场，不过它对工件表面的缺陷具有很好的灵敏度。永磁磁化法作为励磁磁源时，它的效果相当于固定电流值的直流磁化。

磁化方法按照磁化的形态来分又可以分为穿过式磁化与磁轭磁化。穿过式磁化主要是指将工件置于一个或者多个磁化线圈的轴线上，使磁力线经过工件内部及外部空气后形成一个完整的磁化回路，其优点是结构十分简洁，且磁化器与被磁化工件不需要直接接触。磁轭磁化主要是指利用铁磁性的磁轭结合工件的形状搭建一个理想的磁化回路完成磁化任务，其优点是能够适应多变的工件形状，缺点是磁化的均匀性不如远场磁化。基于轮毂轴承旋压面空间狭小且与其他部件相连的结构特点，磁轭磁化的方法显然更能适应其复杂的形状及检测位置。

2. 磁化装置

（1）磁轭 首先应该确定磁轭的基本形状。根据钢管轴向裂纹磁化的思路，对于旋压面的径向裂纹，初步设计了两种基本的磁轭方案，如图 7-35 所示。

两个方案理论上都可以在旋压面上施加绕周向的磁场，图 7-35a 所示为非对称形式，图 7-35b 所示为对称形式。在磁化线圈的安匝数相同的情况下，图 7-35a 所示方案会在图中所示的狭窄区形成一片磁场较强的区域，但另一侧的磁场相对来说会明显偏弱，而图 7-35b 所

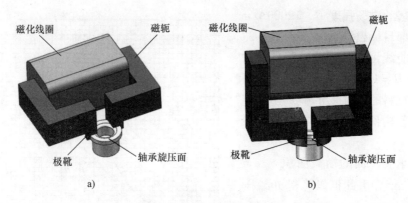

图 7-35　磁轭方案对比示意图

a）非对称磁轭　　b）对称磁轭

示方案虽然没有这种聚焦效应，但其优点是磁化场对称分布，这对探头的布置来说很重要。若采用图 7-35a 所示的方案，则探头只能布置在图中磁场强的位置，如果两侧都布置探头，则会出现检测灵敏度差异。由于旋压面区域本就空间狭小，为了能够充分利用空间进行探头布置，故采用图 7-35b 所示的磁轭方案。

（2）磁路　磁路分析的目的是依据被磁化工件内部的理想磁化强度，推导出理想的直流磁化线圈的规格和通电电流的选择，两者综合起来就是线圈的安匝数。

图 7-36a 所示为初步设计的径向裂纹磁化器模型。其中为了简化计算，将轮毂轴承旋压面从轴承整体中分离出来，轮毂轴承的其他部分对磁化的影响将在基本计算结束后予以修正。图 7-36b 所示为该磁化器模型所对应的等效磁路模型。

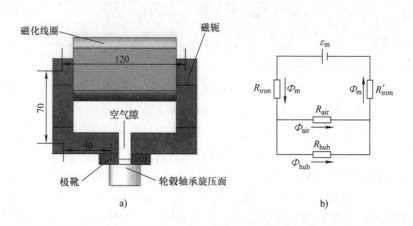

图 7-36　磁化器基本模型及等效磁路模型

a）径向裂纹磁化器模型　b）等效磁路模型

等效模型中，ε_m 为磁化线圈的磁动势（即安匝数），R_{iron} 为左半边磁轭的磁阻，R'_{iron} 为右半边磁轭的磁阻，R_{air} 为图 7-36a 中空气隙的磁阻，R_{hub} 为轮毂轴承旋压面的磁阻，Φ_m 为干路磁通，Φ_{air} 为通过空气隙的磁通，Φ_{hub} 为通过轴承旋压面的磁通。图 7-37 所示为标准轴承钢 GCr15 的磁化特性曲线。

取饱和区的磁场强度 $H = 12000\text{A/m}$ 作为工件内部目标磁场强度，从图 7-37 中的 $B - H$ 曲线可以得到此时工件内的磁感应强度 $B = 1.2\text{T}$，从 $\mu - H$ 曲线可以得到此时材料的相对磁导率 $\mu = 80$。

磁路中各构件的已知基本参数见表 7-3。

轮毂轴承旋压面的横截面积 $S_{\text{hub}} = 1.285 \times 10^{-3}\text{m}^2$，由此可以算得 $\Phi_{\text{hub}} = BS_{\text{hub}} = 1.54 \times 10^{-3}\text{Wb}$，基于这一结果，根据磁阻计算公式 $R = l/(\mu S)$ 推导得到表 7-4 中的参数。

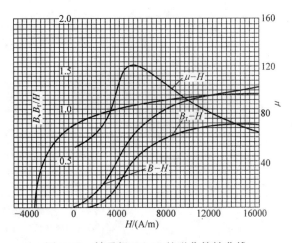

图 7-37 轴承钢 GCr15 的磁化特性曲线

表 7-3 磁路中各构件的已知基本参数

名称	相对磁导率 μ	横截面积 S/m^2	等效长度 l/m
轴承旋压面	80	1.285×10^{-3}	0.018
半边磁轭	2000	1.5×10^{-3}	0.190
空气隙	1	3×10^{-3}	0.020

表 7-4 磁路参数

参数名称	参数值	参数名称	参数值
R_{iron}	$5.04 \times 10^4 \text{H}^{-1}$	R_{m}	$2.40 \times 10^5 \text{H}^{-1}$
R'_{iron}	$5.04 \times 10^4 \text{H}^{-1}$	$\Phi_{\text{air}} = R_{\text{hub}}\Phi_{\text{hub}} / R_{\text{air}}$	$0.041 \times 10^{-3} \text{Wb}$
R_{hub}	$1.43 \times 10^5 \text{H}^{-1}$	$\Phi_{\text{m}} = \Phi_{\text{air}} + \Phi_{\text{hub}}$	$1.580 \times 10^{-3} \text{Wb}$
R_{air}	$5.31 \times 10^6 \text{H}^{-1}$		

最后算得 $\varepsilon_{\text{m}} = \Phi_{\text{m}} R_{\text{m}} = 378$（安匝）。这是初步计算得到的结果，上述计算是基于旋压面从轮毂轴承整体中分离出来后的简化模型，而实际上旋压面是轮毂轴承内圈的一部分，且旋压面与轴承外圈也有直接接触，因而实际上有相当部分的磁通是从其他部位流过的。根据经验，将计算结果得到的安匝数乘以 2 之后可以完全保证达到预计的磁化强度，最终确定的安匝数为 $\varepsilon_{\text{final}} = 2\varepsilon_{\text{m}} \approx 700$ 安匝。

（3）磁化器 先是确定线圈的匝数。在上文的磁路计算中得到的参数依据是安匝数，但并没有确定具体的线圈匝数。在安匝数一定的条件下，线圈的匝数和励磁电流成反比关系。励磁电流偏大时，线圈的发热功率会增大，根据焦耳定律 $Q = I^2 R$，电流的小幅度增大都会导致发热功率的明显增加，因而在确定励磁线圈的匝数时，应当遵循的原则是：在磁化器体积允许的情况下，尽力增加匝数，从而减小励磁所需的电流，以控制励磁线圈的发热量在安全合理的范围内。这里确定的磁化线圈匝数是 400 匝，励磁电流小于 2A，采用 $\phi1.7\text{mm}$ 线径的铜线进行绕制。

其次是线圈的散热问题。缓解线圈的发热问题一般有两大类措施：一类是用热的良导体（一般是金属）将线圈发出的热量分散开来，增加整体的散热面积；另一类是流体冷却法，采用风冷或水冷的方式加速热量的扩散，电气设备中一般用风冷的方法。实际应用中往往两种方法一起使用，采用不锈钢外壳来分散磁化线圈的热量，用风扇来实现风冷。

按照上述原则制作的磁化器实物如图 7-38 所示。

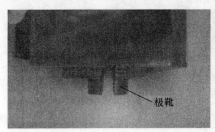

图 7-38　磁化器实物图

7.5.2　检测探头

1. 轮毂轴承旋压面检测分析

（1）轮毂轴承旋压面检测特点　轮毂轴承旋压面的检测与普通的轴承套圈检测存在着显著的不同。

首先，轮毂轴承旋压面的回转母线为曲线，而普通的轴承套圈端面的回转母线为直线，因而相对来说，实现对轮毂轴承旋压面的全覆盖检测具有较高的难度，轴承旋压面的探靴形状需要契合其回转面的特殊形状，如图 7-39 所示。

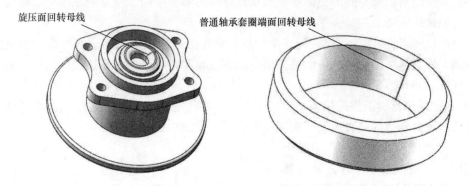

图 7-39　旋压面回转母线与普通轴承套圈端面回转母线对比

其次，轮毂轴承旋压面各个部位曲率有很大差别，为了确保每个传感器能够准确有效地贴合旋压面，需要设计带有独立浮动功能的传感器阵列，以保证检测的准确性。

（2）旋压面缺陷位置　由于旋压面本身形状较复杂，将其划分为 3 个差异比较大的部位，并进行命名，如图 7-40 所示。其中，内圆角面是指旋压面内侧半径为 $R5mm$ 的圆角部位，这一部位曲率较大；中间平面是指旋压面最上端的平台位置，这一部位近似为平面；外侧坡面为旋压面最外侧部位，这一部位有一定的弧度，但曲率较小。

（3）旋压面缺陷类型　旋压面的基本缺陷类型主要包括裂纹以及旋压面受到磕碰后留下的麻点凹坑类缺陷，其中又以裂纹为最主要缺陷，两种缺陷的示意图如图 7-41 所示。由于缺陷尺寸较小，因此图中对缺陷的轮廓进行了勾勒，以便清楚地显示缺陷。

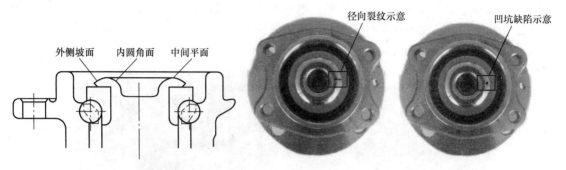

图 7-40 轮毂轴承旋压面裂纹分布   图 7-41 旋压面裂纹及凹坑缺陷示意图

裂纹的潜在危害在于，径向裂纹一旦扩展到一定程度，旋压面的整体形状将发生显著改变，使得轮毂轴承内外圈与滚珠之间无法实现无缝隙的贴合，从而造成轮毂轴承内外圈的晃动，产生噪声并影响汽车行驶的稳定性。

凹坑的潜在危害在于，凹坑如果扩展到一定程度，旋压面有可能部分脱落，使得轴承内外圈之间的压紧力显著下降，在一定的载荷下可能造成轴承内外圈分离，也就是说会造成汽车的车轮与车轴分离，后果十分严重。

2. 探头

在漏磁检测中，探头主要肩负着以下功能要求：

1）保证传感器与被检测对象的良好接触。这一功能主要靠探靴的浮动跟踪能力来实现，不同的传感器以及不同的检测对象对探靴浮动的要求不同，基本的原则是：既要保证传感器保持最佳检测姿态，又要尽量减少运动自由度。

2）保证一定的提离值。设定提离值的目的是在探头磨损较为剧烈的场合，避免传感器与被检测工件直接摩擦而损坏，而提离值一般由探靴的浮动功能及传感器在探靴内的等距离封装来保证。

3）保证传感器对工件的覆盖率，实际检测中往往通过布置合适的传感器阵列形成线状检测探头，配合合适的扫查运动，实现对被检测工件的全覆盖检测。

（1）传感器阵列设计 在轮毂轴承旋压面的漏磁检测中，首先要选择合适的传感器阵列以保证传感器对旋压面的全覆盖。基本思路是覆盖旋压面的一条回转母线，如图 7-42 所示，配合回转扫查运动，即可实现对整个旋压面的全覆盖检测。

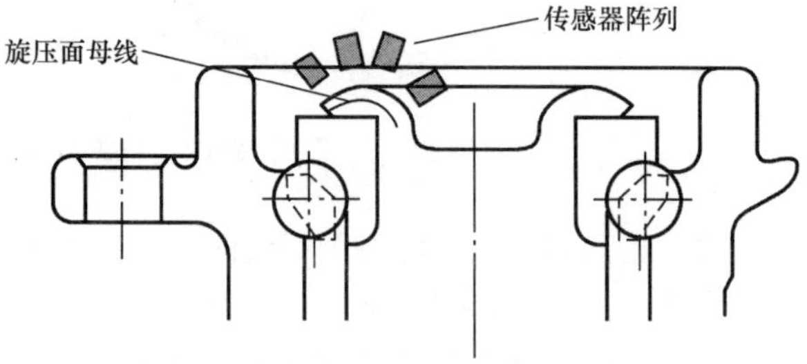

设 L 为旋压面回转母线的长度，

图 7-42 旋压面传感器阵列示意图

l_s 为单个磁头传感器的覆盖宽度，所需传感器个数为 N，若要求传感器覆盖范围之间有 20% 的重叠率，则应满足下式要求：$Nl_s \geqslant 120\% L$。旋压面回转线的长度 $L \approx 12\mathrm{mm}$，单个磁头传感器的覆盖宽度 $l_s = 4\mathrm{mm}$，则所需的最少传感器个数 $N = 4$。由于旋压面的空间非常狭小，传感器密集排列会给探靴制作工艺带来较大难度。为了避免这一问题，采用 4 个传感器分散布置到旋压面两端的方法，充分利用狭小的空间。

（2）传感器浮动跟踪　除了实现全覆盖检测，试验结果显示，磁头传感器随着提离值的增大，其检测信号输出会迅速减小，因此探头还需要设置浮动功能，以保证每个传感器在检测过程中始终紧贴旋压面，实现最优的检测效果。

要保证每个传感器对旋压面的良好接触，无法采用常见的整体式探靴浮动方案，因为分散式传感器阵列中的每个传感器所覆盖的旋压面部位的曲率不同，因而各个传感器与旋压面的接触状态有很大的差异。要保证每个传感器的有效浮动，只能采用分散式的浮动方案，即为每个传感器配备独立的浮动结构。

为了实现每个传感器的独立浮动，采用如图 7-43 所示的探头芯体。芯体一侧设计了容纳传感器的开槽，槽底部放置了微型弹簧，能够实现每个传感器的独立浮动，浮动行程达到 2mm，由于旋压面的形状精确且表面洁净，这一浮动行程完全能够满足传感器紧贴旋压面的需求。

探头芯体装入探靴壳体，采用胶封工艺后即可获得完整的探头，如图 7-44 所示。

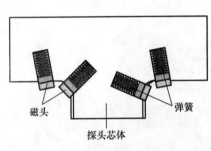

图 7-43　探头芯体

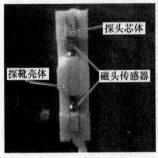

图 7-44　探头总成

经过测试，探头与旋压面的贴合状态良好，传感器的浮动结构能够顺畅工作，能够保证平稳的检测。探头贴合状态示意图如图 7-45 所示。

（3）探头与磁化器一体化　由于旋压面区域空间十分狭小，探头与磁化器在空间上难以分开布置，因此需要进行探头与磁化器的一体化设计。通过协调探靴外壳的厚度与磁化器两极靴间的距离，将探头整体布置在磁化器两极靴之间的位置上，加装固定装置后，成功地实现探头与磁化器的一体化，装置结构如图 7-46 所示。

图 7-45　探头贴合状态示意图　　　　　　　图 7-46　探头与磁化器一体化

7.5.3　检测平台

1. 总体方案

轮毂轴承旋压面漏磁检测装置由磁化装置、探头装置、传送装置、采集电路、计算机及采集软件、分选装置和退磁装置组成，总体框架如图7-47所示。

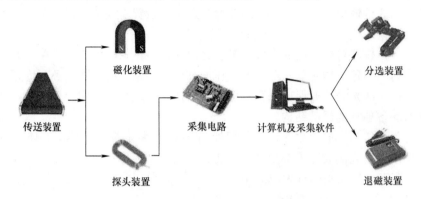

图7-47　轮毂轴承旋压面漏磁检测装置基本框架图

2. 检测平台

按照上述框架，旋压轮毂轴承漏磁检测平台的总体效果图如图7-48所示。

（1）吸紧模块　旋压轮毂轴承在检测过程中需要被准确放置在若干个位置，分别完成扫查、分选和退磁等工序，因而有必要布置一个抓紧模块对旋压轴承进行抓取。利用磁轭式磁化器能够与被磁化工件之间产生很大吸力的特点，直接用磁化器完成抓紧功能。采用这一方法可以使检测平台更加紧凑简洁。一般情况下，磁化器只需要通以1A的电流就可以产生足以克服轴承重力的吸紧力，而在实际的漏磁检测过程中，用来对工件进行磁化的电流一般设定为2～3A，因而这一方案完全可以满足吸紧力要求。在测试过程中发现，在

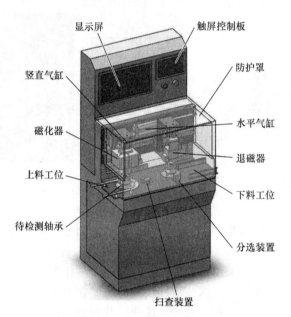

图7-48　检测平台总体效果图

吸紧时若轴承旋压面与磁化器极靴直接接触，则由于两者吸力过大而造成接触面摩擦力过大，轴承与磁化器之间无法相对转动，这不符合后续扫查动作的要求，并且在磁化器断电之后，由于磁化器极靴在一段时间内剩磁较大，造成轴承无法被立即释放，给检测工序的衔接带来不利影响。为了消除这一不良影响，设计了图7-49所示的铝合金材质的定位块，其作用是在磁化器与轴承吸紧时将两者隔开一定距离，避免产生过大摩擦力，同时消除磁化器断电后极靴剩磁对轴承的影响。经测试，加装定位块后，轴承与磁化器可以实现相对转动，且磁化器断电后轴承被立即释放，满足了检测流程的需要。

（2）扫查与分选模块　在探头设计过程中已经用传感器阵列实现了对旋压面回转母线的覆盖，因此扫查机构只需要为轴承提供一个旋转运动即可实现对旋压面的全覆盖扫查。如图7-50所示，本装置利用轮毂轴承内圈法兰上自带的螺钉，用电动机（安装在底板下方）驱动一个旋转拨杆来为轴承提供旋转运动。

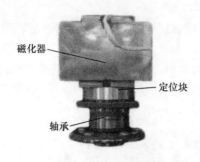

图 7-49　吸紧装置

图 7-50　扫查装置

在对轮毂轴承旋压面进行检测后，若发现有缺陷工件，需要将其及时分选出来，因而紧接着扫查模块布置了分选模块。分选装置如图 7-51 所示，采用拨杆式分选，由安装在底板下方的气缸驱动，分选动作可以将疑似带缺陷轴承推入与检测流水线相垂直的缺陷品通道。

（3）传送模块　传送模块包含水平传送与升降传送。水平传送用于完成轴承在各个工位之间的转换，升降传送用于满足具体工位对轴承高度的需要，扫查工位要求轴承处于悬空状态以保证顺畅旋转，分选工位和退磁工位则要求轴承放置在底板上。

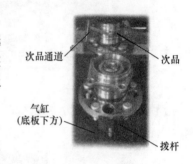

图 7-51　分选装置

在整个检测过程中，轴承需要经过上料工位、扫查工位、分选工位和下料工位共 4 个工位，即水平方向上轴承要准确地在 4 个不同位置停留。实现这一功能有两种方案：①采用丝杠螺母机构提供水平运动，使用光电感应开关进行位置控制；②采用水平布置的串联气缸提供动力，靠各个气缸行程的组合来实现位置控制。

对比两种方案，方案①采用电子方式实现位置控制，方案②采用机械式位置控制。相对来说，方案②成本更低，可靠性更高，且装置体积可以做得比较小，因此采用后一种方案。

传送装置采用一对行程为 200mm 的气缸进行串联安装，吸紧装置和退磁器布置在如图 7-52 所示的位置。为了方便描述，为每个气缸进行了编号，水平气缸为 P1 和 P2，竖直气缸为 S1 和 S2。气缸 P1 和 P2 同时伸展时，吸紧装置夹持轴承为位置 A（上料工位）；气缸 P1 伸展 P2 收缩时，轴承被移动至位置 B（扫查工位）；气缸 P1 和 P2 同时收缩时，轴承被移动至位置 C

图 7-52　传送装置

（分选工位）。一个周期结束后，轴承未被直接送入位置 D（下料工位），等待下一周期气缸 P1 收缩时由安装在退磁器上的拨杆将轴承从位置 C 推入位置 D。气缸 S1 和 S2 用于实现吸紧装置和退磁装置的升降，满足各工位中对轴承高度的要求。

3. 检测流程

每个检测周期开始时，气缸 P1 和 P2 处于伸展状态，气缸 S1 和 S2 处于收缩状态，检测平台的上料工位放置着刚刚被填充进来的待检测轴承 K1，分选工位上放置着上一周期已经完成检测的轴承 K2，这里假设轴承 K1 带有可被检测到的缺陷，轴承 K2 没有缺陷，因而 K2 在上一检测周期结束后没有被分选装置推入回收箱。检测周期初始状态如图 7-53 所示。

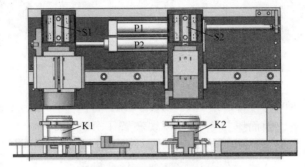

图 7-53　检测周期初始状态

（1）检测步骤 1（图 7-54）　检测开始，气缸 S1 伸展，磁化器下降，励磁电流接通，轴承 K1 被吸紧。

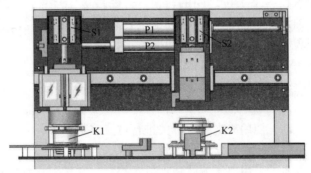

图 7-54　检测步骤 1

（2）检测步骤 2（图 7-55）　气缸 S1 收缩，轴承 K1 被抬起。气缸 P2 收缩，轴承 K1 被传送至扫查工位。扫查电动机通电开始扫查，漏磁检测软件启动，采集数据并做出有无缺陷的判断（这里假设 K1 有缺陷，因此系统将其判定为次品）。气缸 S2 伸展，退磁器下降与上一周期检测完成的轴承 K2 接触，退磁器通电，对 K2 执行退磁工序。

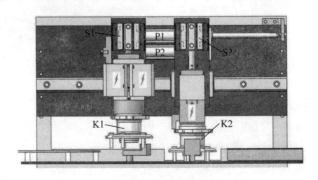

图 7-55　检测步骤 2

（3）检测步骤 3（图 7-56）　气缸 P1 收缩，轴承 K1 被吸紧装置传送至分选工位，轴承 K2 被退磁器上的拨杆推至下料工位，气缸 S1 伸展，磁化器和退磁器断电，轴承 K1 被吸紧装置释放。

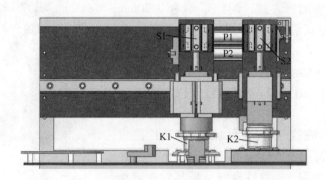

图 7-56　检测步骤 3

（4）检测步骤 4（图 7-57）　气缸 S1 和 S2 收缩，由于系统将轴承 K1 判定为次品，分选装置接收命令将轴承 K1 推入到次品回收通道。

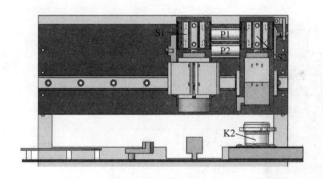

图 7-57　检测步骤 4

（5）检测步骤 5（图 7-58）　气缸 P1 和 P2 伸展，磁化器和退磁器回归到原始位置，下一个被检测的轴承 K3 被装填到上料工位，等待下一个检测周期。

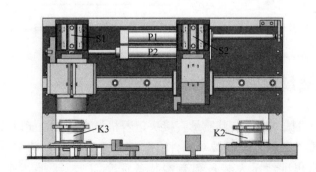

图 7-58　检测步骤 5

7.5.4 现场应用

本检测设备的验收标准为实现对 0.20mm 宽、0.03mm 深裂纹的检测，为此，制作了刻有 0.20mm 宽、0.03mm 深贯穿式裂纹的测试样品进行试验，如图 7-59 所示。

完成对检测平台的组装后，在设备使用现场进行了样品检测试验，检测设备与测试信号分别如图 7-60 和图 7-61 所示。

从图 7-61 所示的检测信号可以看出，该检测设备在现场对测试样品的裂纹能够准确检出，信号清晰可辨，加入补偿比例后，一致性良好，满足轮毂轴承漏磁检测要求。

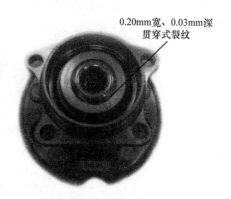

0.20mm宽、0.03mm深贯穿式裂纹

图 7-59　测试样品

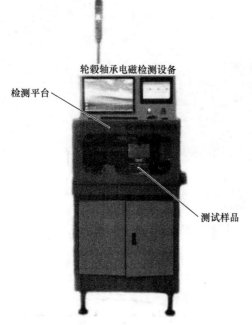

轮毂轴承电磁检测设备

检测平台

测试样品

图 7-60　测试现场照片

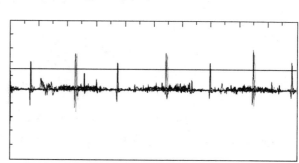

图 7-61　单窗口显示的测试信号

7.6 轴承套圈裂纹漏磁检测方法与装置

轴承作为重要的机械基础件，其质量直接决定着机械产品的性能以及可靠性。国家工信部规划司在机械领域"三基"（机械基础件、基础制造工艺和基础材料）产业"十二五"发展规划中明确，指出围绕重大装备和高端装备配套需求，重点发展高速、精密、重载轴承。

轴承作为机械装置中最常用也最重要的零部件之一，其失效将直接导致设备故障、生产受阻甚至是人员伤亡。据统计，在旋转机械的现场故障中，由于轴承套圈损伤而引起的故障大约占 30%，其中大约 90% 的故障来自轴承套圈的裂纹。因此提高轴承套圈的裂纹检测能力尤为重要。

目前，轴承套圈检测方法主要有磁粉检测法、超声检测法、涡流检测法、机器视觉法、巴克豪森法、声发射检测法等。其中，磁粉检测法、超声检测法、涡流检测法使用较为普遍。

磁粉检测法检验灵敏度高，缺陷显示直观，不受工件大小和形状的限制，但是操作复杂，生产率低，且对环境有一定污染，磁痕观察需要人工参与，检测结果受检测人员主观意识和操作经验影响，难以践行统一的质量标准；超声检测法在国外使用较为广泛，欧洲已颁布相应检测标准《EN12080：Railway applications – Axleboxes – Rolling bearings》，但超声检测法由于裂纹取向及声耦合对其影响大，难以适应轴承套圈形状，检测精度不高，需要检测者有丰富经验，所以影响了其在国内市场的推广；涡流检测法可实现非接触式检测，但是受工件形状影响大，且结果多以阻抗分析图的形式展现，不直观，多用于轴承圆柱滚子的检测。

为解决轴承生产中出现的实际问题，下面介绍一种基于漏磁原理的轴承套圈裂纹检测方法与装置，可实现轴承套圈的自动化高效检测。

7.6.1　检测原理

轴承套圈作为一种精密零部件，其表面质量较高，生产过程中产生的裂纹多呈现出开口窄、长度短、深度浅的特点，属于典型的微小尺寸裂纹检测问题。

1. 轴承套圈的材料、结构、待检测部位及缺陷形式

（1）轴承钢的主要种类

1）高碳铬轴承钢：年产量约占轴承钢总产量的 80%，包含 GCr4、GCr15、GCr15SiMn、GCr15SiMo、GCr18Mo 等系列，而其中 GCr15 高碳铬轴承钢由德国于 1905 年研制成功，得到了广泛应用。

2）渗碳轴承钢：经渗碳处理，兼具表面高硬高耐磨性及内部韧性。在美国的产量约占轴承钢总产量的 30%，在中国仅占 3% 左右。

3）中碳轴承钢：工艺相对简单，且同样达到表面硬化效果，近年来发展较快。

4）不锈钢轴承钢：用于制造在腐蚀环境下工作的轴承及某些部件。

不同材质或是相同材质、不同热处理工艺均会对轴承钢的磁化特性产生巨大影响，不同的磁化特性对应不同的磁化装置参数，本书使用最为广泛的 GCr15 轴承钢作为研究对象。

（2）轴承套圈的结构及待检测部位　成品轴承一般由轴承外套圈、轴承内套圈、滚子保持架、滚子及附件组成，轴承套圈结构形式较为多样，同一套装备难以同时满足所有类型轴承套圈的检测需求，研究其中使用较为广泛的圆锥滚子轴承套圈具有重要意义，相关研究方法可方便地变通之后推广到其他类型轴承套圈。

如图 7-62 所示，圆锥滚子轴承套圈为旋转对称零件，外圈可看作由梯形绕中心轴旋转 360° 而成，上下端面为圆环平面，外表面为圆柱面，内表面为圆锥面；内圈结构稍显复杂，上下端面为圆环平面，外表面主体为圆锥面，沿轴向两端含工艺槽及滚子定位台阶，内表面为圆柱面。

轴承外圈待检测面包含内圆锥面1、外圆柱面2、下端面3和上端面4。轴承内圈待检测面包含外圆锥面1、内圆柱面2、下端面3、上端面4。

（3）轴承套圈的裂纹形式及产生原因

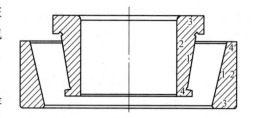

图7-62　圆锥滚子轴承套圈结构
及其待检测部位

1）材料裂纹：材料裂纹产生的原因主要是内部气泡、严重的非金属夹杂等，沿轧制方向呈直线分布，以表面裂纹或折叠的形式呈现，在内部走向多指向圆心，且折叠裂纹走向与表面近乎平行，漏磁场微弱。

2）发纹：材料表面或近表面毛发状的细小裂纹，由钢锭皮下气泡或夹杂引起。外观细小，一般长1~3mm，目检时不易发现。

3）锻造裂纹：包括锻造折叠裂纹（切料不齐、毛刺、飞边以及操作不当等原因造成）、过烧（锻件温度过高或保温时间过长造成）、湿裂（停锻温度较高，冷却时局部或全部碰到冷却水而急冷）、内裂（锻造时加热速度过快，表面升温高而内部升温慢引起，一般出现在壁厚较大处）。锻造裂纹较粗大，形状不规则，存在锻件表面，磁化时漏磁场较弱，磁痕显示不太清晰，剩磁法检测容易产生漏检。

4）淬火裂纹：因淬火时产生的热应力及组织应力引起，外貌极不规则，多在外径上，严重时延伸到端面，一般较深。

5）磨削裂纹：磨削时冷却不良，瞬时高温引起表面应力集中，即会产生磨削裂纹，主要分布在端面、挡边、滚道、内径及打字处，外径表面较少出现，呈现短、浅、细的特点，与磨削方向垂直或成一定角度。

2. 轴承套圈裂纹漏磁检测系统的特点

轴承套圈裂纹漏磁检测系统的优势在于：可实现上下料、检测、分选、退磁一体化自动化，极大地提高了检测效率，降低了工人的劳动强度。

然而，在具体的工程实施中，存在以下要点及难点：

1）轴承套圈尺寸形状规格繁多，如何实现通用化检测或者实现一定范围内的通用化检测存在工程实施难度。

2）随着轴承套圈加工工艺的提升，轴承套圈表面加工质量越来越高，生产过程中产生的裂纹多呈现出开口窄、深度浅的特点，属于典型的微小尺寸裂纹检测问题，提高磁化能力、提高传感器检测灵敏度及空间分辨力、提高信号处理能力以在较强背景噪声中提取有效信号是关键。

3）轴承套圈尤其是轴承内圈的结构较为复杂，需从结构及布置方式着手，减小提离值并最大限度地覆盖待检测部位。

4）自动化生产线多为流水式，效率高、速度快，因此高速检测工艺应简洁高效，且可以顺畅地与生产线相融合。

3. 轴承套圈漏磁检测的励磁方法与装置

轴承套圈的磁化方式直接和漏磁场信号强弱相关，其选择及设计非常重要。常见的轴承套圈周向磁化方法有中心导体法、直接通电法和绕电缆法，其优缺点见表7-5。

表 7-5　常见轴承套圈周向磁化方法比较

磁化方法	图示	原理	优点	缺点
中心导体法	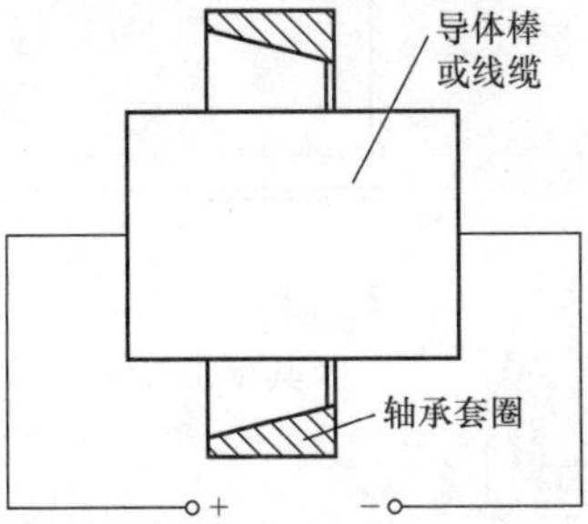 导体棒或线缆　轴承套圈	与轴承套圈中心线平行的导体通电后，产生周向磁场	剩磁法测量时，采用脉冲电流法，导电时间为千分之几秒，可节约电能	连续法检测时，电流 $I = 10D \sim 20D$（其中，D 为套圈外径），套圈外径越大，电流越大，浪费能源
直接通电法	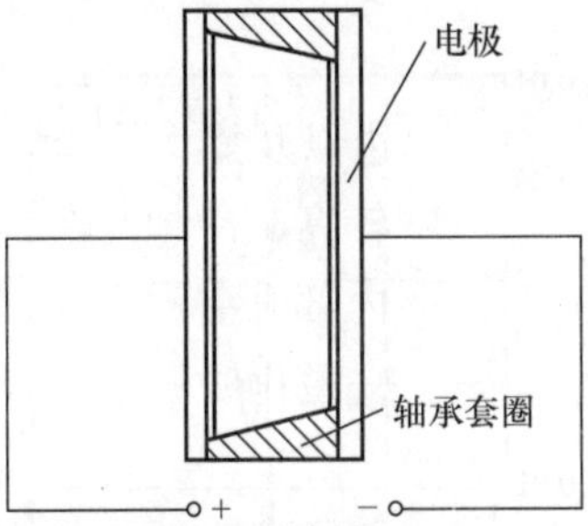 电极　轴承套圈	轴承套圈直接通电流，在表面产生周向磁场	磁化装置简单	容易造成接触烧伤
绕电缆法	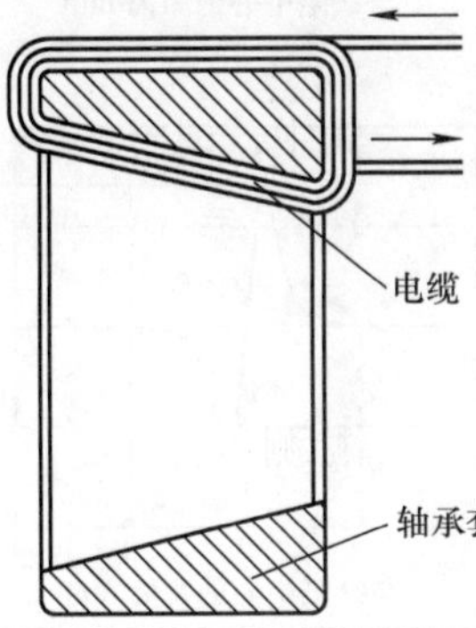 电缆　轴承套圈	在轴承套圈上绕电缆充作线圈，通电获得周向磁场	便于现场绕制，可避免工件烧伤	效率低，不适合批量在线检测

对比之后不难看出，上述方法均不适用于自动化漏磁检测，为此，采用如图 7-63 所示的轴承周向磁化方法，磁化器由 U 形铁心缠绕线圈制成，可更换的磁极可以满足不同规格轴承套圈的磁化需求。通过 ANSYS 仿真可以看出，此种磁化方式在远离磁极的位置可以获得比较均匀的周向磁场，且该磁化器结构可以方便地与流水生产线相结合，便于实现自动化。

选用 16 种轴承套圈中横截面积最大的 27315EK 02 轴承内圈，为保证仿真顺利进行，此处对仿真裂纹进行了一定的简化，裂纹尺寸为 0.5mm（宽）× 0.2mm（深）× 3.0mm（长），上、下端面各 1 条裂纹，沿轴向内表面等间距均匀分布 3 条裂纹，外表面 1 条裂纹。周向磁化器仿真模型如图 7-64 所示。

仿真结果如图 7-65 所示，通过对比可知：

1）上端面和内表面裂纹漏磁场 B_y 分量图像基本吻合，表明在该磁化方式及磁化强度下，上端面与内表面具有较为一致的磁化效果。

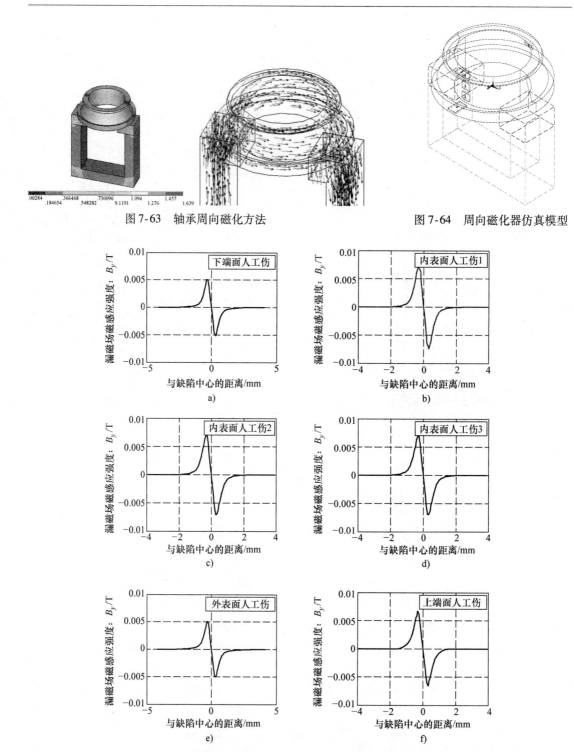

图 7-63　轴承周向磁化方法　　　　　图 7-64　周向磁化器仿真模型

图 7-65　磁极磁感应强度为 1.2T 时，轴承套圈各待检测面裂纹漏磁场 B_y 分量值

2）沿轴向等间距分布的内表面裂纹 1、2、3 漏磁场 B_y 分量图像基本吻合，表明在该磁化强度下，内表面磁化一致性较好，与裂纹离磁极的距离无关。

3）下端面裂纹漏磁场 B_y 分量图像与外表面裂纹漏磁场 B_y 分量图像基本吻合，但是相比于上端面、内表面强度更小。这是由于下端面壁厚较大，而外表面由于位于套圈外围，距离磁化场较远，且磁场向空气中扩散更为严重。

为了补偿壁厚及套圈高度引起的磁化效果不一致，需要进一步加强磁化强度，使得轴承套圈达到过饱和磁化状态。然而在实际检测过程中，使得轴承套圈各个部分均达到饱和磁化状态需要极多的线圈匝数或极大的磁化电流，对于非定量轴承套圈检测而言，磁化的意义在于使得最苛刻指标的缺陷仍可得到较理想的信噪比即可，磁化效果不一致引起的漏磁场信号不一致可在软件中予以修正。

如图 7-66 所示，以 GCr15（840℃油淬，190℃回火）为例，根据电磁检测原理，将工件磁化至饱和或近饱和状态时，有利于裂纹漏磁场的形成与扩散，取近饱和区的 $H = 14800A/m$ 点，此时对应的磁感应强度 $B \approx 1.125T$。以 16 种轴承套圈中横截面积最大（$533.5mm^2$）的 27315EK 02 轴承内圈为例，ε_m 大约为 4075 安匝。由于本计算模型没有考虑泄漏到空气中的磁通、磁滞损耗、涡流损耗，因此将计算出的结果乘以安全系数 1.1，磁化器 $\varepsilon_m = NI = 4482$ 安匝。线圈匝数为 600，选用 $\phi 1.7mm$ 铜线绕制而成，通入 7.5A 的电流即可满足磁化要求。

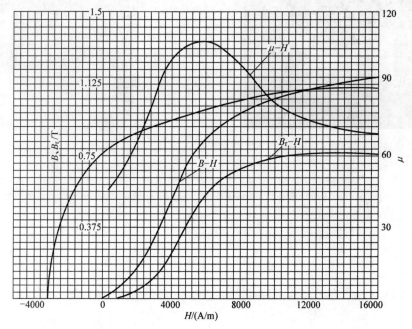

61HRC　$H_c = 3120A/m$　$B_r = 0.7335T$　$\mu_{rm} = 107$　$H_{\mu m} = 6000A/m$　$(HB)_{max} = 1.008kJ/m^3$

图 7-66　轴承钢 GCr15（840℃油淬，190℃回火）磁化特性曲线

根据上述计算结果，设计得到如图 7-67 所示的周向励磁装置，磁极部分可更换以适应不同规格的轴承套圈，磁化器封罩用于保护内部漆包线，封罩上开百叶窗辅助散热，加装轴流式风扇散热以保证磁化器可长期工作。

7.6.2　检测探头

图 7-68 所示为永磁磁轭探头，它主要由磁头、永磁铁 S 极、永磁铁 N 极、桥接衔铁及隔片组成，隔片用于调节磁极间距。检测时，"N 极→轴承套圈→S 极→桥接衔铁"形成磁回路，如遇裂纹，漏磁场将被磁头捕捉。永磁铁尺寸为 $4mm \times 10mm \times 10mm$，其中 $4mm \times$

10mm 正对轴承套圈，为磁极面。信号放大电路为 10×100 倍两级放大，软件放大 500 倍。

如图 7-69 所示，检测对象为 GCr15 轴承套圈，大端面刻蚀有宽 0.1mm、深 0.1mm 、长 10.0mm 的人工刻槽。轴承套圈表面光滑，无锈蚀。

不同磁极间距检测结果对比如图 7-70 所示。磁极间距 15mm 时，可检出信号，但信噪比不高，这是由于磁极离磁心过近使之饱和的缘故；磁极间距 17mm 时，可检出信号，且信噪比最佳；磁极间距 19mm 时，不能检出信号。永磁体尺寸换为 6mm×10mm×10mm，其中 6mm×10mm 正对轴承套圈，为磁极面时，不能检出信号，同理这也是磁心饱和的缘故。

图 7-67 周向励磁装置

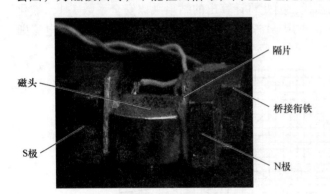

图 7-68 永磁磁轭探头

图 7-69 轴承套圈大端面的人工刻槽

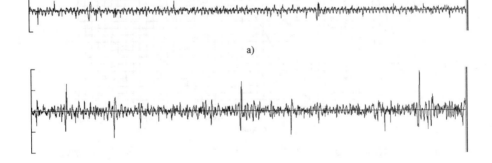

a)

b)

图 7-70 不同磁极间距检测结果对比

a）磁极间距为 15mm 的检测信号　　b）磁极间距为 17mm 的检测信号

通过上述分析不难发现，含磁心线圈用于检测时，需特别注意磁心饱和的问题，局部磁化在一定程度上降低了磁化成本和磁化难度，但是由于磁化器距离传感器较近，对传感器的影响也较大。

短路磁通损耗与磁心前端气隙宽度 g、深度 h_a 有关；提离损耗与提离值相关，在实际工程中体现在探头耐磨层厚度及探头机构的设计；低频损耗与裂纹漏磁信号空间分布相关，即与裂纹尺寸及磁化状况相关；气隙宽度损耗与气隙宽度 g、裂纹漏磁信号空间分布相关；方位角损耗可归为提离损耗；磁滞损耗可忽略；涡流损耗可以从磁心材料、探头工艺等方面着手降低。

因此，从探头设计的角度出发，主要关注磁心前端气隙宽度 g、深度 h_a。

如图 7-71 所示，磁头式传感器主要由线圈、两片磁心主瓣、两片磁心旁瓣组成，前端缝隙中垫入不同厚度的 POM 塑料片即可得到不同的气隙宽度 g，气隙深度 h_a 取决于机加工主瓣、旁瓣尺寸。

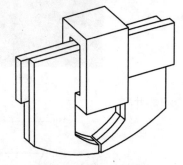

图 7-71　磁头式传感器

如图 7-72 所示，为验证磁心前端气隙深度 h_a 对信号的影响，制作了 $h_a = 0.5\text{mm}$、1.0mm、1.5mm、2.0mm 四种磁头式传感器，线圈匝数为 400。人工伤的尺寸为 0.1mm（宽）$\times 0.5\text{mm}$（深）$\times 10.0\text{mm}$（长）。试验过程中使用的信号放大板为 10×100 倍，软件放大倍数为 500 倍。

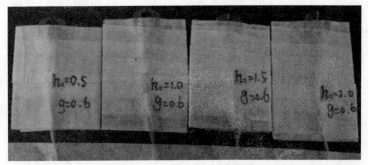

图 7-72　不同气隙深度 h_a 的磁头式传感器

所得原始信号经 5 阶 Butterworth 滤波器滤波后，试验结果如图 7-73 所示，信号峰 – 峰值 V_{pp} 与前端气隙深度 h_a 近似成反比，气隙深度越小，越有利于检测，然而气隙深度越小，探头越不耐磨，因此实际的探头制作中，需要在两者之间做平衡取舍。

如图 7-74 所示，为验证磁心前端气隙宽度 g 对信号的影响，制作了气隙深度 $h_a =$ 1.5mm，g = 0.1mm、0.2mm、0.3mm、0.4mm、0.5mm、0.6mm 六种磁头式传感器，线圈匝数为 400。人工伤的尺寸为 0.1mm（宽）$\times$ 0.5mm（深）$\times$ 10.0mm

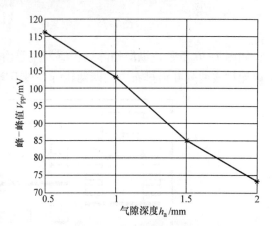

图 7-73　气隙深度 h_a – 信号峰 – 峰值 V_{pp} 关系曲线

（长）。试验过程中使用的信号放大板为 10×100 倍，软件放大倍数为 500 倍。

试验结果如图 7-75 所示，气隙宽度 $g = 0.1\text{mm}$ 时，信号峰 – 峰值 V_{pp} 最大；在气隙宽度 $g = 0.3\text{mm}$ 时出现了"检测势井"，当气隙宽度 $g > 0.3\text{mm}$ 时，信号峰 – 峰值 V_{pp} 在一定范围内呈现出增长趋势。这是由于在该试验条件下，$g = 0.3\text{mm}$ 时气隙宽度损耗最大，因此无法有效检出信号。该结果表明，应用磁头式传感器进行检测时，在裂纹漏磁信号空间分布未知的情况下，应该尽量减小前端气隙宽度 g，以防止它与裂纹漏磁场空间分布出现耦合，形成

图 7-74　不同气隙宽度 g 的磁头式传感器

"检测势井"。

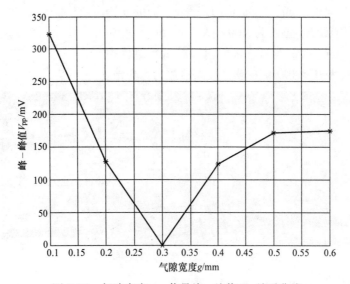

图 7-75　气隙宽度 g – 信号峰 – 峰值 V_{pp} 关系曲线

如图 7-76 所示，纵向伤阵列传感器主要由线圈、叠层磁心、隔离片、屏蔽罩组成，探头单元排成两列并沿排布方向两两错开一段距离，以消除单列探头之间的探测盲区。

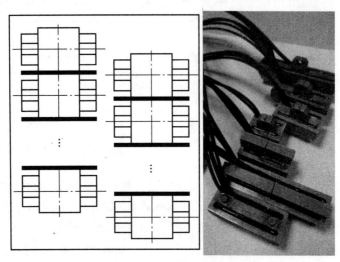

图 7-76　纵向伤阵列传感器

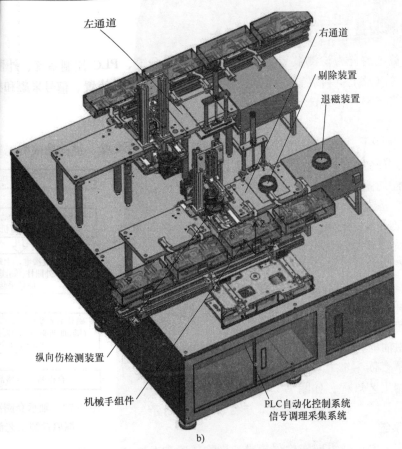

左通道

右通道

剔除装置

退磁装置

纵向伤检测装置

机械手组件

PLC自动化控制系统
信号调理采集系统

b)

图 7-78　轴承套圈裂纹漏磁检测装备总体方案（续）

b) 轴承套圈裂纹漏磁检测装备模型

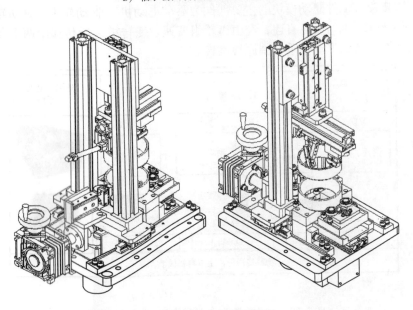

图 7-79　纵向伤检测装置

7.6.3　检测装备

整套装备主要分为检测装置、信号采集和处理系统
统、物料传送以及上下料装置五部分。本节的重点在于相
高速检测工艺。

1. 总体方案

按照功能划分，轴承套圈裂纹漏磁检测装备可以分为
个主要工位。预置工位为冗余过渡工位，当前可作为轴
套圈检测流程的过渡工位，将来可为周向伤检测装置提供
安装平台。装备主体——纵向检测主机主要包括五个部分
轴承套圈驱动装置、磁化装置、阵列探头组件、信号调理
采集处理系统以及自动化控制系统。

轴承套圈驱动装置设计要点：以圆锥滚子轴承套圈为研
究对象，其形状规整，为圆环形零件，适合旋转检测；表面
光洁，不需事先清洁处理；为便于实现工业自动化，不同尺
寸规格轴承套圈的检测工位及上下料工位最好一致。综合上
述分析，采用轴承套圈原地旋转、探头贴合检测的方式。

根据轴承套圈漏磁检测的特点，拟订轴承套圈高速自
动化漏磁检测工艺流程，如图 7-77 所示。

轴承套圈裂纹漏磁检测装备总体方案如图7-78所示。

2. 检测系统

检测系统主要包括纵向伤检测装置、剔除装置和退磁装置

如图 7-79 所示，纵向伤检测装置可划分为工件驱动、规
剔除六大主体装置。工件驱动模块的主要部件为驱动电动机、
珠托架等。驱动电动机与齿轮直连，经由齿轮组变速、变转矩
紧模块的配合下，摩擦带动轴承套圈原地旋转。

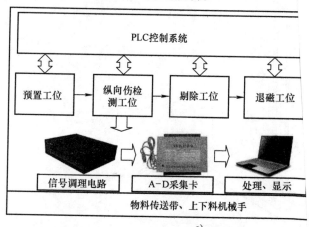

a)

图 7-78　轴承套圈裂纹漏磁检测装备总体方案
a）轴承套圈裂纹漏磁检测装备组成

　　规格调整装置主要由手轮、减速机、梯形丝杠、梯形螺母及压紧轴承安装座等构成。如图 7-80 所示，由于上下料机械手与检测装置之间的距离相对固定，为保证所有规格轴承套圈上下料工位位置相同，更换轴承套圈时，需要调整设备状态。减速机起变速、变向的作用，30°梯形丝杠螺母机构既可传动，也可自锁，压紧轴承安装座上开腰形通孔，可以调整压紧轴承与上下料工位之间的距离，适应轴承套圈规格的变化。

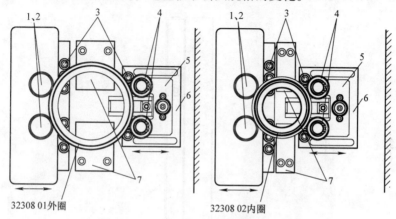

32308 01外圈　　　　　　　32308 02内圈

图 7-80　不同规格轴承套圈检测示意图

1—驱动轮 R　2—驱动轮 L　3—万向滚珠托架　4—压紧轴承
5—可摆动式压紧总成　6—可调式压紧轴承安装座　7—可更换式磁极

　　磁化装置主要由磁化线圈、磁极、磁化器固定架和工业风扇等组成。磁极可更换规格，以配合轴承套圈规格的变化。工业现场常常要求设备具有连续工作能力，因此磁化线圈的散热问题需要重视，此处采用轴流式工业风扇散热。

　　如图 7-81 所示，压紧装置主要由压紧气缸、压紧轴承安装座、万向滚珠托架和可摆动

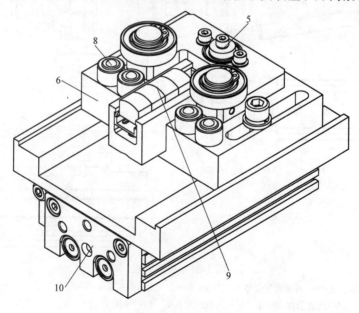

图 7-81　压紧装置

5—可摆动式压紧总成　6—可调式压紧轴承安装座　8—万向滚珠托架　9—下端面阵列探头　10—压紧气缸

式压紧总成构成。压紧气缸在检测过程中提供持续的压紧力，万向滚珠托举轴承套圈，减小其在原地旋转过程中的摩擦力，双驱动轮加双压紧轮的设计虽然更加可靠，但是存在过定位的问题，因此压紧模块设计为可摆动式。下端面探头阵列置于压紧轮之间，规格调整时跟随轴承一起移动，可覆盖所有系列轴承套圈下端面。

如图 7-82 所示，检测装置主要由外表面阵列探头、内表面阵列探头、上端面阵列探头、

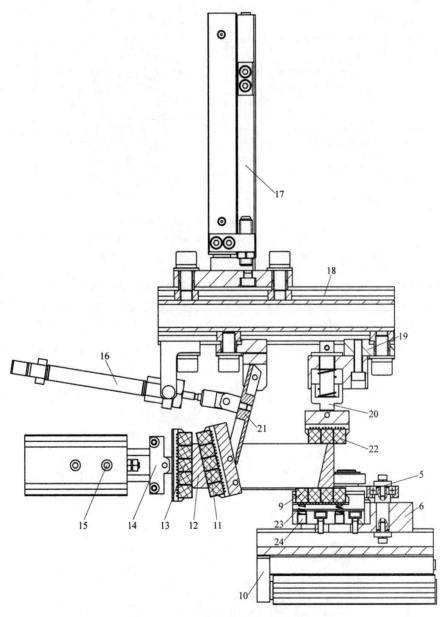

图 7-82　检测装置

5—可摆动式压紧总成　6—可调式压紧轴承安装座　9—下端面阵列探头　10—压紧气缸　11—内表面阵列探头

12—轴承套圈　13—外表面阵列探头　14—可拆卸探头架　15—外探头气缸　16—迷你气缸　17—气动滑台

18—铝型材　19—上端面阵列探头调整块　20—浮动导杆　21—摆臂　22—上端面阵列探头

23—弹簧　24—紧定螺钉

下端面阵列探头及其动作机构组成。其中，外表面阵列探头由气缸带动，实现贴合及分离工件，连接阵列探头与气缸的零件可拆卸，方便工件规格变化时更换相应的外表面阵列探头；内表面阵列探头铰接于摆臂一端，摆臂由迷你气缸带动，实现贴合及分离动作；上端面阵列探头铰接于浮动导杆一端，浮动导杆内置弹簧，可以适应不同轴承套圈高度的变化并提供持续的压紧力；内表面阵列探头与上端面阵列探头固定在轴承套圈上方的铝型材上，并且可沿铝型材调整位置；铝型材由气动滑台带动，可上下移动。检测前，固定于铝型材上的内表面及上端面阵列探头处于高位，轴承套圈上料到位后，气动滑台动作，内表面及上端面阵列探头处于低位，其中上端面阵列探头贴紧上端面。随后，迷你气缸动作，经由摆臂带动内表面阵列探头贴紧内表面。下端面阵列探头固定于两压紧轴承之间，可随压紧轴承安装座一起调整，长度方向足以覆盖该系列所有轴承套圈下端面，阵列探头内置弹簧，可实现浮动压紧，内置紧定螺钉，用于调节弹簧压紧力。

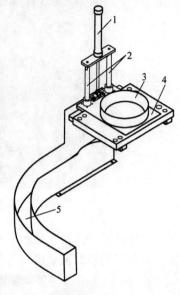

如图 7-83 所示，剔除装置主要由剔除气缸、气缸导杆、分料板和废品收集槽组成。纵向缺陷检测装置检测完毕后，向 PLC 控制系统反馈相应信息。若轴承套圈检测为合格，则剔除气缸不动作，机械手抓取工件在分料板上方停留一段时间之后运往下一工位（退磁工位）；若轴承套圈检测为不合格，则剔除气缸动作，带动分料板上升，机械手抓取工件将其丢入到废品收集槽中。

图 7-83　剔除装置

1—剔除气缸　2—气缸导杆　3—轴承套圈
4—分料板　5—废品收集槽

3. 高速自动化检测工艺

如图 7-84 所示，系统采用流水线式工艺流程，预置工位、纵向伤检测工位、剔除工位、退磁工位依次排开，机械手组件将四个工位有机联系起来。

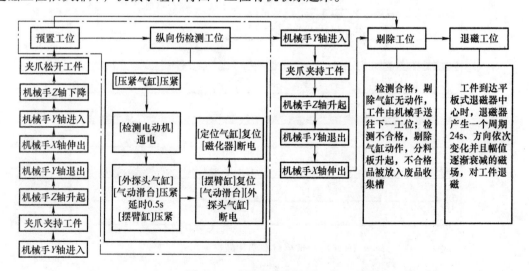

图 7-84　高速自动化检测工艺

7.6.4 现场应用

上述检测系统在现场应用如图 7-85 所示。

图 7-85 轴承微小尺寸裂纹检测系统

测试样品及测试结果如图 7-86 与图 7-87 所示。测试结果表明，轴承套圈裂纹漏磁检测装置具有良好的检测灵敏度与可靠性，检测效率高。

图 7-86 轴承自然伤样品

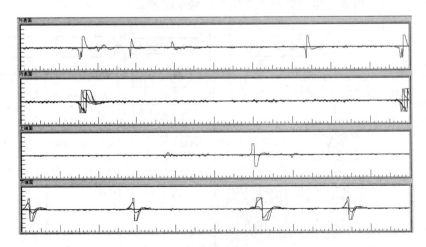

图 7-87 轴承自然伤样品检测信号

参 考 文 献

[1] 江永静, 王晓香, 季学文. 钢管品种与生产技术 [M]. 成都: 四川科学技术出版社, 2010.

[2] 严泽生, 庄钢, 孙强. 世界热轧无缝钢管轧机的发展 [J]. 中国冶金, 2011, 21 (1): 7–12.

[3] PN EN. ISO 3183: 2013. Petroleum and natural gas industries—steel pipe for pipeline transportation systems [S]. ICS, 2013.

[4] 全国石油天然气标准化技术委员会. GB/T 19830—2011 石油天然气工业—油气井套管或油管用钢管 [S]. 北京: 中国标准出版社, 2012.

[5] 美国无损检测学会. 美国无损检测手册. 磁粉卷 [M]. 北京: 世界图书出版公司. 1994.

[6] 兵器工业无损检测人员技术资格鉴定考核委员会. 常用钢材磁特性曲线速查手册 [M]. 北京: 机械工业出版社, 2003.

[7] 康宜华, 武新军. 数字化磁性无损检测技术 [M]. 北京: 机械工业出版社, 2007.

[8] 康宜华. 工程测试技术 [M]. 北京: 机械工业出版社, 2005.

[9] 康宜华, 武新军, 杨叔子. 磁性无损检测技术的分类 [J]. 无损检测, 1999, 21 (2): 58–60.

[10] 康宜华, 武新军, 杨叔子. 磁性无损检测技术中磁信号测量技术 [J]. 无损检测, 1999, 21 (8): 340–343.

[11] 康宜华, 武新军, 杨叔子. 磁性无损检测技术中的磁化技术 [J]. 无损检测, 1999, 21 (5): 206–225.

[12] 康宜华, 武新军, 杨叔子. 磁性无损检测技术中的信号处理技术 [J]. 无损检测, 2000, 22 (6): 255–259.

[13] 任吉林, 林俊明. 电磁无损检测 [M]. 北京: 科学出版社, 2008.

[14] 黄松岭, 李路明, 张家骏. 在用管道漏磁检测装置的研制 [J]. 无损检测, 1999, 21 (8): 344–347.

[15] 吴德会, 黄松岭, 赵伟, 等. 油气长输管道裂纹漏磁检测的瞬态仿真分析 [J]. 石油学报, 2009, 30 (1): 136–140.

[16] 何辅云, 赖志荣. 漏磁 NDT 原理的研究 [J]. 合肥工业大学学报: 自然科学版, 1994, (3): 28–32.

[17] 杨理践. 管道漏磁在线检测技术 [J]. 沈阳工业大学学报, 2005, 27 (5): 522–525.

[18] 杨理践, 刘刚, 高松巍, 等. 检测装置运行速度对管道漏磁检测的影响 [J]. 化工自动化及仪表, 2010, 37 (5): 57–59.

[19] 伍剑波, 康宜华, 孙燕华, 等. 涡流效应影响高速运动钢管磁化的仿真研究 [J]. 机械工程学报, 2013, 49 (22): 41–45.

[20] 伍剑波, 王杰, 康宜华, 等. 感生磁场对高速运动钢管磁化的影响机理 [J]. 机械工程学报, 2015, 51 (18): 7–12.

[21] 康宜华, 伍剑波, 冯博, 等. 钢管高速漏磁探伤中磁后效影响初探 [C]// 全球华人无损检测高峰论坛. 厦门: 中国无损检测学会, 2011.

[22] 彭永胜. 基于漏磁检测机理的钢管小缺陷精确量化识别理论及系统研究 [D]. 天津: 天津大学, 2005.

[23] 马凤铭. 管道漏磁检测中数据压缩及缺陷定量识别技术的研究 [D]. 沈阳: 沈阳工业大学, 2006.

[24] 张勇. 漏磁检测若干关键技术的研究 [D]. 合肥: 中国科学技术大学, 2007.

[25] 孙雨施. 关于永磁的计算模型 [J]. 电子学报, 1982 (5): 88–91.

[26] 仲维畅. 20 年来中国磁偶极子理论研究进展 [J]. 无损检测, 2000, 22 (12): 551–554.

[27] 李路明, 张家骏, 李振星, 等. 用有限元方法优化漏磁检测 [J]. 无损检测, 1997, 19 (6):

154 – 158.

[28] 徐章遂，徐英，王建斌，等. 裂纹漏磁定量检测原理与应用［M］. 北京：国防工业出版社，2005.

[29] 刘志平. 基于有限元分析的储罐底板磁性检测与评价方法研究［D］. 武汉：华中科技大学，2004.

[30] 蒋奇. 管道缺陷漏磁检测量化技术及其应用研究［D］. 天津：天津大学，2002.

[31] 危常忠，王本强，谢铁邦. 表面纹理的参数评定研究［J］. 华中理工大学学报，1999，27（1）：56 – 59.

[32] 李柱，徐振高，蒋向前. 互换性与测量技术（几何产品技术规范与认证 GPS）［M］. 北京：高等教育出版社，2004.

[33] 孙燕华. 钢管漏磁检测新原理及其应用［D］. 武汉：华中科技大学，2010.

[34] 饶贵安，康宜华，陈龙驹，等. 一种新的实时小波分析［J］. 仪器仪表学报，2005，26（2）：181 – 184.

[35] 邹应国，康宜华，徐江，等. 在用油管剩余壁厚检测方法［J］. 无损检测，2005，27（4）：187 – 188，191.

[36] 吴小亮，康宜华，李久政. 平直钢管永磁旋转探伤系统研究［J］. 无损探伤，2005，29（5）：31 – 33.

[37] 宋小春，黄松岭，康宜华，等. 漏磁无损检测中的缺陷信号定量解释方法［J］. 无损检测，2007，29（7）：407 – 411.

[38] 孙燕华，康宜华，卢强. 钢管端部漏磁探伤效果分析［J］. 无损探伤，2007，31（5）：8 – 10.

[39] 黄定明，刘斌，康宜华. 基于光切法和数字图像处理技术的槽深测量［J］. 计量技术，2007（11）：5 – 7.

[40] 李久政，康宜华，孙燕华，等. 基于信号源极值特征的钢管内外裂纹区分方法［J］. 华中科技大学学报，2008，36（12）：75 – 78.

[41] 孙燕华，康宜华，宋凯，等. 基于单线圈斜向磁化的钢管漏磁检测方法［J］. 无损检测，2008，30（11）：800 – 803.

[42] 宋凯，康宜华，孙燕华，等. 漏磁与涡流复合探伤时信号产生机理研究［J］. 机械工程学报，2009，45（7）：233 – 237.

[43] 孙燕华，康宜华. 一种基于磁真空泄漏原理的漏磁无损检测新方法［J］. 机械工程学报，2010，46（14）：18 – 23.

[44] 康宜华，宋凯，张雅伟. 磁饱和后的涡流检测信号的非涡流效应［J］. 无损检测，2009，31（4）：257 – 260.

[45] 孙燕华，康宜华，刘涵君. 基于 ADAMS 的钢管漏磁检测螺旋推进运动的计算分析［J］. 钢管，2011，40（1）：60 – 64.

[46] 孙燕华，康宜华. 基于物理场的缺陷漏磁检测信号特征分析［J］. 华中科技大学学报：自然科学版，2010（4）：90 – 93.

[47] 孙磊，康宜华，孙燕华，等. 基于永磁扰动探头阵列的钢管端部自动探伤方法与装备［J］. 钢管，2010，39（6）：60 – 64.

[48] 吴晓亮，康宜华，孙燕华，等. 油管对扣螺纹隔层漏磁探伤方法实验分析［J］. 无损探伤，2010，34（2）：43 – 45.

[49] 吴晓亮，孙燕华，康宜华，等. 钻杆螺纹复合电磁检测方法与仪器［J］. 传感器与微系统，2011，30（8）：107 – 109.

[50] 康宜华，陈燕婷，孙燕华. 超强磁化下漏磁检测的穿透深度［J］. 无损检测，2011（6）：27 – 29.

[51] 宋凯，康宜华，孙燕华，等. 钢管磁特性对涡流检测信号影响的仿真研究［J］. 华中科技大学学报：自然科学版，2011，39（10）：10 – 13.

[52] 冯搏, 伍剑波, 姜怀芳, 等. 高速漏磁检测中涡流效应的实验研究 [C] // 全国无损检测学术年会. 南昌: 大会报告, 2013.

[53] 康宜华, 叶志坚, 孙燕华, 等. 一种电容传感器金属材料表面缺陷检测方法 [J]. 传感器与微系统, 2014, 33 (12): 127 – 129.

[54] DING J F, KANG Y H, WU X J. Tubing thread inspection by magnetic flux leakage [J]. NDT & E International, 2006, 39 (1): 53 – 56.

[55] RAO G A, KANG Y H, YANG S Z. Inspection of high – voltage transmission lines using eddy current and magnetic flux leakage methods [J]. Insight – Non – Destructive Testing and Condition Monitoring, 2001, 43 (5): 307 – 309.

[56] LIU Z, KANG Y H, WU X J, et al. Recent developments in magnetic flux leakage technology for petrochemical tank floor inspections [J]. Materials Performance, 2003, 42 (12): 24 – 30.

[57] LIU Z, KANG Y H, WU X J, et al. Study on local magnetization of magnetic flux leakage testing for storage tank floors [J]. Insight – Non – Destructive Testing and Condition Monitoring, 2003, 45 (5): 328 – 331.

[58] WU X J, XU J, KANG Y H. The digital magnetic nondestructive testing technique and its applications [J]. Proceedings of the 6th International Symposium on Test and Measurement, 2007 (5): 4164 – 4167.

[59] XU J, WU X J, WANG L, et al. The effect of lift – off actuators on the magnetostrictive generation of guided waves in pipes [J]. Proceedings of the 6th International Symposium on Test and Measurement, 2007 (5): 4156 – 4159.

[60] SUN Y H, KANG Y H, QIU C. A permanent magnetic perturbation testing sensor [J]. Sensors and Actuators A Physical, 2009, 155 (2): 226 – 232.

[61] SUN Y H, KANG Y H. High – speed MFL method and apparatus based on orthogonal magnetisation for steel pipe [J]. Insight – Non – Destructive Testing and Condition Monitoring, 2009, 51 (10): 548 – 552.

[62] SUN Y H, KANG Y H. The feasibility of MFL inspection for omni – directional defects under a unidirectional magnetization [J]. International Journal of Applied Electromagnetics and Mechanics, 2010, 33 (3 – 4): 919 – 925.

[63] KANG Y H, LI J Z, WU X J. A dynamics study of a magnetic flux leakage (MFL) signal and its application to defect location discrimination in steel pipes MFL testing equipment [J]. International Journal of Plant Engineering and Management, 2009, 14 (2) 70 – 77.

[64] SONG K, KANG Y H, SUN Y H. et al. MFL testing of omni – directional cracks in steel strip using strong longitudinal magnetization [J]. International Journal of Applied Electromagnetics and Mechanics, 2010, 33 (3): 1231 – 1236.

[65] YUAN J M, WU X J, KANG Y H, et al. Development of an inspection robot for long – distance transmission pipeline on – site overhaul [J]. Industrial Robot: An International Journal, 2009, 36 (6): 546 – 550.

[66] XU J, WU X J, KANG Y H. Defect detection in transition zones of sucker rods using magnetostrictive guided waves [J]. International Journal of Applied Electromagnetics and Mechanics, 2012, 39 (1 – 4): 229 – 235.

[67] SUN Y H, KANG Y H. An opening electromagnetic transducer [J]. Journal of Applied Physics, 2013, 114 (21): 214904.

[68] SUN Y H, KANG Y H. A new MFL principle and method based on near – zero background magnetic field [J]. NDT & E International, 2010, 43 (4): 348 – 353.

[69] SUN Y H, KANG Y H. Magnetic compression effect in present MFL testing sensor [J]. Sensors and Actuators A: Physical, 2010, 160 (1): 54 – 59.

[70] SUN Y H, KANG Y H, QIU C. A new NDT method based on permanent magnetic field perturbation [J]. NDT & E International, 2011, 44 (1): 1 – 7.

[71] SUN Y H, KANG Y H. High – speed magnetic flux leakage technique and apparatus based on orthogonal magnetization for steel pipe [J]. Materials Evaluation, 2010, 68 (4): 452 – 458.

[72] YE Z J, SUN Y H, KANG Y H, et al. An alternating current electric flux leakage testing methodology and experimental research for metallic materials [J]. NDT & E International, 2014, 67 (8): 36 – 45.

[73] DENG C, KANG Y H. Expanding the measuring range of MPS by n – order wave – array interference [J]. Sensors and Actuators A Physical, 2014, 210 (1): 99 – 106.

[74] WU J, KANG Y H, TU J, et al. Analysis of the eddy – current effect in the Hi – speed axial MFL testing for steel pipe [J]. International Journal of Applied Electromagnetics and Mechanics, 2014, 45 (1): 193 – 199.

[75] GP Stephen, M Tang. A calibration method based on the reconstruction for automatic ultrasonic flaw detection of the upset region of the drill pipe [J]. International Journal of Applied Electromagnetics and Mechanics, 2014, 45 (1): 131 – 135.

[76] TU J, KANG Y H, LIU YY. A new magnetic configuration for a fast electromagnetic acoustic transducer applied to online steel pipe wall thickness measurements [J]. Materials Evaluation, 2014, 72 (11): 1407 – 1413.

[77] SUN Y H, KANG Y H. Magnetic mechanisms of magnetic flux leakage nondestructive testing [J]. Applied Physics Letters. 2013, 103 (18): 184104.

[78] K Hanasaki, K Tsukada. Estimation of defects in a PWS rope by scanning magnetic flux leakage [J]. NDT & E International, 1995, 28 (1): 9 – 14.

[79] Hwang K. 3 – D defect profile reconstruction from magnetic flux leakage signatures using wavelet basis function neural networks [D]. Iowa: Iowa State University, 2000.

[80] N Net. Reversing of magnetic poles in a slot on the workpiece surface after discontinuation of longitudinal magnetization [J]. Materials Evaluation, 2002, 60 (5): 615 – 616

[81] J Haueisen, R Unger, T Beuker, et al. Evaluation of inverse algorithms in the analysis of magnetic flux leakage data [J]. IEEE Transactions on Magnetics, 2002, 38 (3): 1481 – 1488.

[82] ZHANG Y, YE Z F, WANG C. A fast method for rectangular crack sizes reconstruction in magnetic flux leakage testing [J]. NDT & E International, 2009, 42 (5): 369 – 375.

[83] YK Shin, W Lord. Numerical modeling of moving probe effects for electromagnetic nondestructive evaluation [J]. IEEE Transactions on Magnetics, 1993, 29 (2): 1865 – 1968.

[84] I Uetake, T Saito. Magnetic flux leakage by adjacent parallel surface slots [J]. NDT & E International, 1997, 30 (6): 371 – 376.

[85] TW Krause, RM Donaldson, R Barnese, et al. Variation of the stress dependent magnetic flux leakage signal with defect depth and flux density [J]. NDT & E International, 1996, 29 (2): 79 – 86.

[86] K Mandal, DL Atherton. A study of magnetic flux – leakage signals [J]. J. Phys. D: Appl. Phys., 1999, 31 (22): 3211 – 3217.

[87] W Mao, L Clapham, D L Atherton. Effects of alignment of nearby corrosion pits on MFL [J]. NDT & E International, 2003, 36 (2): 111 – 116.

[88] M Katoh, K Nishio, T Yamaguchi. FEM study on the influence of air gap and specimen thickness on the delectability of flaw in the yoke method [J]. NDT & E International, 2000, 33 (5): 333 – 339.

[89] M Katoh, K Nishio, T Yamaguchi. The influence of modeled B – H curve on the density of the magnetic leakage flux due to a flaw using yoke – magnetization [J]. NDT & E International, 2004, 37 (8):

603 – 609.

[90] GS Park, ES Park. Improvement of the sensor system in magnetic flux leakage – type nondestructive testing (NDT) [J]. IEEE Transactions on Magnetics, 2002, 38 (2): 1277 – 1280.

[91] V Babbar, J Bryne, L Clapham. Mechanical damage detection using magnetic flux leakage tools: modeling the effect of dent geometry and stresses [J]. NDT & E International, 2005, 92 (6): 471 – 477.

[92] Y Li, J Wilson, GY Tian. Experiment and simulation study of 3D magnetic field sensing for magnetic flux leakage defect characterization [J]. NDT & E International, 2007, 40 (2): 179 – 184.

[93] DU Z Y, RUAN J J, PENG Y, et al. 3 – D FEM simulation of velocity effects on magnetic flux leakage testing signals [J]. IEEE Transactions on Magnetics, 2008, 44 (6): 1642 – 1845.

[94] J Hwang, W Lord. Finite element modeling of magnetic field/defect interactions [J]. ASTM J. Test. Eval., 1975, 3 (1): 21 – 25.

[95] Lord W, Hwang J H. Defect characterization from magnetic leakage fields [J]. British Journal of NDT, 1977, 19 (1): 14 – 18.

[96] W Lord, J M Bridges, R Palanisamy. Residual and active leakage fields around defects in ferromagnetic materials [J]. Materzals Evahatzon, 1978, 36 (8): 47 – 54.

[97] Förster F. On the way from the know – how to know – why in the magnetic leakage field method of nondestructive testing, parts i and ii [J]. Mater Eval, 1995, 43 (1154): 1398.

[98] Förster F. New findings in the field of nondestructive magnetic leakage field inspection [J]. NDT & E International, 1986, 19 (1): 3 – 14.

[99] C Edwards, S B Palmer. The magnetic leakage field of surface – breaking cracks [J]. J. Phys. D: Appl. Phys., 2000, 19 (4): 657 – 673.

[100] S Lukyanets, A Snarskii, M Shamonin, et al. Calculation of magnetic leakage field from a surface defect in a linear ferromagnetic material: an analytical approach [J]. NDT & E International, 2003, 36 (1): 51 – 55.

[101] S Mandayam, L Udpa, S S Udpa, et al. Invariance transformations for magnetic flux leakage signals [J]. IEEE Transactions on Magnetics, 1996, 32 (3): 1577 – 1580.

[102] Bubenik T A, Nestlroth J B, Eiber R J, et al. Magnetic flux leakage (MFL) technology for natural gas pipeline inspection. Topical report, November 1992 [R] Battelle Memorial Inst., Columbus, OH (United States), 1992.

[103] Mukhopadhyay S, Srivastava G P. Characterization of metal loss defects from magnetic flux leakage signals with discrete wavelet transform [J]. NDT & E International, 2000, 33 (1): 57 – 65.

[104] Mikkola C, Case C, Garrity K. Inline corrosion inspection verifies integrity of nonpiggable, noninterruptible gas lines [J]. Oil and Gas Journal, 2005, 103 (16): 64 – 69.

[105] McJunkin TR, Miller KS, Tolle CR. Observations and characterization of defects in coiled tubing from magnetic flux leakage data [J]. In: SPE/ICoTA coiled tubing and well intervention conference and exhibition, 2006: 1 – 23.

[106] R Baskaran, M P Janawadkar. Imaging defects with reduced space inversion of magnetic flux leakage fields [J]. NDT & E International, 2007, 40 (6): 451 – 454.

[107] Louis Cartz. Nondestructive Testing [M]. New York: ASM International Press, 1995.

[108] C E Betz. Principles of Magnetic Particle Testing [M]. Chicago: Magnaflux Co, 1967.

[109] Elmer A Sperry. Fissure detecor for magnetic materials: USA, 1867685 [P]. 1932 – 07 – 19.

[110] Joseph F Bayhi, Tulsa. Method and apparatus for detecting corrosion: USA, 2553350 [P]. 1951 – 05 – 15.

［111］Donald Lloyd. Magnetic testing apparatus：USA, 2650344 ［P］. 1953 - 08 - 25.

［112］Hubert A Deem, William T Walters, Fenton M Wood. Apparatus for inspection of tubular ferromagnetic members using plural movable search shoes for identifying area depth and location of discontinuities：USA, 3202914 ［P］. 1965 - 08 - 24.

［113］Alfred E Crouch, Ruby C Beaver. Pipeline inspection apparatus for detection of longitudinal defects：USA, 3483466 ［P］. 1969 - 12 - 09.

［114］Fenton M Wood, Houston. Apparatus for inspecting the inside and outside of a tubular member continuously moving in one direction：USA, 3535624 ［P］. 1970 - 10 - 20.

［115］Ernt Vogt, Wallisellen, Fritz Diemer. Magnetic testing apparatus：Switzerland, 2895103 ［P］. 1959 - 07 - 14.

［116］Noel B Proctor, Alfred E Crouch, Ruby C Beaver, et al. Printed circuit coils for use in magnetic flux leakage flow detection：USA, 3504276 ［P］. 1970 - 03 - 31.

［117］Krank Kitzinger, Montreal. Magnetic testing device for detecting loss of metallic area and internal and external defects in elongated objects：Canada, 4096437 ［P］. 1978 - 06 - 20.

［118］P Ripka. Magnetic sensors for industrial and field applications ［J］. Sensors and Actuators A Physical, 1994, 42 （1 - 3）：394 - 397.

［119］R S Popovic, P A Besse, J A Flanagan. The future of magnetic sensors ［J］. Sensors and Actuators A Physical, 1996, 56 （1 - 2）：39 - 55.

［120］JL Robert, S Contreras, J Camassel, et al. 4H - SiC：a material for high temperature Hall sensor ［J］. Sensors and Actuators A Physical, 2002, 97 （01）：27 - 32.

［121］W Sharatchandra Singh, BPC Rao, S Vaidyanathan, et al. Detection of leakage magnetic flux from near - side and far - side defects in carbon steel plates using a giant magneto - resistive sensor ［J］. Measurement Science and Technology, 2007, 19 （1）：105 - 118.

［122］Yasuyuki Furukawa, Yoshihisa Fujii, Hitoshi Tanaka. Flaw detector for pipe employing magnets located outside the pipe and detector mounted inside and movable along the pipe with the magnets：Janpan, 4217548 ［P］. 1980 - 08 - 12.

［123］Leon H Ivy, Box, Alvin. Apparatus for detecting longitudinal and transverse imperfections in elongated ferrous workpieces：USA, 4218651 ［P］. 1980 - 08 - 18.

［124］Edward Spierer, Belle Harbor, N. Y. Apparatus and process for flux leakage testing using transverse and vectored magnetization：USA, 4477776 ［P］. 1984 - 10 - 16.

［125］Gerhard H schelarath, Laufach - Frohnhofen. Testing arrangement for ferromagnetic bodies including magnetic field detectors extending between two pairs of poles of magnetic field generators spaced longitudinally along the body：Germany, 4538108 ［P］. 1985 - 08 - 27.

［126］Jansen H J M, Van de Camp P B J, Geerdink M. Magnetisation as a key parameter of magnetic flux leakage pigs for pipeline inspection ［J］. Insight, 1994, 36 （9）：672 - 677.

［127］Poul Laursen. Magnetic flux pipe inspection apparatus for analyzing anomalies in a pipeline wall：Canada, 5864232 ［P］. 1999 - 01 - 26.

［128］WU J B, SUN Y H, KANG Y H, et al. Theoretical analyses of MFL signal affected by discontinuity orientation and sensor - scanning direction ［J］. IEEE Transactions on Magnetics, 2015, 51 （1）：1 - 7.

［129］邵双方. 井口钻杆漏磁检测方法与仪器 ［D］. 武汉：华中科技大学, 2013.

［130］冯搏, 伍剑波, 杨芸, 等. 钢管纵向伤高速高精漏磁探伤磁化方法 ［J］. 中国机械工程, 2014, 25 （6）：736 - 740.

［131］邵双方, 伍剑波, 涂君, 等. 钢管旋转的横向伤高速漏磁检测方法与系统 ［J］. 机械与电子, 2012 （4）：29 - 32.

[132] Nestlerorth J B. Circumferential MFL in – line inspection for cracks in pipeline [M]. Morgantow：National Energy Technology Laboratory（US），2003.

[133] Ireland R C, Torres C R. Finite element modeling of a circumferential magnetizer [J]. Sensor and Actutors A, 2006, 129（1）：197 – 202.

[134] 康宜华，刘斌，谭波，等. 多规格油套管漏磁检测方法研究 [J]. 钢管，2007, 36（1）：50 – 54.

[135] 康宜华，孙燕华，李久政. 钻杆漏磁检测探头的设计 [J]. 微传感器与微系统，2006, 25（11）：46 – 48.

[136] 北京大学物理系《铁磁学》编写组. 铁磁学 [M]. 北京：科学出版社，1976.

[137] 姜现想，康宜华，伍剑波. 钢管高速漏磁探伤静压气浮探靴理论研究 [J]. 中国机械工程，2012, 23（15）：1792 – 1795.

[138] 康宜华，李久政，孙燕华，等. 漏磁检测探头的选择及其检测信号特性 [J]. 无损检测，2008, 30（3）：159 – 162.

[139] 徐江，童朝平，武新军，等. 基于 Windows 的漏磁检测软件平台开发 [J]. 湖北工业大学学报，2008, 23（1）：10 – 14.

[140] 杨叔子，康宜华. 钢丝绳断丝定量检测原理与技术 [M]. 北京：国防工业出版社，1995.

[141] 康宜华，黎振捷，杨芸，等. 微小型钢丝绳漏磁检测传感器与仪器 [J]. 无损检测，2014, 36（5）：11 – 15.

[142] 李久政. 钢管漏磁探伤中的内外伤区分方法 [D]. 武汉：华中科技大学，2009.

[143] KANG Y H, WU J B, SUN Y H. The use of MFL method and apparatus for steel pipe [J]. Materials Evaluation, 2012, 70（7）：821 – 827.

[144] Dutta S M. Magnetic flux leakage sensing：the forward and inverse problem [D]. Rice University, 2008.

[145] Bray D E, Stanley R K. Nondestructive evaluation：a tool in design, manufacturing and service [M]. CRC Press, 1997.

[146] Ahamed S V, Erdelyi E A. Flux distribution in DC machines on – load and overloads [J]. IEEE Transactions on Power Apparatus and Systems, 1966, PAS – 85（9）：960 – 967.

[147] Silvester P, Chari M V K. Finite element solution of saturable magnetic field problems [J]. IEEE Transactions on Power Apparatus and Systems, 1970, PAS – 89（7）：1642 – 1651.

[148] Wilson J W, Tian G Y. 3D magnetic field sensing for magnetic flux leakage defect characterisation [J]. Insight – Non – Destructive Testing and Condition Monitoring, 2006, 48（6）：357 – 359.

[149] Mandache C, Clapham L. A model for magnetic flux leakage signal predictions [J]. Journal of Physics D Applied Physics, 2003, 36（20）：2427 – 2431（5）.

[150] Miya Kenzo. Recent advancement of electromagnetic nondestructive inspection technology in Japan [J]. IEEE Transactions on Magnetics, 2002, 38（2）：321 – 326.

[151] GS Park, HP Sang. Analysis of the velocity – induced eddy current in MFL type NDT [J]. IEEE Transactions on Magnetics, 2004, 40（2）：663 – 666.

[152] YK Shin. Numerical predictions of operating conditions for magnetic flux leakage inspection of moving sheets [J]. IEEE Transactions on Magnetics, 1997, 33（2）：2127 – 2130.

[153] Y Li, GY Tian, S Ward, et al. Numerical simulation on magnetic flux leakage evaluation at high speed [J]. NDT & E International 2006, 39（5）：367 – 373.

[154] YANG S, SUN Y, UDPA L, et al. 3D simulation of velocity induced fields for non – destructive evaluation application [J]. IEEE Transactions on Magnetics, 1999, 35（3）：1754 – 1756.

[155] DAI X W, R Ludwig, R Palanisamy. Numerical simulation of pulsed eddy – current nondestructive testing phenomena [J]. IEEE Transactions on Magnetics, 1990, 26（6）：3089 – 3096.

[156] H Tsuboi, N Seshima, I Sebestyen, et al. Transient eddy current analysis of pulsed eddy current testing by finite element method [J]. IEEE Transactions on Magnetics, 2004, 40 (2): 1330 – 1333.

[157] N Ida, W Lord. A finite element model for three – dimensional eddy current NDT phenomena [J]. IEEE Transactions on Magnetics, 1985, 21 (6): 2635 – 2643.

[158] 孙燕华, 康宜华, 谭波. 高速漏磁探伤中钢管螺旋推进参数设计与分析 [J]. 机械与电子, 2007 (11): 7 – 9.

[159] 陈宇斌. 钢管探伤缺陷高速标记系统设计 [D]. 武汉: 华中科技大学, 2013.

[160] 陈承曦. 基于钢管旋转的漏磁超声复合检测方法与装备 [D]. 武汉: 华中科技大学, 2014.

[161] SUN Y H, WU J B, KANG Y H. The MFL testing methods for welded pipes [J]. Journal of Measurement Science and Instrumentation, 2011, 2 (4): 330 – 332.

[162] 伍剑波, 陶云, 康宜华, 等. 基于直流磁化的井口钻杆漏磁检测方法 [J]. 石油机械, 2015, 43 (3): 39 – 44.

[163] 康宜华, 邵双方, 伍剑波, 等. 基于钢管旋转的纵向伤高速漏磁检测方法 [J]. 石油机械, 2012, 40 (7): 63 – 66.

[164] 张黎, 伍剑波, 孙燕华, 等. 基于钢管旋转的高速漏磁探伤装备及其关键技术 [J]. 钢管, 2011, 40 (4): 56 – 59.

[165] 付少彬, 康宜华, 武新军, 等. 多规格油管磁性探伤检测线的研究 [J]. 石油机械, 2002, 30 (8): 39 – 42.

[166] 丁劲锋, 康宜华, 武新军, 等. 抽油杆联接螺纹区磁性无损检测方法研究 [J]. 石油矿场机械, 2003, 32 (5): 13 – 15.

[167] 金建华, 康宜华, 杨叔子. 油管损伤的磁性检测法及其实现技术 [J]. 无损检测, 2004, 26 (1): 13 – 17.

[168] 丁劲锋, 康宜华, 巴鲁军, 等. 钻杆检测设备的国产化改造 [J]. 钢管, 2004, 33 (1): 35 – 37.

[169] 张华明, 康宜华, 张武翔, 等. 钢棒纵向裂纹漏磁检测方法 [J]. 机械与电子, 2004 (12): 40 – 42.

[170] 孙燕华, 康宜华, 李久政. 便携式钻杆漏磁探伤方法与装置的研究 [J]. 机械与电子, 2005, 31 (11): 29 – 31.

[171] 朱浩, 康宜华, 武新军. 钢管高速探伤中磁力吸紧机构的设计与实验 [J]. 钢管, 2007, 36 (3): 52 – 55.

[172] 孙燕华, 康宜华, 谭波. 高速漏磁探伤中钢管翻料装置的设计 [J]. 钢管, 2008, 37 (3): 60 – 63.

[173] 康宜华, 孙燕华, 宋凯. ERW 管焊缝缺陷漏磁检测方法可行性分析 [J]. 测试技术学报, 2010, 24 (2): 99 – 104.

[174] 康宜华, 杨芸, 陈承曦, 等. 冷拔钢棒纵向裂纹交流漏磁检测方法与装置 [C]. 包头: 中国金属学会轧钢学会钢管学术委员会六届二次年会, 2012.

[175] 康宜华, 孙有为, 孙燕华. 移动式连续油管检测系统设计 [J]. 石油机械, 2012, 11: 86 – 89.

[176] 冯搏, 巴鲁军, 孙燕华, 等. 钻杆加厚过渡带漏磁检测方法研究 [J]. 华中科技大学学报: 自然科学版, 2014, 42 (5): 18 – 21.

[177] 姜怀芳. 抽油杆缺陷漏磁自动检测方法与系统 [D]. 武汉: 华中科技大学, 2014.

[178] 黄飞宇. 汽车轮毂轴承旋压面漏磁检测方法与装置 [D]. 武汉: 华中科技大学, 2015.

[179] 刘俊. 轴承套圈裂纹漏磁检测方法与系统 [D]. 武汉: 华中科技大学, 2015.

[180] 康宜华, 姜怀芳, 伍剑波, 等. 在役抽油杆漏磁检测系统改进设计及信号分析 [J]. 石油机械, 2013, 41 (8): 71 – 75.

［181］伍剑波，邵双方，卢强，等. 回收钻杆检测分级生产线控制系统设计［J］. 钢管，2012，41（3）：63 – 67.

［182］王成和，刘克璋. 旋压技术［M］. 北京：机械工业出版社，1986.

［183］杜坤，杨合. 多道次普旋技术研究进展［J］. 机械科学与技术，2001，20（4）：558 – 560.

［184］日本塑性加工学会. 旋压成形技术［M］. 陈敬之，译. 北京：机械工业出版社，1988.

［185］陈依锦，黄亚娟，丘宏扬，等. 旋压技术初探［J］. 机电工程技术，2003，32（5）：24 – 27.

［186］E Quigley，J Monaghan. Metal forming：an analysis of spinning processes［J］. Journal of Materials Processing Technology，2000，103（1）：114 – 119.

［187］夏琴香，陈依锦，丘宏扬. 旋压技术在汽车零件制造成形中的应用［J］. 新技术新工艺，2003（5）：29 – 30.

［188］O Music，JM. Allwood，K Kawai. A review of the mechanics of metal spinning［J］. Journal of Materials Processing Technology，2010，210（1）：3 – 23.

［189］WONG C C，DEAN T A，LIN J. A review of spinning，shear forming and flow forming processes［J］. International Journal of Machine Tools and Manufacture，2003，43（14）：1419 – 1435.

［190］杨林. 汽车轮毂轴承早期失效分析及试验研究［D］. 广州：华南理工大学，2012.

［191］刘汝卫，张钢，殷庆振，等. 汽车轮毂轴承的发展现状及趋势［J］. 现代机械，2009（6）：78 – 80.

［192］肖晖. 国外汽车轮毂轴承的发展［J］. 现代零部件，2003（1）：67 – 68.

［193］牛辰. 第三代轮毂轴承单元温度场分析和寿命估算［D］. 洛阳：河南科技大学，2014.

［194］王恒迪，尚振东，马伟. 轴承套圈磁粉探伤机的研制［J］. 轴承，2005（3）：32 – 33.

［195］李喜孟. 无损检测［M］. 北京：机械工业出版社，2001.

［196］邹步. 基于图像处理的大型轴承套圈缺陷检测研究［D］. 阜新：辽宁工程技术大学，2012.

［197］张强. 轴承套圈表面缺陷识别系统的研究［D］. 北京：北京交通大学，2009.

［198］高斌，张继奇，张筱旭. 中外铁路轴承无损检测技术综述——欧洲标准 EN12080 的应用研讨［C］// 晋冀鲁豫鄂蒙云贵川沪甘湘渝十三省（市区）机械工程学会学术年会——机电工程类技术应用论文集，2008：31 – 33.

［199］郑凌. 基于图像的轴承套加工缺陷检测研究［D］. 杭州：浙江大学，2012.

［200］曲圣贤，马文，姚成良，等. 铁路货车轴承外圈超声波探伤机［J］. 轴承，2013（7）：20 – 21.

［201］Koester L，Zuhlke C，Alexander D，et al. Near – race ultrasonic detection of subsurface defects in bearing rings［M］. Bearing Steel：Advances in Rolling Contact Fatigue Strength Testing and Related Substitute Technologies on November 17 – 18，2011 in Tampa，FL；STP 1548，J M Beswick，Ed，. ASTM International.

［202］陈廉清，崔治，王龙山. 基于计算机视觉的微小轴承表面缺陷在线识别［J］. 农业机械学报，2006（05）：132 – 135.

［203］黄俊敏，吴庆华，周金山，等. 基于机器视觉的轴承密封圈缺陷检测方法［J］. 湖北工业大学学报，2009（04）：13 – 15.

［204］刘香茹，张继奇，刘贤德，等. 利用巴克豪森噪声分析法评价轴承烧伤的试验［J］. 轴承，2010（11）：28 – 29.

［205］刘志平，康宜华，武新军，等. 大面积钢板局部磁化的三维有限元分析［J］. 华中科技大学学报，2003，31（8）：10 – 12.

［206］王峻峰，康宜华，杨叔子. 抽油杆裂纹信号的特征分析及处理方法［J］. 华中科技大学学报：自然科学版，2004，32（9）：69 – 71.

［207］刘志平，康宜华，武新军，等. 储罐底板漏磁检测传感器设计［J］. 无损检测，2004，26（12）：612 – 615.